U0856250

2021
中国科技统计年鉴
CHINA STATISTICAL YEARBOOK ON SCIENCE AND TECHNOLOGY

国家统计局社会科技和文化产业统计司
科学技术部战略规划司 编

Compiled By

Department of Social,Science and Technology,and Cultural Statistics National Bureau of Statistics

Department of Strategy and Planning Ministry of Science and Technology

图书在版编目（CIP）数据

中国科技统计年鉴. 2021 = China Statistical Yearbook on Science and Technology 2021 : 汉英对照/ 国家统计局社会科技和文化产业统计司, 科学技术部战略规划司编. -- 北京 : 中国统计出版社, 2021.12（2022.7 重印）
ISBN 978-7-5037-9735-4

Ⅰ. ①中… Ⅱ. ①国… ②科… Ⅲ. ①科技统计一中国一2021一年鉴一汉、英 Ⅳ. ①G322-66

中国版本图书馆 CIP 数据核字(2021)第 251722 号

中国科技统计年鉴-2021

作　　者/国家统计局社会科技和文化产业统计司　科学技术部战略规划司
责任编辑/李　冲
封面设计/李雪燕
出版发行/中国统计出版社有限公司
通信地址/北京市丰台区西三环南路甲 6 号　邮政编码/100073
发行电话/邮购（010）63376909　书店（010）68783171
网　　址/ http://www.zgtjcbs.com
印　　刷/河北鑫兆源印刷有限公司
经　　销/新华书店
开　　本/880mm×1230mm　1/16
字　　数/600 千字
印　　张/16.5
版　　别/2021 年 12 月第 1 版
版　　次/2022 年 7 月第 2 次印刷
定　　价/260.00 元

《中国科技统计年鉴-2021》
编辑委员会和编辑部

编辑委员会

编辑部

CHINA STATISTICAL YEARBOOK ON SCIENCE AND TECHNOLOGY—2021
Editorial Board and Editorial Staff

编 者 说 明

《中国科技统计年鉴—2021》是国家统计局社会科技和文化产业统计司和科学技术部战略规划司共同编辑的反映我国科技活动情况的统计资料书，收录了全国和各省、自治区、直辖市以及国务院有关部门 2020 年度科技统计数据。

全书内容分为十个部分。第一部分为反映全社会科技活动的综合统计资料。第二、三、四部分分别为企业、研究与开发机构和高等学校科技活动统计资料，其中企业的口径为规模以上企业，包括规模以上采矿业，制造业，电力、热力、燃气及水生产和供应业，特、一级总承包、专业承包建筑业，交通运输、仓储和邮政业，信息传输、软件和信息技术服务业，租赁和商务服务业，科学研究和技术服务业，水利、环境和公共设施管理业，卫生和社会工作，文化、体育和娱乐业等企业法人单位；研究与开发机构的口径为地级及以上独立核算的政府属科学研究与技术开发机构、科学技术信息和文献机构；高等学校包括全日制高校及其附属医院。第五部分为高技术产业发展统计资料。第六部分为企业创新活动统计资料。第七部分为国家科技计划统计资料。第八部分为科技活动成果统计资料。第九部分为综合技术服务部门和科协活动有关资料。第十部分为国际科技统计资料。最后附有主要统计指标解释。

本年鉴所涉及的全国性统计数据，除专利、国际比较指标及特殊注明外，均未包括香港、澳门特别行政区和台湾省数据。

本书有关符号说明：“空格”表示该项统计指标数据不足本表最小单位数、不详或无该项数据；“#”表示是其中的主要项；“*”或“①”表示本表下有注解。

本书中因小数取舍而产生的误差均未做配平处理。

参与本书编辑的单位还有教育部、国防科技工业局、财政部、自然资源部、商务部、市场监督管理总局、国家知识产权局、中国科学院、中国工程院、应急管理部、海关总署、中国气象局、中国科协、农业农村部。我们对上述单位有关人员在本书的编辑过程中给予的大力支持与合作，表示衷心感谢。

FOREWORD

China Statistical Yearbook on Science and Technology—2021 is prepared jointly by the Department of Social, Science and Technology, and Cultural Statistics National Bureau of Statistics and the Department of Strategy and Planning of Science and Technology. The Yearbook, which covers data series at the national, provincial and local levels, and autonomous regions, as well as departments directly under the State Council, reports on the development of China's science and technology activities.

The yearbook contains the following ten parts. The first part reflects general science and technology(S&T) information on whole society; The second part, the third part and the forth part reflect respectively S&T information about Enterprises, Independent Research Institutions and Institutions of Higher Education. The caliber of enterprises refers to enterprises above scale, including mining industry, manufacturing industry, electric power, heat power, gas and water production and supply industry above scale. Special, first-class general contracting, professional contracting construction; Transportation, storage and postal services, information transmission, software and information technology services, leasing and business services, scientific research and technology services, water conservancy, environment and public facilities management, health and social work, culture, sports and entertainment. Independent Research Institutions cover the municipal and above and independent accounting scientific research and technological development institutions which belong to government; Institutions of Higher Education cover Institutions of Higher Education and affiliated hospitals. The fifth part contains information on High Technology Industry. The sixth part contains information on innovation activities of enterprises. The seventh part contains information on National Program for Science and Technology. The eighth part contains information on results of S&T activities. The ninth part covers Scientific and Technologic Service and S&T activities of China Associations for S&T. The tenth part contains information on the international comparisons.

Except for patent, international comparison index and special indication, the national statistical data involved in this yearbook do not include data from Hong Kong, Macao special Administrative Region and Taiwan Province.

Notations used in this book:"(blank space)"indicates that the figure is not large enough to be measured with the smallest unit in the table or data are unknown or are not available; “#” indicates a major breakdown of the total; and “*” or “①” indicates footnotes at the end of the table.

Statistical discrepancies due to rounding are not adjusted in the yearbook.

The institutions participating editing this volume include: Ministry of Education, Sate Administration of Science, Technology and Industry for National Defense, Ministry of Finance, Ministry of Natural Resources, Ministry of Commerce, State Administration for Market Regulation, State Intellectual Property Office, Chinese Academy of Sciences, Chinese Academy of Engineering, Ministry of Emergency Management, General Administration of Customs, China Meteorological Administration, China Association for Science and Technology, Ministry of Agriculture and rural areas. We would like to express our gratitude to these institutions of the State Council for their cooperation and support in sparing no effort to provide all the required data.

目 录 Contents

一、综合
General

二、企业
Enterprises

三、研究与开发机构
R&D Institutions

四、高等学校
Higher Education

五、高技术产业
High-tech Industry

六、企业创新活动
Innovation Activities of Enterprises

七、国家科技计划
National Program for Science and Technology Development

八、科技活动成果
Results of Science and Technology Activities

九、科技服务
Scientific and Technologic Services

十、国际比较
International Comparison

一、综合
General

1-1 研究与试验发展(R&D)人员(2020年)
R&D Personnel (2020)

单位：人 (person)

项 目	Item	R&D人员 Total	#女性 Female	#全时人员 Full-time Personnel	#博士毕业 Doctor	#硕士毕业 Master	#本科毕业 Under-graduate
全 国	**National Total**	**7552986**	**1983863**	**5222913**	**636370**	**1111011**	**3054063**
按执行部门分	**by Performer**						
企 业	Enterprises	5604827	1251723	4185540	41090	376358	2587768
#规上工业企业	Industrial Enterprises above Designated Size	4767501	1057078	3544185	34593	308103	1988969
研究与开发机构	R&D Institutions	519355	173338	406492	104598	196624	152077
高等学校	Higher Education	1273926	503834	556610	470325	499676	267736
其 他	Others	154878	54968	74271	20357	38353	46482
按地区分	**by Region**						
东部地区	Eastern Region	4795589	1237512	3439758	378290	646863	1908543
中部地区	Middle Region	1417749	355312	951822	98177	188459	595156
西部地区	Western Region	1025200	288348	632365	104881	200965	425353
东北地区	Northeast Region	314448	102691	198968	55022	74724	125011
北 京	Beijing	473304	152379	341186	110589	107860	203147
天 津	Tianjin	136341	39054	90774	15460	24376	63200
河 北	Hebei	196123	53582	123456	11191	34139	75339
山 西	Shanxi	89039	23889	54523	8594	16825	31221
内 蒙 古	Inner Mongolia	46947	13983	24851	3625	7946	20914
辽 宁	Liaoning	171347	51708	111995	22936	31361	76178
吉 林	Jilin	76601	28301	43211	17575	24844	25009
黑 龙 江	Heilongjiang	66500	22682	43762	14511	18519	23824
上 海	Shanghai	320448	91213	238809	45323	54371	163608
江 苏	Jiangsu	914510	226407	656292	51255	98472	383011
浙 江	Zhejiang	775778	191206	540262	34139	67869	260035
安 徽	Anhui	278822	62136	185210	21184	37884	111227
福 建	Fujian	270424	74700	197007	15568	29736	115103
江 西	Jiangxi	180854	46255	128151	7624	18561	69502
山 东	Shandong	518955	139955	360432	34033	60675	210904
河 南	Henan	304602	77922	206559	13950	37857	129660
湖 北	Hubei	294524	74701	199252	27216	40044	127477
湖 南	Hunan	269908	70409	178127	19609	37288	126069
广 东	Guangdong	1175441	263629	883470	58664	165536	429882
广 西	Guangxi	82409	27142	43814	9551	21294	31931
海 南	Hainan	14265	5387	8070	2068	3829	4314
重 庆	Chongqing	166227	43974	107935	14047	24728	71829
四 川	Sichuan	292729	75763	195681	27249	54582	119752
贵 州	Guizhou	71604	19459	38338	5432	12573	29292
云 南	Yunnan	95071	29539	50296	7652	16704	39679
西 藏	Tibet	2733	1067	1349	310	1066	963
陕 西	Shaanxi	167984	46723	116621	23795	39655	71065
甘 肃	Gansu	43082	12902	24125	7949	10200	17064
青 海	Qinghai	7773	2303	3802	775	1479	3345
宁 夏	Ningxia	21158	5847	12207	1279	2974	9024
新 疆	Xinjiang	27482	9646	13343	3216	7766	10496

1-2 全国研究与试验发展(R&D)人员全时当量
Full-time Equivalent of R&D Personnel

单位：万人年 (10 000 man-year)

年 份 Year	R&D人员全时当量 Total	基础研究 Basic Research	应用研究 Applied Research	试验发展 Experimental Development
1992	67.43	5.84	20.90	40.70
1993	69.78	6.33	21.49	41.96
1994	78.32	7.64	24.20	46.48
1995	75.17	6.66	22.79	45.71
1996	80.40	6.96	23.65	49.79
1997	83.12	7.17	25.27	50.68
1998	75.52	7.87	24.97	42.68
1999	82.17	7.60	24.15	50.42
2000	92.21	7.96	21.96	62.28
2001	95.65	7.88	22.60	65.17
2002	103.51	8.40	24.73	70.39
2003	109.48	8.97	26.03	74.49
2004	115.26	11.07	27.86	76.33
2005	136.48	11.54	29.71	95.23
2006	150.25	13.13	29.97	107.14
2007	173.62	13.81	28.60	131.21
2008	196.54	15.40	28.94	152.20
2009	229.13	16.46	31.53	181.14
2010	255.38	17.37	33.56	204.46
2011	288.29	19.32	35.28	233.73
2012	324.68	21.22	38.38	265.09
2013	353.28	22.32	39.56	291.40
2014	371.06	23.54	40.70	306.82
2015	375.88	25.32	43.04	307.53
2016	387.81	27.47	43.89	316.44
2017	403.36	29.01	48.96	325.39
2018	438.14	30.50	53.88	353.77
2019	480.08	39.20	61.54	379.37
2020	523.45	42.68	64.31	416.46

1-3 按执行部门分研究与试验发展(R&D)人员全时当量(2020年)
Full-time Equivalent of R&D Personnel by Performer(2020)

单位：万人年 (10 000 man-year)

项 目	Item	R&D人员全时当量 Total	#研究人员 Researchers	基础研究 Basic Research	应用研究 Applied Research	试验发展 Experimental Development
全 国	**National Total**	**523.45**	**228.11**	**42.68**	**64.31**	**416.46**
企 业	Enterprises	406.04	133.43	2.34	15.79	387.91
#规上工业企业	Industrial Enterprises above Designated Size	346.04	105.28	1.33	11.59	333.12
研究与开发机构	R&D Institutions	45.37	33.11	10.31	15.51	19.55
高等学校	Higher Education	61.48	54.74	28.47	28.95	4.06
其 他	Others	10.56	6.83	1.56	4.07	4.94

1-4　各地区研究与试验发展(R&D)人员全时当量(2020年)
Full-time Equivalent of R&D Personnel by Region (2020)

单位：人年　(man-year)

地　区	Region	R&D人员全时当量 Total	#研究人员 Researchers	基础研究 Basic Research	应用研究 Applied Research	试验发展 Experimental Development
全　国	**National Total**	**5234508**	**2281134**	**426772**	**643130**	**4164620**
东部地区	Eastern Region	3440643	1407723	237803	359504	2843344
中部地区	Middle Region	944218	403124	64186	115942	764094
西部地区	Western Region	649039	346282	81727	118799	448515
东北地区	Northeast Region	200608	124005	43056	48885	108668
北　京	Beijing	336280	226005	75082	95186	166014
天　津	Tianjin	90640	48371	9196	13676	67768
河　北	Hebei	125058	55320	8293	19083	97682
山　西	Shanxi	52394	23880	7667	10019	34709
内蒙古	Inner Mongolia	27914	13789	2062	5143	20708
辽　宁	Liaoning	111931	61459	14898	21097	75937
吉　林	Jilin	44472	30712	15879	13945	14649
黑龙江	Heilongjiang	44205	31834	12279	13843	18082
上　海	Shanghai	228621	128355	32966	34943	160715
江　苏	Jiangsu	669084	262406	25979	42112	600994
浙　江	Zhejiang	582981	172119	15839	29465	537679
安　徽	Anhui	194688	84818	16411	23578	154698
福　建	Fujian	185622	72535	6613	19183	159826
江　西	Jiangxi	124326	43360	6229	8716	109381
山　东	Shandong	341159	141786	23105	34857	283197
河　南	Henan	203080	80815	7488	21681	173914
湖　北	Hubei	192168	89997	13265	27170	151732
湖　南	Hunan	177561	80254	13127	24777	139660
广　东	Guangdong	872238	295901	38655	69225	764360
广　西	Guangxi	45821	25981	8404	9385	28031
海　南	Hainan	8961	4927	2077	1774	5110
重　庆	Chongqing	105712	47445	7525	17411	80777
四　川	Sichuan	189829	99173	16372	32414	141044
贵　州	Guizhou	41496	19198	6068	7234	28194
云　南	Yunnan	60369	29204	10895	9712	39762
西　藏	Tibet	1579	1175	481	501	597
陕　西	Shaanxi	118807	74459	17664	23573	77571
甘　肃	Gansu	26814	18533	6652	7178	12983
青　海	Qinghai	4423	2399	721	1069	2634
宁　夏	Ningxia	12169	5483	1311	1450	9409
新　疆	Xinjiang	14109	9443	3573	3730	6806

1-5 全国研究与试验发展(R&D)经费内部支出
Intramural Expenditure on R&D

单位：亿元,% (100 million yuan,%)

年份 Year	R&D经费内部支出 Total	基础研究 Basic Research	应用研究 Applied Research	试验发展 Experimental Development	与国内生产总值之比 of GDP	R&D经费内部支出现价增长 Growth at Current Price	R&D经费内部支出可比价增长 Growth at Constant Price
1995	348.69	18.06	92.02	238.60	0.57		38.18
1996	404.48	20.24	99.12	285.12	0.56	16.00	8.91
1997	509.16	27.44	132.46	349.26	0.64	25.88	23.88
1998	551.12	28.95	124.62	397.54	0.65	8.24	9.22
1999	678.91	33.90	151.55	493.46	0.75	23.19	24.76
2000	895.66	46.73	151.90	697.03	0.89	31.93	29.26
2001	1042.49	55.60	184.85	802.03	0.94	16.39	14.06
2002	1287.64	73.77	246.68	967.20	1.06	23.52	22.78
2003	1539.63	87.65	311.45	1140.52	1.12	19.57	16.54
2004	1966.33	117.18	400.49	1448.67	1.21	27.71	19.41
2005	2449.97	131.21	433.53	1885.24	1.31	24.60	19.92
2006	3003.10	155.76	488.97	2358.37	1.37	22.58	17.95
2007	3710.24	174.52	492.94	3042.78	1.37	23.55	14.66
2008	4616.02	220.82	575.16	3820.04	1.45	24.41	15.42
2009	5802.11	270.29	730.79	4801.03	1.66	25.70	25.96
2010	7062.58	324.49	893.79	5844.30	1.71	21.72	13.89
2011	8687.01	411.81	1028.39	7246.81	1.78	23.00	13.81
2012	10298.41	498.81	1161.97	8637.63	1.91	18.55	15.85
2013	11846.60	554.95	1269.12	10022.53	2.00	15.03	12.60
2014	13015.63	613.54	1398.53	11003.56	2.02	9.87	8.75
2015	14169.88	716.12	1528.64	11925.13	2.06	8.87	8.87
2016	15676.75	822.89	1610.49	13243.36	2.10	10.63	9.10
2017	17606.13	975.49	1849.21	14781.43	2.12	12.31	7.75
2018	19677.93	1090.37	2190.87	16396.69	2.14	11.77	7.99
2019	22143.58	1335.57	2498.46	18309.55	2.24	12.53	11.10
2020	24393.11	1467.00	2757.24	20168.88	2.40	10.16	9.47

注：全国R&D经费内部支出与国内生产总值之比已根据国内生产总值最新数据进行了修订。
Note: Ratio of Expenditure on R&D to GDP has been revised by use of latest updated data of GDP.

1-6 按执行部门分组的研究与试验发展(R&D)经费内部支出(2020年)
Intramural Expenditure on R&D by Performer(2020)

单位：亿元 (100 million yuan)

项目	Item	R&D经费内部支出 Total	基础研究 Basic Research	应用研究 Applied Research	试验发展 Experimental Development
全国	**National Total**	**24393.11**	**1467.00**	**2757.24**	**20168.88**
企业	Enterprises	18673.75	95.61	565.18	18012.96
#规上工业企业	Industrial Enterprises above Designated Size	15271.29	51.32	409.15	14810.82
研究与开发机构	R&D Institutions	3408.82	573.92	1084.52	1750.38
高等学校	Higher Education	1882.48	724.84	964.18	193.47
其他	Others	428.05	72.63	143.36	212.07

1-7 各地区研究与试验发展(R&D)经费内部支出(2020年)
Intramural Expenditure on R&D by Region (2020)

单位：万元 (10 000 yuan)

地区	Region	R&D经费内部支出 Total	基础研究 Basic Research	应用研究 Applied Research	试验发展 Experimental Development
全 国	**National Total**	**243931123**	**14669964**	**27572388**	**201688772**
东部地区	Eastern Region	159682844	9810717	16653060	133219067
中部地区	Middle Region	43302112	1898861	4540504	36862747
西部地区	Western Region	32129411	2108763	4495349	25525299
东北地区	Northeast Region	8816756	851622	1883475	6081659
北 京	Beijing	23265793	3730986	5710635	13824172
天 津	Tianjin	4850116	343645	525081	3981390
河 北	Hebei	6343724	155513	561944	5626267
山 西	Shanxi	2110549	114182	242986	1753380
内 蒙 古	Inner Mongolia	1610703	34250	171318	1405135
辽 宁	Liaoning	5490052	352546	1051245	4086261
吉 林	Jilin	1595099	268743	281633	1044723
黑 龙 江	Heilongjiang	1731605	230334	550597	950675
上 海	Shanghai	16156905	1282822	1909027	12965057
江 苏	Jiangsu	30059283	840152	1901668	27317462
浙 江	Zhejiang	18598951	603053	1070959	16924940
安 徽	Anhui	8831833	608887	784606	7438340
福 建	Fujian	8424072	237813	590114	7596145
江 西	Jiangxi	4307188	165816	380837	3760535
山 东	Shandong	16818915	503628	1115180	15200108
河 南	Henan	9012742	209860	798947	8003934
湖 北	Hubei	10052800	455358	1221727	8375715
湖 南	Hunan	8987001	344758	1111401	7530842
广 东	Guangdong	34798833	2040960	3198886	29558988
广 西	Guangxi	1732304	117709	175404	1439192
海 南	Hainan	366252	72147	69567	224538
重 庆	Chongqing	5267944	232516	667494	4367934
四 川	Sichuan	10552846	595847	1440408	8516591
贵 州	Guizhou	1617090	147190	208591	1261309
云 南	Yunnan	2459862	272585	295056	1892221
西 藏	Tibet	43692	8529	11093	24070
陕 西	Shaanxi	6323310	401501	1111595	4810215
甘 肃	Gansu	1096444	160952	239614	695878
青 海	Qinghai	213155	21174	36452	155529
宁 夏	Ningxia	596400	32865	57358	506177
新 疆	Xinjiang	615662	83645	80967	451050

1-8 各地区研究与试验发展(R&D)经费投入强度
The R&D Expenditure Input Intensity by Region

单位：%　　(%)

地　区	Region	2012	2013	2014	2015	2016	2017	2018	2019	2020
全　国	**National Total**	**1.91**	**2.00**	**2.02**	**2.06**	**2.10**	**2.12**	**2.14**	**2.24**	**2.40**
北　京	Beijing	5.59	5.61	5.53	5.59	5.49	5.29	5.65	6.30	6.44
天　津	Tianjin	3.99	4.30	4.37	4.69	4.68	3.68	3.68	3.29	3.44
河　北	Hebei	1.06	1.16	1.24	1.33	1.35	1.48	1.54	1.62	1.75
山　西	Shanxi	1.13	1.29	1.26	1.12	1.11	1.02	1.10	1.13	1.20
内蒙古	Inner Mongolia	0.97	1.03	1.00	1.05	1.07	0.89	0.80	0.86	0.93
辽　宁	Liaoning	2.19	2.32	2.17	1.80	1.83	1.98	1.96	2.05	2.19
吉　林	Jilin	1.27	1.27	1.31	1.41	1.34	1.17	1.02	1.27	1.30
黑龙江	Heilongjiang	1.32	1.39	1.33	1.35	1.28	1.19	1.05	1.08	1.26
上　海	Shanghai	3.19	3.35	3.41	3.48	3.51	3.66	3.77	4.01	4.17
江　苏	Jiangsu	2.40	2.51	2.55	2.53	2.62	2.63	2.69	2.82	2.93
浙　江	Zhejiang	2.10	2.19	2.27	2.32	2.39	2.42	2.49	2.67	2.88
安　徽	Anhui	1.54	1.71	1.75	1.81	1.81	1.90	1.91	2.05	2.28
福　建	Fujian	1.34	1.40	1.42	1.47	1.53	1.60	1.66	1.78	1.92
江　西	Jiangxi	0.89	0.95	0.98	1.03	1.13	1.27	1.37	1.56	1.68
山　东	Shandong	2.38	2.48	2.57	2.58	2.67	2.78	2.47	2.12	2.30
河　南	Henan	1.07	1.12	1.16	1.17	1.23	1.30	1.34	1.48	1.64
湖　北	Hubei	1.70	1.76	1.81	1.85	1.80	1.88	1.96	2.11	2.31
湖　南	Hunan	1.36	1.39	1.42	1.45	1.52	1.68	1.81	1.97	2.15
广　东	Guangdong	2.17	2.31	2.35	2.41	2.48	2.56	2.71	2.87	3.14
广　西	Guangxi	0.86	0.87	0.82	0.72	0.73	0.80	0.74	0.79	0.78
海　南	Hainan	0.49	0.48	0.49	0.45	0.53	0.51	0.55	0.56	0.66
重　庆	Chongqing	1.38	1.35	1.38	1.54	1.68	1.82	1.90	1.99	2.11
四　川	Sichuan	1.47	1.51	1.56	1.66	1.69	1.68	1.72	1.88	2.17
贵　州	Guizhou	0.62	0.59	0.60	0.59	0.62	0.70	0.79	0.86	0.91
云　南	Yunnan	0.62	0.62	0.61	0.73	0.81	0.85	0.90	0.95	1.00
西　藏	Tibet	0.25	0.28	0.25	0.30	0.19	0.21	0.24	0.26	0.23
陕　西	Shaanxi	2.03	2.15	2.11	2.20	2.20	2.15	2.22	2.27	2.42
甘　肃	Gansu	1.12	1.11	1.18	1.26	1.26	1.20	1.20	1.26	1.22
青　海	Qinghai	0.86	0.80	0.78	0.58	0.62	0.73	0.63	0.70	0.71
宁　夏	Ningxia	0.86	0.90	0.96	0.99	1.08	1.22	1.30	1.45	1.52
新　疆	Xinjiang	0.54	0.54	0.53	0.56	0.59	0.51	0.50	0.47	0.45

注：全国R&D经费支出与国内生产总值之比已根据国内生产总值最新数据进行了修订，地区数据作相应修订。

Note: Ratio of Expenditure on R&D to GDP has been revised by use of latest updated data of GDP, regional data are revised accordingly.

1-9 按执行部门分组的研究与试验发展(R&D)经费内部支出
Intramural Expenditure on R&D by Performer

单位：亿元 (100 million yuan)

年 份 Year	R&D经费内部支出 Total	企 业 Enterprises	#规上工业企业 Industrial Enterprises above Designated Size	#大中型工业企业 Large & Medium-sized Industrial Enterprises	研究与开发机构 R&D Institutions	高等学校 Higher Education	其 他 Others
1995	348.7			141.7	146.4	42.3	
1996	404.5			160.5	172.9	47.8	
1997	509.2			188.3	206.4	57.7	
1998	551.1			197.1	234.3	57.3	
1999	678.9			249.9	260.5	63.5	
2000	895.7	537.0		353.4	258.0	76.7	24.0
2001	1042.5	630.0		442.3	288.5	102.4	21.6
2002	1287.6	787.8		560.2	351.3	130.5	18.0
2003	1539.6	960.2		720.8	399.0	162.3	18.1
2004	1966.3	1314.0	1104.5	954.4	431.7	200.9	19.7
2005	2450.0	1673.8		1250.3	513.1	242.3	20.8
2006	3003.1	2134.5		1630.2	567.3	276.8	24.5
2007	3710.2	2681.9		2112.5	687.9	314.7	25.7
2008	4616.0	3381.7	3073.1	2681.3	811.3	390.2	32.9
2009	5802.1	4248.6	3775.7	3210.2	995.9	468.2	89.4
2010	7062.6	5185.5		4015.4	1186.4	597.3	93.4
2011	8687.0	6579.3	5993.8	5030.7	1306.7	688.9	112.1
2012	10298.4	7842.2	7200.6	5992.3	1548.9	780.6	126.7
2013	11846.6	9075.8	8318.4	6744.1	1781.4	856.7	132.6
2014	13015.6	10060.6	9254.3	7319.7	1926.2	898.1	130.7
2015	14169.9	10881.3	10013.9	7792.4	2136.5	998.6	153.5
2016	15676.7	12144.0	10944.7	8289.5	2260.2	1072.2	200.4
2017	17606.1	13660.2	12013.0	8976.2	2435.7	1266.0	244.2
2018	19677.9	15233.7	12954.8	9542.7	2691.7	1457.9	294.6
2019	22143.6	16921.8	13971.1	9996.9	3080.8	1796.6	344.3
2020	24393.1	18673.8	15271.3	10772.3	3408.8	1882.5	428.1

1-10 按执行部门和支出用途分R&D经费内部支出(2020年)
Intramural Expenditure on R&D by Performer and Use (2020)

单位：亿元 (100 million yuan)

项 目	Item	R&D经费内部支出 Total	日常性支出 Routine Expenses	#人员劳务费 Labor Cost	资产性支出 Assets Expenditure	#仪器和设备 Equipment
全 国	**National Total**	**24393.1**	**21967.9**	**8248.8**	**2425.3**	**2033.7**
企 业	Enterprises	18673.8	17354.0	6808.9	1319.7	1289.7
#规上工业企业	Industrial Enterprises above Designated Size	15271.3	14121.8	4852.1	1149.5	1122.0
研究与开发机构	R&D Institutions	3408.8	2799.0	865.3	609.8	392.3
高等学校	Higher Education	1882.5	1509.5	427.0	373.0	274.0
其 他	Others	428.1	305.3	147.6	122.8	77.6

1-11 各地区按支出用途分研究与试验发展(R&D)经费内部支出(2020年)
Intramural Expenditure on R&D by Region and Use (2020)

单位：万元 (10 000 yuan)

地区	Region	R&D经费内部支出 Total	日常性支出 Routine Expenses	#人员劳务费 Labor Cost	资产性支出 Assets Expenditure	#仪器和设备 Equipment
全国	**National Total**	**243931123**	**219678576**	**82487643**	**24252548**	**20336678**
东部地区	Eastern Region	159682844	144286017	58567931	15396827	13249341
中部地区	Middle Region	43302112	39049612	12353684	4252499	3655682
西部地区	Western Region	32129411	28415883	9119319	3713529	2705221
东北地区	Northeast Region	8816756	7927064	2446709	889692	726433
北京	Beijing	23265793	20389184	8961964	2876609	2360389
天津	Tianjin	4850116	4343401	1426913	506715	398842
河北	Hebei	6343724	5828038	1448976	515686	481057
山西	Shanxi	2110549	1930550	503956	179999	151238
内蒙古	Inner Mongolia	1610703	1500953	308596	109750	100747
辽宁	Liaoning	5490052	5025513	1508343	464539	377305
吉林	Jilin	1595099	1415588	465281	179510	159706
黑龙江	Heilongjiang	1731605	1485962	473085	245643	189423
上海	Shanghai	16156905	14798353	6116150	1358552	1103326
江苏	Jiangsu	30059283	27239205	10400154	2820078	2607614
浙江	Zhejiang	18598951	17085872	7448816	1513079	1325500
安徽	Anhui	8831833	7871754	2804621	960079	774376
福建	Fujian	8424072	7637773	3128306	786299	693890
江西	Jiangxi	4307188	3741224	1049924	565964	448412
山东	Shandong	16818915	15585994	4849244	1232921	1141431
河南	Henan	9012742	7916080	2485831	1096662	1039893
湖北	Hubei	10052800	9068447	2669254	984353	890384
湖南	Hunan	8987001	8521557	2840098	465444	351380
广东	Guangdong	34798833	31094608	14679690	3704225	3065496
广西	Guangxi	1732304	1424639	485039	307665	252533
海南	Hainan	366252	283588	107718	82664	71795
重庆	Chongqing	5267944	4648252	1601994	619692	504502
四川	Sichuan	10552846	9328686	3153942	1224160	726086
贵州	Guizhou	1617090	1406296	454153	210794	167944
云南	Yunnan	2459862	2254447	730212	205414	163262
西藏	Tibet	43692	37450	21893	6242	2821
陕西	Shaanxi	6323310	5596945	1685089	726365	520781
甘肃	Gansu	1096444	938361	331545	158083	137022
青海	Qinghai	213155	194125	57467	19030	15923
宁夏	Ningxia	596400	521556	112872	74844	71236
新疆	Xinjiang	615662	564173	176518	51489	42363

1-12　按资金来源分研究与试验发展(R&D)经费内部支出
Intramural Expenditure on R&D by Sources

单位：亿元　(100 million yuan)

年　份 Year	R&D经费内部支出 Total	政府资金 Government Funds	企业资金 Self-raised Funds by Enterprises	国外资金 Foreign Funds	其他资金 Other Funds
2004	1966.3	523.6	1291.3	25.2	126.2
2005	2450.0	645.4	1642.5	22.7	139.4
2006	3003.1	742.1	2073.7	48.4	138.9
2007	3710.2	913.5	2611.0	50.0	135.8
2008	4616.0	1088.9	3311.5	57.2	158.4
2009	5802.1	1358.3	4162.7	78.1	203.0
2010	7062.6	1696.3	5063.1	92.1	211.0
2011	8687.0	1883.0	6420.6	116.2	267.2
2012	10298.4	2221.4	7625.0	100.4	351.6
2013	11846.6	2500.6	8837.7	105.9	402.5
2014	13015.6	2636.1	9816.5	107.6	455.5
2015	14169.9	3013.2	10588.6	105.2	462.9
2016	15676.7	3140.8	11923.5	103.2	509.2
2017	17606.1	3487.4	13464.9	113.3	540.5
2018	19677.9	3978.6	15079.3	71.4	548.6
2019	22143.6	4537.3	16887.2	23.9	695.2
2020	24393.1	4825.6	18895.0	90.1	582.5

1-13　按执行部门和来源构成分研究与试验发展(R&D)经费内部支出(2020年)
Intramural Expenditure on R&D by Performer and Sources (2020)

单位：亿元　(100 million yuan)

项　目	Item	R&D经费内部支出 Total	政府资金 Government Funds	企业资金 Self-raised Funds by Enterprises	国外资金 Foreign Funds	其他资金 Other Funds
全　国	**National Total**	**24393.1**	**4825.6**	**18895.0**	**90.1**	**582.5**
企　业	Enterprises	18673.8	525.3	18040.2	79.7	28.5
#规上工业企业	Industrial Enterprises above Designated Size	15271.3	419.0	14791.4	39.3	21.6
研究与开发机构	R&D Institutions	3408.8	2847.4	135.1	3.7	422.6
高等学校	Higher Education	1882.5	1128.0	666.0	6.5	81.9
其　他	Others	428.1	324.8	53.7	0.1	49.5

1-14 各地区按资金来源分研究与试验发展(R&D)经费内部支出(2020年)
Intramural Expenditure on R&D by Region and Sources(2020)

单位：万元 (10 000 yuan)

地 区	Region	R&D经费内部支出 Total	政府资金 Government Funds	企业资金 Self-raised Funds by Enterprises	国外资金 Foreign Funds	其他资金 Other Funds
全 国	**National Total**	**243931123**	**48255555**	**188950319**	**900678**	**5824571**
东部地区	Eastern Region	159682844	28972612	126547685	698767	3463780
中部地区	Middle Region	43302112	6327576	35953898	150989	869649
西部地区	Western Region	32129411	10130996	20578059	36648	1383709
东北地区	Northeast Region	8816756	2824372	5870677	14274	107433
北 京	Beijing	23265793	10843276	10742209	216822	1463487
天 津	Tianjin	4850116	804267	3830905	17223	197720
河 北	Hebei	6343724	715744	5534887	569	92525
山 西	Shanxi	2110549	270401	1799356	1054	39737
内蒙古	Inner Mongolia	1610703	232755	1327780	29	50140
辽 宁	Liaoning	5490052	1440660	3995219	11711	42462
吉 林	Jilin	1595099	658834	910974	1986	23305
黑龙江	Heilongjiang	1731605	724879	964483	576	41667
上 海	Shanghai	16156905	5265390	10267480	237286	386749
江 苏	Jiangsu	30059283	2808722	26686719	107075	456766
浙 江	Zhejiang	18598951	1649497	16762799	15710	170945
安 徽	Anhui	8831833	1348250	7202197	43903	237483
福 建	Fujian	8424072	814869	7508494	12211	88498
江 西	Jiangxi	4307188	591910	3687084	368	27827
山 东	Shandong	16818915	1452981	15188776	46974	130184
河 南	Henan	9012742	794756	7877309	82830	257847
湖 北	Hubei	10052800	2136472	7692922	21506	201900
湖 南	Hunan	8987001	1185786	7695031	1329	104856
广 东	Guangdong	34798833	4405672	29882885	44628	465649
广 西	Guangxi	1732304	387909	1292812	2389	49194
海 南	Hainan	366252	212196	142531	269	11256
重 庆	Chongqing	5267944	772417	4278157	2491	214878
四 川	Sichuan	10552846	4201990	5707215	26565	617076
贵 州	Guizhou	1617090	434585	1149983	124	32398
云 南	Yunnan	2459862	567471	1776964	456	114971
西 藏	Tibet	43692	32307	10179		1206
陕 西	Shaanxi	6323310	2717175	3369532	1936	234668
甘 肃	Gansu	1096444	398240	645537	1008	51658
青 海	Qinghai	213155	74934	136832		1389
宁 夏	Ningxia	596400	131714	457654		7032
新 疆	Xinjiang	615662	179498	425414	1651	9100

1-15 研究与试验发展(R&D)经费外部支出(2020年)
External Expenditure on R&D (2020)

单位：万元 (10 000 yuan)

项 目	Item	R&D经费外部支出 Total	对境内研究机构支出 to Domestic Research Institutions	对境内高等学校支出 to Domestic Higher Education	对境内企业支出 to Domestic Enterprises	对境外机构支出 to Foreign Institutions
全 国	**National Total**	**19633281**	**5806771**	**1610146**	**10006139**	**1796913**
按执行部门分	**by Performer**					
企 业	Enterprises	15195996	3737739	775658	8984104	1698495
#规上工业企业	Industrial Enterprises above Designated Size	10084884	3452161	621689	4575709	1435326
研究与开发机构	R&D Institutions	2593002	1428037	198256	582481	938
高等学校	Higher Education	1632982	586948	559456	378745	94831
其 他	Others	211301	54047	76776	60810	2649
按地区分	**by Region**					
东部地区	Eastern Region	14484179	4495682	968891	7325907	1530584
中部地区	Middle Region	2195914	501897	281354	1260029	117396
西部地区	Western Region	1999277	597119	231852	1073155	50597
东北地区	Northeast Region	953911	212073	128050	347048	98337
北 京	Beijing	2885085	1323041	234332	1157964	46076
天 津	Tianjin	285070	39440	29596	136691	71940
河 北	Hebei	278634	99308	16217	144812	16116
山 西	Shanxi	141548	33214	16524	76057	4879
内 蒙 古	Inner Mongolia	84980	36039	18129	28509	2049
辽 宁	Liaoning	527770	103982	71804	149106	34650
吉 林	Jilin	260983	43393	13097	157600	46764
黑 龙 江	Heilongjiang	165158	64699	43149	40342	16923
上 海	Shanghai	1860100	202606	86782	1128823	441312
江 苏	Jiangsu	1526361	238185	148977	884548	237082
浙 江	Zhejiang	2243919	170524	116197	1818639	132267
安 徽	Anhui	437763	70072	48941	291522	25998
福 建	Fujian	273132	45512	25608	173741	28045
江 西	Jiangxi	185926	41867	19713	120182	2872
山 东	Shandong	991531	201536	97412	563745	128551
河 南	Henan	248056	48657	31948	162291	4759
湖 北	Hubei	754154	209420	104467	361124	59116
湖 南	Hunan	428468	98667	59762	248854	19772
广 东	Guangdong	4107814	2160414	212766	1301033	428694
广 西	Guangxi	79817	24293	6795	37390	6515
海 南	Hainan	32534	15117	1005	15911	501
重 庆	Chongqing	297142	57078	23325	196691	18972
四 川	Sichuan	715267	258260	59499	351351	11128
贵 州	Guizhou	162014	33999	10033	114953	1465
云 南	Yunnan	104656	16045	23487	60163	4199
西 藏	Tibet	2169	1465	307	35	355
陕 西	Shaanxi	408832	129602	57603	215502	3388
甘 肃	Gansu	49148	20702	10503	15959	1974
青 海	Qinghai	27141	2603	1391	23104	43
宁 夏	Ningxia	22761	3834	5404	12771	502
新 疆	Xinjiang	45350	13200	15376	16727	7

1-16 科技进步贡献率
MFP Contribution on Economic Growth

单位：% (%)

项 目	Item	2002-2007	2003-2008	2004-2009	2005-2010	2006-2011	2007-2012	2008-2013	2009-2014	2010-2015	2011-2016	2012-2017	2013-2018	2014-2019	2015-2020
科技进步贡献率	MFP Contribution on Economic Growth	46.0	48.8	48.4	50.9	51.7	52.2	53.1	54.2	55.3	56.4	57.8	58.7	59.5	60.2

1-17 国家财政科技支出
Government Expenditure for Science and Technology

单位：亿元 (100 million yuan)

年 份 Year	国家公共财政支出 Total Government Budgetary Expenditure (A)	国家财政科技拨款 Appropriation for Science and Technology (B)	中央 Central Government	地方 Local Government	科学技术支出 Expenditure for Science and Technology	其他功能支出中用于科学技术的支出 Others	科技拨款与公共财政支出之比 % of Total Government Budgetary Expenditure (B/A)
1985	2004.3	102.6					5.12
1986	2204.9	112.6					5.11
1987	2262.2	113.8					5.03
1988	2491.2	121.1					4.86
1989	2823.8	127.9					4.53
1990	3083.6	139.1	97.6	41.6			4.51
1991	3386.6	160.7	115.4	45.3			4.74
1992	3742.2	189.3	133.6	55.7			5.06
1993	4642.3	225.6	167.6	58.0			4.86
1994	5792.6	268.3	199.0	69.3			4.63
1995	6823.7	302.4	215.6	86.8			4.43
1996	7937.6	348.6	242.8	105.8			4.39
1997	9233.6	408.9	273.9	134.0			4.43
1998	10798.2	438.6	289.7	148.9			4.06
1999	13187.7	543.9	355.6	188.3			4.12
2000	15886.5	575.6	349.6	226.0			3.62
2001	18902.6	703.3	444.3	258.9			3.72
2002	22053.2	816.2	511.2	305.0			3.70
2003	24650.0	944.6	609.9	335.6			3.83
2004	28486.9	1095.3	692.4	402.9			3.84
2005	33930.3	1334.9	807.8	527.1			3.93
2006	40422.7	1688.5	1009.7	678.8			4.18
2007	49781.4	2135.7	1044.1	1091.6	1783.0	352.6	4.29
2008	62592.7	2611.0	1287.2	1323.8	2129.2	481.8	4.17
2009	76299.9	3276.8	1653.3	1623.5	2744.5	532.3	4.29
2010	89874.2	4196.7	2052.5	2144.2	3250.2	946.5	4.67
2011	109247.8	4797.0	2343.3	2453.7	3828.0	969.0	4.39
2012	125953.0	5600.1	2613.6	2986.5	4452.6	1147.5	4.45
2013	140212.1	6184.9	2728.5	3456.4	5084.3	1100.6	4.41
2014	151785.6	6454.5	2899.2	3555.4	5314.5	1140.0	4.25
2015	175877.8	7005.8	3012.1	3993.7	5862.6	1143.2	3.98
2016	187755.2	7760.7	3269.3	4491.4	6564.0	1196.7	4.13
2017	203085.5	8383.6	3421.4	4962.1	7267.0	1116.6	4.13
2018	220904.1	9518.2	3738.5	5779.7	8326.7	1191.5	4.31
2019	238858.4	10717.4	4173.2	6544.2	9470.8	1246.6	4.49
2020	245679.0	10095.0	3758.2	6336.8	9018.3	1076.7	4.11

注：1.为规范财政科技支出统计，2013年对财政科学技术支出统计口径重新作了界定，并追溯调整了2007-2011年数据，以保持数据的可比性。
2.本表中财政科学技术支出的统计范围为公共财政支出安排的科技项目。
3.2012年中央国有资本经营支出中安排30亿元用于科学技术项目。

Note: a) To standardize the fiscal expenditure on S&T, we redifine statistical calibre of the fiscal expenditure on S&T and adjust the data of the year from 2007 to 2011 for the comparability of data.
b) In this table,statistical calibre of the fiscal expenditure on S&T is S&T projects of public fiscal expenditure.
c) There are 3000 million yuan used for S&T projects in central state-owned capital operating expenditure.

1-18 分学科研究生情况（2020年）
Number of Postgraduate Students by Field of Study (2020)

单位：人 (person)

项 目	Item	毕业生数 Graduates	博 士 Doctor's Degree	硕 士 Master's Degree	招生数 Entrants	博 士 Doctor's Degree	硕 士 Master's Degree	在 校 学生数 Enrolment	博 士 Doctor's Degree	硕 士 Master's Degree
分学科研究生数（总计）	**Total**	**728627**	**66176**	**662451**	**1106551**	**116047**	**990504**	**3139598**	**466549**	**2673049**
#女	Female	392730	27444	365286	580484	49593	530891	1599447	195361	1404086
#学术型学位	Academic Degree	356502	63510	292992	490337	102328	388009	1470149	431884	1038265
#专业学位	Professional Degree	372125	2666	369459	616214	13719	602495	1669449	34665	1634784
哲 学	Philosophy	3955	729	3226	4560	1005	3555	15233	4808	10425
经济学	Economics	33901	2193	31708	47990	3311	44679	115998	16200	99798
法 学	Law	49523	3134	46389	67253	5620	61633	183018	24241	158777
教育学	Education	52120	1199	50921	77950	2750	75200	217103	10530	206573
文 学	Literature	35676	2149	33527	45669	3122	42547	118887	14505	104382
历史学	History	5614	775	4839	7565	1260	6305	22820	6027	16793
理 学	Science	58399	13975	44424	89211	21517	67694	260470	84632	175838
工 学	Engineering	250282	24084	226198	393734	47898	345836	1176528	195850	980678
农 学	Agriculture	29977	3147	26830	55974	4993	50981	149685	19662	130023
医 学	Medicine	80405	10634	69771	130740	17948	112792	336215	57501	278714
军事学	Military Science	75	24	51	38	8	30	204	76	128
管理学	Administrators	104769	3467	101302	150146	5343	144803	447898	27880	420018
艺术学	Art	23931	666	23265	35721	1272	34449	95539	4637	90902
分学科研究生数（普通高校）	**Regular HEIs**	**720799**	**64860**	**655939**	**1096124**	**114195**	**981929**	**3108935**	**458832**	**2650103**
#女	Female	389202	26950	362252	575504	48791	526713	1585494	192565	1392929
#学术型学位	Academic Degree	350516	62199	288317	482728	100556	382172	1447173	424345	1022828
#专业学位	Professional Degree	370283	2661	367622	613396	13639	599757	1661762	34487	1627275
哲 学	Philosophy	3855	704	3151	4466	989	3477	14900	4715	10185
经济学	Economics	33373	2120	31253	47235	3212	44023	113941	15643	98298
法 学	Law	48840	3026	45814	66453	5536	60917	180686	23831	156855
教育学	Education	52120	1199	50921	77950	2750	75200	217103	10530	206573
文 学	Literature	35641	2149	33492	45595	3122	42473	118697	14505	104192
历史学	History	5570	775	4795	7504	1260	6244	22652	6027	16625
理 学	Science	57752	13781	43971	88264	21281	66983	257638	83563	174075
工 学	Engineering	247542	23627	223915	390105	47237	342868	1165841	192838	973003
农 学	Agriculture	28845	2935	25910	54667	4689	49978	145457	18584	126873
医 学	Medicine	79695	10506	69189	129391	17665	111726	332925	56712	276213
军事学	Military Science	74	24	50	36	8	28	197	76	121
管理学	Administrators	103759	3411	100348	149077	5273	143804	444395	27473	416922
艺术学	Art	23733	603	23130	35381	1173	34208	94503	4335	90168
分学科研究生数（科研机构）	**Research Institutions**	**7828**	**1316**	**6512**	**10427**	**1852**	**8575**	**30663**	**7717**	**22946**
#女	Female	3528	494	3034	4980	802	4178	13953	2796	11157
#学术型学位	Academic Degree	5986	1311	4675	7609	1772	5837	22976	7539	15437
#专业学位	Professional Degree	1842	5	1837	2818	80	2738	7687	178	7509
哲 学	Philosophy	100	25	75	94	16	78	333	93	240
经济学	Economics	528	73	455	755	99	656	2057	557	1500
法 学	Law	683	108	575	800	84	716	2332	410	1922
教育学	Education									
文 学	Literature	35		35	74		74	190		190
历史学	History	44		44	61		61	168		168
理 学	Science	647	194	453	947	236	711	2832	1069	1763
工 学	Engineering	2740	457	2283	3629	661	2968	10687	3012	7675
农 学	Agriculture	1132	212	920	1307	304	1003	4228	1078	3150
医 学	Medicine	710	128	582	1349	283	1066	3290	789	2501
军事学	Military Science	1		1	2		2	7		7
管理学	Administrators	1010	56	954	1069	70	999	3503	407	3096
艺术学	Art	198	63	135	340	99	241	1036	302	734

1-19 普通本科分学科学生数（2020年）

Number of Students Regular Enrolled in Full Undergraduate Course by Field of Study (2020)

单位：人 (person)

项目	Item	毕业生数 Graduates	招生数 Entrants	在校学生数 Enrolment
总计	**Total**	**4205097**	**4431154**	**18257460**
#女	Female	2315776	2687723	9804641
#师范	Teacher Training	423556	451687	1867540
哲学	Philosophy	2260	3347	11279
经济学	Economics	249086	229074	984895
法学	Law	147207	158148	639402
教育学	Education	171334	201733	808396
文学	Literature	409351	433333	1779927
#外语	Foreign Languages	217225	225168	937921
历史学	History	18659	24473	89397
理学	Science	274006	315938	1225880
工学	Engineering	1381245	1530004	6142436
农学	Agriculture	71265	77913	303731
医学	Medicine	288359	311015	1427328
管理学	Administrators	795289	658725	2994818
艺术学	Art	397036	449016	1776582

1-20 普通专科分学科学生数（2020年）

Number of Students Regular Enrolled in Specialized Courses by Field of Study (2020)

单位：人 (person)

项目	Item	毕业生数 Graduates	招生数 Entrants	在校学生数 Enrolment
总计	**Total**	**3766894**	**5243364**	**14595488**
#女	Female	1921698	2666879	6937083
#师范	Teacher Training	298079	338201	1035124
农林牧渔大类	Agriculture,Forestry,Husbandry and Fishing	62797	103076	280815
资源环境与安全大类	Resources Environment and Safety	42995	74891	198203
能源动力与材料大类	Energy Power and Material	37414	49053	140711
土木建筑大类	Civil Engineering and Architecture	274108	414306	1116618
水利大类	Water Resources	13904	19065	53569
装备制造大类	Equipment Manufacturing	422146	543913	1579418
生物与化工大类	Biology and Chemical Engineering	29456	40866	111086
轻工纺织大类	Light Idustry and Textile	17696	25413	71513
食品药品与粮食大类	Food,Medicine and Grain	60968	81895	226410
交通运输大类	Transportation and Communication	244106	311967	910336
电子信息大类	Electronic Information	467480	777384	2058099
医药卫生大类	Medical and Health	509592	679658	1911947
财经商贸大类	Finance,Economics and Business	727758	930125	2578281
旅游大类	Tourism	118008	146402	438830
文化艺术大类	Culture and Arts	168637	255284	711713
新闻传播大类	Journalism and Communication	30857	43576	120959
教育与体育大类	Education and Sport	455619	575913	1682539
公安与司法大类	Public Security and Justice	47215	52867	150434
公共管理与服务大类	Public Administration and Service	36138	117710	254007

1-21 中国科学院院士和中国工程院院士
Academicians of China Academy of Sciences and Academicians of China Academy of Engineering

单位：人 (person)

项 目	Item	2007	2008	2009	2010	2011	2012	2013	2014	2015	2016	2017	2018	2019	2020
中国科学院院士合计①	**Academicians of China Academy of Sciences**	**709**	**692**	**714**	**694**	**727**	**710**	**750**	**730**	**777**	**753**	**800**	**785**	**830**	**811**
数学物理学部	Division of Mathematics and Physics	135	134	137	133	139	136	143	139	148	144	154	150	157	152
化学部	Division of Chemistry	124	120	125	121	126	123	128	125	131	124	128	127	133	129
生命科学和医学学部	Division of Life Sciences and Medical Sciences	129	124	126	120	128	124	132	131	143	140	150	149	153	149
地学部	Division of Earth Sciences	117	113	116	112	119	116	124	122	127	124	132	128	138	136
信息技术科学部	Division of Information Technological Sciences	80	79	83	82	83	82	88	85	90	88	95	94	99	97
技术科学部	Division of Technological Sciences	124	122	127	126	132	129	135	128	138	133	141	137	150	148
中国工程院院士合计	**Academicians of China Academy of Engineering**	**718**	**711**	**749**	**736**	**766**	**763**	**802**	**786**	**836**	**822**	**869**	**853**	**908**	**888**
机械与运载工程学部	Division of Mechanical and Vehicle Engineering	105	103	106	105	110	110	117	115	121	119	124	122	129	128
信息与电子工程学部	Division of Information and Electronic Engineering	105	105	108	106	110	109	114	113	120	118	125	122	131	130
化工、冶金与材料工程学部	Division of Chemical, Metallurgic and Material	94	92	95	93	98	98	101	98	104	103	109	106	115	111
能源与矿业工程学部	Division of Energy and Mining Engineering	95	95	100	98	102	102	107	105	113	112	118	117	125	123
土木、水利与建筑工程学部	Division of Civil , Hydraulic and Architecture Engineering	97	96	100	98	101	101	105	103	108	104	108	104	104	99
环境与轻纺工程学部②	Division of Environment, Light and Textile Industries Engineering	37	36	42	41	43	43	47	46	51	51	55	55	60	60
农业学部	Division of Agriculture	64	64	70	70	71	71	74	72	75	71	77	77	83	80
医药与卫生学部	Division of Medical and Health	107	107	112	109	112	110	115	112	116	116	120	117	122	121
工程管理学部③	Division of Engineering Management	41	41	44	44	46	46	48	49	55	54	33	33	39	36

注：① 2006年中国科学院另有53位外籍院士。
② 2007年以前数据包括农业学部。
③ 2013年和2016年工程管理学部中有26人是跨学部院士；2011年、2012年、2014年和2015年工程管理学部中有27人是跨学部院士；2017年工程管理学部中有25人是跨学部院士；2018年和2019年工程管理学部中有31人是跨学部院士，2020年工程管理学部中有29人是跨学部院士。

Note: a) There were 53 foreign academicians of Chinese Academy of Sciences in 2006.
b) Data befor 2007 included Pivision of Agriculture.
c) In 2013 and 2016, there are 26 academicians in Division of Engineering Management were interdisciplinary academicians. In 2011,2012, 2014 and 2015,there are 27 academicians in Divicion of Engineering Management were interdisciplinary academicians. In 2017,there are 25 academicians in Division of Engineering Management were interdisciplinary academicians. In 2018,2019 there are 31 academicians in Division of Engineering Management were interdisciplinary academicians. In 2020, there are 29 academicians in Division of Engineering Maragement were interdisciplinary academicians.

1-22　中国科学院全体院士名单

一、数学物理学部(152人)

于　渌　万哲先　马志明　马余刚　王乃彦　王小云（女）　王广厚　王　元　王世绩　王　迅

王诗宬　王贻芳　王恩哥　王梓坤　王绶琯　王鼎盛　文　兰　方　成　方　忠　方复全

邓小刚　甘子钊　艾国祥　石钟慈　龙以明　叶向东　叶叔华（女）　叶朝辉　田　刚　白以龙

邝宇平　邢定钰　曲钦岳　吕　敏　朱邦芬　朱诗尧　向　涛　江　松　汤　涛　汤　超

孙义燧　孙昌璞　孙斌勇　孙　鑫　严加安　苏定强　苏肇冰　杜江峰　李大潜　李邦河

李安民　李家明　李家春　李惕碚　李德平　李儒新　杨　乐　杨应昌　杨国桢　杨振宁

杨福家　励建书　吴岳良　何国威　何祚庥　邹广田　汪承灏　汪景琇　沈文庆　沈学础

张仁和　张平文　张伟平　张　杰　张宗烨（女）　张恭庆　张继平　张焕乔　张淑仪（女）　张涵信

张维岩　张裕恒　张殿琳　张肇西　陆夕云　陈十一　陈木法　陈仙辉　陈永川　陈式刚

陈志明　陈和生　陈佳洱　陈建生　陈恕行　陈难先　陈　彪　武向平　范海福　林海青

林　群　欧阳钟灿　欧阳颀　罗民兴　罗　俊　周又元　周光召　周向宇　周　恒　周毓麟

郑厚植　郑晓静（女）　赵光达　赵红卫　赵忠贤　赵政国　胡仁宇　胡和生（女）　姜伯驹　洪家兴

贺贤土　袁亚湘　莫毅明　夏道行　徐至展　徐红星　徐叙瑢　高原宁　高鸿钧　郭尚平

郭柏灵　席南华　唐孝威　陶瑞宝　龚昌德　龚新高　常　进　常　凯　鄂维南　崔向群（女）

彭实戈　葛墨林　韩占文　景益鹏　谢心澄　詹文龙　解思深　蔡荣根　熊大闰　潘建伟

霍裕平　魏宝文

二、化学部(129人)

丁奎岭　于吉红（女）　万立骏　万惠霖　马大为　王方定　王佛松　王　夔　支志明　方维海

计亮年　田中群　田　禾　田昭武　白春礼　包信和　冯小明　冯守华　朱起鹤　朱清时

朱道本　任詠华（女）　刘元方　刘云圻　刘忠范　江　龙　江　明　江桂斌　江　雷　安立佳

孙世刚　麦松威　严纯华　李玉良　李永舫　李亚栋　李　灿　李洪钟　李景虹　李静海

杨万泰　杨玉良　杨秀荣（女）　杨金龙　杨学明　吴云东　吴　奇　吴养洁　吴骊珠（女）　吴新涛

何国钟　何鸣元　佟振合　余国琮　汪尔康　沙国河　沈之荃（女）　沈家骢　宋礼成　张玉奎

张东辉　张礼和　张存浩　张　希　张洪杰　张　涛　张锁江　张　锦　陆熙炎　陈小明

陈庆云　陈　军　陈凯先　陈学思　陈俊武　陈洪渊　陈新滋　陈　懿　林国强　岳建民

周其凤　周其林　郑兰荪　赵玉芬（女）　赵东元　赵宇亮　赵进才　胡　英　段　雪　侯建国

俞书宏　俞汝勤　施剑林　洪茂椿　费维扬　姚守拙　姚建年　袁　权　柴之芳　钱逸泰

倪嘉缵　徐如人　徐春明　高　松　郭子建　郭景坤　席振峰　唐本忠　唐有祺　唐　勇

涂永强　黄乃正　黄本立　黄春辉（女）　曹　镛　麻生明　彭孝军　韩布兴　程津培　程镕时

谢在库　谢作伟　谢毓元　谢　毅（女）　谭蔚泓　樊春海　黎乐民　颜德岳　戴立信

三、生命科学和医学学部(149人)

马　兰（女）　王大成　王文采　王正敏　王志珍（女）　王志新　王松灵　王恩多（女）　王福生　毛江森

卞修武　方荣祥　方精云　尹文英（女）　邓子新　石元春　叶玉如（女）　仝小林　印象初　匡廷云（女）

朱玉贤　朱兆良　朱作言　庄文颖（女）　庄巧生　刘以训　刘允怡　刘新垣　刘耀光　许智宏

孙大业　孙汉董　孙曼霁　苏国辉　李　林　李季伦　李振声　李家洋　李　蓬（女）　杨焕明

杨雄里　杨福愉　吴孟超　吴祖泽　吴常信　汪忠镐　沈允钢　沈　岩　沈善炯　宋尔卫

宋微波　张友尚　张永莲（女）　张亚平　张　旭　张启发　张明杰　张学敏　张春霆　陆　林

陈义汉　陈子元　陈子江（女）　陈化兰（女）　陈文新（女）　陈可冀　陈孝平　陈国强　陈　竺　陈宜张

陈宜瑜　陈晓亚　陈晔光　陈润生　陈　霖　邵　峰　武维华　林其谁　林鸿宣　尚永丰

季维智　金　力　周　琪　郑光美　郑守仪（女）　郑儒永（女）　孟安明　赵玉沛　赵进东　赵国屏

赵继宗　郝小江　种　康　段树民　侯凡凡（女）　饶子和　施一公　施蕴渝（女）　洪国藩　洪德元

姚开泰　贺　林　贺福初　骆清铭　桂建芳　顾东风　钱　前　徐国良　徐　涛　高　福

郭爱克　唐守正　唐崇惕（女）　黄荷凤（女）　黄路生　曹文宣　曹晓风（女）　戚正武　常文瑞　康　乐

阎锡蕴（女）　梁栋材　梁智仁　隋森芳　葛均波　董　晨　蒋有绪　蒋华良　韩启德　韩济生

韩家淮　韩　斌　程和平　舒红兵　童坦君　曾益新　谢华安　谢联辉　谢道昕　强伯勤

蒲慕明　赫　捷　裴　钢　翟中和　樊　嘉　鞠　躬　魏于全　魏江春　魏辅文

四、地学部（136人）

丁仲礼　丁　林　丁国瑜　于贵瑞　马宗晋　王　水　王成善　王会军　王　赤　王铁冠
王焰新　王　颖（女）　王德滋　文圣常　丑纪范　石广玉　石耀霖　叶大年　叶嘉安　冯士筰
戎嘉余　成秋明　吕达仁　朱日祥　朱永官　伍荣生　任纪舜　刘丛强　刘昌明　刘宝珺
刘嘉麒　安芷生　许志琴（女）　许厚泽　孙和平　孙鸿烈　苏纪兰　李廷栋　李崇银　李献华
李德仁　李德生　李曙光　杨元喜　杨文采　杨经绥　杨树锋　肖文交　肖序常　吴立新
吴国雄　吴新智　吴福元　邱占祥　邹才能　汪品先　汪集旸　沈其韩　沈树忠　张人禾
张宏福　张国伟　张弥曼（女）　张　经　张培震　陆大道　陈大可　陈发虎　陈　旭　陈运泰
陈俊勇　陈晓非　陈　骏　陈　颙　邵明安　林学钰（女）　欧阳自远　金之钧　金振民　周卫健（女）
周成虎　周志炎　周秀骥　周忠和　於崇文　郑永飞　郑　度　赵其国　赵国春　赵柏林
赵鹏大　郝　芳　胡敦欣　钟大赉　侯增谦　姚振兴　姚檀栋　秦大河　袁道先　莫宣学
贾承造　夏　军　徐义刚　徐冠华　殷鸿福　高　俊　高　锐　郭正堂　郭华东　涂传诒
陶　澍　黄荣辉　龚健雅　常印佛　崔　鹏　符淙斌　巢纪平　彭平安　彭建兵　程国栋
傅伯杰　焦念志　舒德干　童庆禧　曾庆存　窦贤康　翟明国　翟裕生　滕吉文　潘永信
薛禹群　穆　穆　戴永久　戴民汉　戴金星　魏奉思

五、信息技术科学部（97人）

干福熹　王之江　王占国　王立军　王永良　王　圩　王阳元　王怀民　王启明　王金龙
王育竹　王建宇　王家骐　王　越　王　巍　毛军发　尹　浩　包为民　冯登国　匡定波
吕　建　朱中梁　刘永坦　刘国治　刘　明（女）　刘颂豪　刘盛纲　江风益　许宁生　李　未
李启虎　李树深　李衍达　杨芙清（女）　杨学军　杨德仁　吴一戎　吴宏鑫　吴培亨　吴朝晖
吴德馨（女）　何积丰　沈绪榜　怀进鹏　宋　健　张　钹　张景中　陆元九　陆汝钤　陆建华
陈国良　陈星旦　陈俊亮　陈桂林　陈翰馥　林惠民　金亚秋　周兴铭　周志鑫　周炳琨
周巢尘　郑有炓　郑志明　郑建华　郑耀宗　房建成　郝　跃　相里斌　段广仁　侯　洵
侯朝焕　姜　杰（女）　姚建铨　姚期智　秦国刚　夏建白　顾　瑛（女）　徐宗本　郭光灿　郭　雷
彭堃墀　董韫美　黄民强　黄　如（女）　黄宏嘉　黄　维　黄　琳　梅　宏　龚旗煌　崔铁军
雷啸霖　简水生　褚君浩　管晓宏　谭铁牛　薛永祺　戴汝为

六、技术科学部（148人）

丁　汉　于起峰　王大中　王立鼎　王光谦　王自强　王希季　王秋良　王崇愚　王淀佐
王锡凡　王　曦　毛　明　方岱宁　卢　柯　卢　强　叶志镇　叶恒强　叶培建　申长雨
田永君　邢球痕　过增元　成会明　朱位秋　朱美芳（女）　朱　荻　朱森元　朱　静（女）　伍小平（女）
任露泉　庄逢辰　刘广均　刘竹生　刘昌胜　刘宝镛　刘维民　齐　康　闫楚良　孙　钧
孙家栋　芮筱亭　严陆光　李东旭（女）　李应红　李述汤　李依依（女）　杨　卫　杨　伟　杨叔子
杨孟飞　杨　槱　吴良镛　吴宜灿　吴承康　吴硕贤　邱大洪　邱　勇　何雅玲（女）　何满潮
余梦伦　邹世昌　邹志刚　闵桂荣　汪卫华　汪　耕　沈志云　沈保根　宋振骐　宋家树
张兴钤　张佑启　张　泽　张统一　张　跃　张清杰　张楚汉　陈云敏　陈祖煜　陈维江
范守善　林　皋　欧阳予　欧阳明高　金红光　周　远　周孝信　周国治　郑　平　郑时龄
郑泉水　郑哲敏　赵天寿　赵阳升　赵淳生　胡文瑞　胡聿贤　胡海岩　南策文　柳百新
钟万勰　段文晖　段　进　俞大鹏　俞鸿儒　闻邦椿　姜中宏　宣益民　祝世宁　祝学军（女）
姚　熹　都有为　贾振元　顾秉林　顾诵芬　顾逸东　倪晋仁　徐性初　徐建中　高镇同
高德利　郭万林　郭烈锦　唐叔贤　陶文铨　黄克智　曹春晓　常　青　彭一刚　彭练矛
葛昌纯　韩杰才　韩祯祥　程时杰　程耿东　温诗铸　蒙大桥　赖远明　路甬祥　蔡其巩
雒建斌　翟婉明　熊有伦　滕锦光　潘际銮　薛其坤　魏炳波　魏悦广

注：名单截止到2020年12月31日。
Note: List at December 31th, 2020.

1-23　中国工程院全体院士名单

一、机械与运载工程学部(128人)

曹喜滨	陈学东	邓宗全	丁荣军	董春鹏	樊会涛	冯煜芳	甘晓华	高金吉	郭东明
何 琳	侯 晓	黄庆学	蒋庄德	金东寒	李德群	李 骏	李魁武	李培根	林忠钦
刘永才	卢秉恒	路甬祥	马伟明	邱志明	单忠德	邵新宇	孙 聪	孙逢春	谭建荣
唐长红	田红旗(女)	王华明	王振国	吴光辉	吴有生	夏长亮	项昌乐	向锦武	肖龙旭
徐 青	严新平	杨德森	杨华勇	杨树兴	尹泽勇	尤 政	张 军	钟志华	周 济
周志成	朱广生								

资深院士:

陈懋章	陈一坚	陈予恕	丁衡高	杜善义	朵英贤	范本尧	冯培德	顾国彪	顾诵芬
关 杰	关 桥	郭重庆	郭孔辉	胡正寰	黄崇祺	黄瑞松	黄文虎	黄先祥	黄旭华
乐嘉陵	李椿萱	李鹤林	李鸿志	李 明	李 钊	梁晋才	林尚扬	柳百成	刘大响
刘人怀	刘怡昕	刘友梅	龙乐豪	陆元九	潘健生	潘镜芙	戚发轫	钱清泉	饶芳权
沈闻孙	沈志云	苏哲子	孙敬良	唐任远	王 浚	汪顺亭	王兴治	王永志	汪槱生
王玉明	王哲荣	温俊峰	谢友柏	徐滨士	徐德民	徐芑南	徐志磊	杨凤田	杨绍卿
杨士莪	于本水	臧克茂	曾广商	张福泽	张贵田	张金麟	张立同(女)	张彦仲	赵 煦
钟 掘(女)	钟群鹏	周勤之	朱能鸿	朱英富	朱英浩				

二、信息与电子工程学部(130人)

柴天佑	陈 纯	陈 杰	陈志杰	陈左宁(女)	戴 浩	戴琼海	邓中翰	丁文华	段宝岩
樊邦奎	方滨兴	费爱国	封锡盛	高 文	桂卫华	何 友	姜会林	李德毅	李国杰
李天初	李同保	廖湘科	刘 玠	刘永坚	刘韵洁	刘泽金	陆 军	卢锡城	罗先刚
吕跃广	潘云鹤	苏东林(女)	孙家广	孙凝晖	谭久彬	王恩东	王沙飞	王天然	王耀南
魏毅寅	吴汉明	邬贺铨	邬江兴	吴建平	吴曼青	吴伟仁	吾守尔·斯拉木	徐扬生	杨小牛
姚富强	于 全	余少华	张广军	张 平	张尧学	赵沁平	郑南宁	郑纬民	

资深院士:

贲 德	蔡鹤皋	蔡吉人	陈 鲸	陈敬熊	陈俊亮	陈良惠	范滇元	方家熊	高 洁
龚惠兴	宫先仪	龚知本	郭桂蓉	何德全	何新贵	胡光镇	胡启恒(女)	黄培康	姜文汉
金国藩	金怡濂	李伯虎	李德仁	李乐民	李三立	李幼平	梁骏吾	林永年	凌永顺
刘尚合	刘永坦	陆建勋	马远良	毛二可	倪光南	潘君骅	沈昌祥	宋 健	苏君红
孙优贤	孙 玉	汪成为	王任享	王小谟	王 越	王子才	韦 钰(女)	魏正耀	魏子卿
吴 澄	许居衍	许祖彦	杨士中	姚骏恩	叶铭汉	叶尚福	叶声华	张光义	张履谦
张明高	张锡祥	张钟华	赵伊君	赵梓森	钟 山	周立伟	周寿桓	周仲义	朱高峰
庄松林									

三、化工、冶金与材料工程学部(111人)

曹湘洪	柴立元	陈芬儿	陈建峰	陈祥宝	戴厚良	丁文江	董绍明	付贤智	干 勇
高从堦	宫声凯	何季麟	黄伯云	黄小卫(女)	蹇锡高	姜德生	李贺军	李 卫	李言荣
李元元	李仲平	刘炯天	刘正东	刘中民	毛新平	聂祚仁	欧阳平凯	潘复生	彭金辉
彭 寿	钱 锋	钱旭红	邱定蕃	邱冠周	任其龙	桑凤亭	孙传尧	谭天伟	屠海令
涂善东	王国栋	王迎军(女)	王玉忠	王震西	吴 锋	吴以成	谢建新	徐惠彬	徐南平
薛群基	张联盟	张平祥	张耀明	郑裕国	周 济	周 玉			

资深院士:

才鸿年	陈丙珍(女)	陈 景	陈立泉	陈蕴博	崔 崑	戴永年	丁传贤	傅恒志	顾真安
关兴亚	胡永康	江东亮	金 涌	柯 伟	李大东	李俊贤	李龙土	刘业翔	毛炳权
沈寅初	舒兴田	唐明述	王淀佐	王海舟	王静康(女)	汪燮卿	汪旭光	王一德	王泽山
翁宇庆	武 胜	吴慰祖	徐承恩	徐匡迪	杨启业	殷国茂	殷瑞钰	余永富	袁晴棠(女)
袁渭康	张国成	张生勇	张寿荣	张文海	张兴栋	赵连城	赵振业	周光耀	周克崧
周 廉	朱永濬	邹 竞(女)	左铁镛						

四、能源与矿业工程学部(123人)

蔡美峰	陈 勇	邓建军	邓运华	多 吉	樊明武	范维澄	顾大钊	郭剑波	郭旭升
黄 震	康红普	李根生	李建刚	李 宁	李晓红	李 阳	李焯芬	林 君	刘吉臻
罗 安	罗 琦	马永生	毛景文	欧阳晓平	彭苏萍	邱爱慈(女)	沈国荣	舒印彪	苏义脑
孙金声	孙龙德	汤广福	唐 立	王国法	王双明	王运敏	武 强	夏佳文	谢和平
谢克昌	杨春和	袁 亮	袁士义	岳光溪	张铁岗	张玉卓	赵文智	赵宪庚	赵振堂
周守为									

资深院士:

安继刚	陈清泉	岑可法	常印佛	陈念念	陈森玉	陈毓川	杜祥琬	范维唐	傅依备
古德生	顾金才	顾心怿	韩大匡	韩英铎	何多慧	何继善	洪伯潜	胡见义	胡思得
黄其励	金庆焕	康玉柱	雷清泉	李立浧	李庆忠	罗平亚	毛用泽	倪维斗	潘 垣
潘自强	裴荣富	彭先觉	钱皋韵	钱鸣高	钱绍钧	秦裕琨	邱中建	苏万华	孙承纬
孙玉发	唐西生	汤中立	童晓光	万元熙	王德民	王思敬	王仲奇	闻雪友	翁史烈
鲜学福	徐大懋	徐 銤	许绍燮	薛禹胜	杨奇逊	杨裕生	叶奇蓁	衣宝廉	于俊崇
于润沧	余贻鑫	曾恒一	翟光明	张信威	张勇传	赵文津	郑健超	郑绵平	周邦新
周世宁	周永茂								

五、土木、水利与建筑工程学部(99人)

陈军 陈湘生 陈政清 崔愷 邓铭江 杜彦良 冯夏庭 龚晓南 郭仁忠 何华武
胡春宏 黄卫 江亿 孔宪京 李华军 李建成 李术才 刘加平 刘经南 吕西林
马国馨 马洪琪 马军 孟建民 缪昌文 聂建国 钮新强 欧进萍 彭永臻 秦顺全
任辉启 任南琪 谭述森 王超 王复明 王浩 王建国 吴志强 肖绪文 谢先启
徐建 杨秀敏 杨永斌 岳清瑞 张建民 张建云 张喜刚 郑健龙 钟登华 周绪红
庄惟敏

资深院士:

陈厚群 程泰宁 崔俊芝 董石麟 冯叔瑜 傅熹年 葛修润 关肇邺 何镜堂 江欢成
李圭白 李猷嘉 梁文灏 廖振鹏 林元培 刘先林 龙驭球 卢耀如 罗绍基 马克俭
茆智 孟兆祯 钱七虎 钱正英(女) 沈世钊 施仲衡 王光远 王家耀 王景全 王瑞珠
王小东 魏敦山 吴良镛 吴中如 项海帆 谢礼立 张超然 张杰 张锦秋(女) 张祖勋
郑皆连 郑颖人 钟训正 周丰峻 周福霖 周镜 周君亮 朱伯芳

六、环境与轻纺工程学部(60人)

陈坚 陈克复 陈卫 陈文兴 段宁 郝吉明 贺泓 贺克斌 侯保荣 侯立安
蒋兴伟 李家彪 刘文清 潘德炉 庞国芳 瞿金平 曲久辉 任发政 任洪强 石碧
宋君强 孙宝国 孙晋良 王琪(女) 王桥 吴丰昌 吴清平 谢剑平 许健民 徐祥德
徐祖信(女) 杨志峰 俞建勇 岳国君 张偲 张小曳 张远航 朱蓓薇(女) 朱利中

资深院士:

蔡道基 陈联寿 丁德文 丁一汇 方国洪 蒋士成 金翔龙 李泽椿 刘鸿亮 伦世仪
钱易(女) 任阵海 汤鸿霄 唐孝炎(女) 王文兴 魏复盛 姚穆 袁业立 张全兴 张懿(女)
周翔(女)

七、农业学部(80人)

包振民 曹福亮 陈焕春 陈剑平 陈温福 陈学庚 邓秀新 胡培松 蒋剑春 金宁一
康绍忠 康振生 李德发 李坚 李培武 李天来 李玉 刘少军 刘旭 刘仲华
罗锡文 麦康森 南志标 沈建忠 宋宝安 宋湛谦 唐华俊 唐启升 万建民 王汉中
吴孔明 辛世文 姚斌 尹伟伦 印遇龙 喻树迅 于振文 张福锁 张改平 张洪程
张佳宝 张守攻 张新友 张涌 赵春江 赵振东 朱有勇 邹学校

资深院士:

陈宗懋 程顺和 戴景瑞 范云六(女) 方智远 傅廷栋 盖钧镒 官春云 管华诗 李佩成
李文华 林浩然 刘守仁 刘秀梵 马建章 任继周 荣廷昭 山仑 沈国舫 石元春
石玉林 束怀瑞 孙九林 汪懋华 王明庥 吴明珠(女) 夏咸柱 向仲怀 徐洵(女) 颜龙安
张子仪 赵法箴

八、医药卫生学部(121人)

曹雪涛 陈赛娟(女) 陈薇(女) 陈香美(女) 陈肇隆 陈志南 程京 丛斌 丁健 董家鸿
樊代明 范上达 付小兵 顾晓松 韩德民 韩雅玲(女) 郝希山 胡盛寿 黄璐琦 李大鹏
李兰娟(女) 李松 李校堃 李兆申 林东昕 刘昌孝 刘德培 刘良 刘志红(女) 马丁
宁光 乔杰(女) 邱贵兴 桑国卫 尚红(女) 沈倍奋(女) 沈洪兵 沈祖尧 田伟 田志刚
王辰 王广基 王红阳(女) 王俊 王军志 王琦 王锐 王学浩 吴以岭 夏照帆(女)
谢立信 徐建国 杨宝峰 于金明 袁国勇 詹启敏 张伯礼 张心湜 张学 张英泽
张运 张志愿 郑树森

资深院士:

巴德年 陈洪铎 陈冀胜 陈君石 陈亚珠(女) 程书钧 程天民 戴尅戎 高润霖 顾健人
顾玉东 郭应禄 洪涛 侯惠民 侯云德 胡之璧(女) 郎景和 李春岩 黎介寿 廖万清
刘耀 刘玉清 陆道培 秦伯益 邱蔚六 阮长耿 沈渔邨(女) 盛志勇 石学敏 孙燕
唐希灿 汤钊猷 王琳芳(女) 王威琪 王永炎 王正国 王振义 闻玉梅(女) 吴天一 吴咸中
夏家辉 项坤三 肖培根 杨胜利 姚新生 于德泉 俞梦孙 俞永新 曾溢滔 张金哲
赵铠 甄永苏 钟南山 钟世镇 周宏灏 周良辅 朱晓东 庄辉

九、工程管理学部(65人，其他29人为跨学部院士)

曹建国 柴洪峰 陈晓红(女) 丁烈云 董尔丹 范国滨 胡文瑞 黄维和 金智新 李家彪
李贤玉(女) 凌文 刘德培 刘合 刘玠 刘旭 卢春房 麦康森 邵安林 孙丽丽(女)
唐立新 屠海令 王安 王坚 王基铭 王金南 王陇德 向巧(女) 杨善林 岳国君
张守攻 赵晓哲 郑静晨 郑南宁 周建平

资深院士:

巴德年 陈清泉 程天民 杜祥琬 傅志寰 郭重庆 郭桂蓉 何继善 蒋士成 刘人怀
陆佑楣 栾恩杰 罗绍基 钱七虎 饶芳权 沈荣骏 孙永福 王礼恒 汪应洛 王众托
徐滨士 徐匡迪 许庆瑞 徐寿波 殷瑞钰 袁晴棠(女) 翟光明 张寿荣 朱高峰 朱晓东

注：名单截止到2021年10月11日。

Note: List at October 11st, 2021.

二、企业

Enterprises

2-1 全部企业的科技活动基本情况
Basic Statistics on Science and Technology Activities of Total Enterprises

指 标	Item	2016	2017	2018	2019	2020
企业基本情况	**Statistics on Total Enterprises**					
有R&D活动企业数(个)	Number of Enterprises Having R&D Activities(unit)	90770	107262	110153	142078	162394
有研发机构的企业数(个)	Number of Enterprises Having R&D Institutions(unit)	64075	73805	76167	93903	104003
研究与试验发展(R&D)活动情况	**Statitstics on R&D Activities**					
R&D人员全时当量(万人年)	Full-time Equivalent of R&D Personnel (10 000 man-years)	300.4	311.2	341.7	366.0	405.2
R&D经费内部支出(亿元)	Expenditure on R&D(100 million yuan)	12130.9	13647.2	15220.6	16742.3	18357.2
企业办R&D机构情况	**Statistics on R&D Institutions**					
机构数(个)	Number of R&D Institutions(unit)	76740	87660	88503	106510	117710
机构人员数(万人)	R&D Personnel(10 000 persons)	323.7	372.1	373.8	427.5	469.1
机构经费支出(亿元)	Expenditure on R&D(100 million yuan)	8452.1	10226.4	12157.4	15458.8	17592.6
专利情况	**Statistics on Patents**					
专利申请数(件)	Patent Applications(piece)	832538	955749	1132666	1333090	1589424
#发明专利	Inventions	351597	398322	472328	547673	636905
有效发明专利数(件)	Inventions In Force(piece)	894750	1082392	1310103	1542007	1832645
政府相关政策落实情况	**Implementation of Relevant Government Policies**					
研究开发费用加计扣除减免税(亿元)	Additional Deductions or Exemptions on R&D Expenditure (100 million yuan)	610.3	706.4	1101.5	1872.3	2421.9
高新技术企业减免税(亿元)	Tax Reduction or Exemption for High-tech Enterprises(100 million yuan)	1009.4	1305.3	1514.0	1844.1	2161.6

2-2 各地区全部企业数量情况(2020年)

Number of Enterprises on Total Enterprises by Region (2020)

单位：个

地　区	Region	有R&D活动的企业数 Number of Enterprises Having R&D Activities	有研发机构的企业数 Number of Enterprises Having R&D Institutions
全　国	**National Total**	**162394**	**104003**
东部地区	Eastern Region	109800	78017
中部地区	Middle Region	34050	18268
西部地区	Western Region	15455	6799
东北地区	Northeast Region	3089	919
北　京	Beijing	2941	864
天　津	Tianjin	1801	582
河　北	Hebei	3409	2383
山　西	Shanxi	956	1171
内蒙古	Inner Mongolia	439	133
辽　宁	Liaoning	2156	557
吉　林	Jilin	392	169
黑龙江	Heilongjiang	541	193
上　海	Shanghai	3672	1095
江　苏	Jiangsu	27704	18702
浙　江	Zhejiang	25039	18261
安　徽	Anhui	7286	5886
福　建	Fujian	6576	2245
江　西	Jiangxi	5336	4319
山　东	Shandong	12539	4336
河　南	Henan	5708	1990
湖　北	Hubei	6115	2935
湖　南	Hunan	8649	1967
广　东	Guangdong	26004	29496
广　西	Guangxi	968	435
海　南	Hainan	115	53
重　庆	Chongqing	3261	2124
四　川	Sichuan	5015	1749
贵　州	Guizhou	1389	660
云　南	Yunnan	1402	537
西　藏	Tibet	15	4
陕　西	Shaanxi	1709	628
甘　肃	Gansu	486	151
青　海	Qinghai	92	43
宁　夏	Ningxia	450	230
新　疆	Xinjiang	229	105

2-3 各地区全部企业R&D人员(2020年)
R&D Personnel in Total Enterprises by Region(2020)

单位：人，人年 (person, man-year)

地 区	Region	R&D人员 R&D Personnel	#女性 Female	R&D人员折合全时当量 Full-time Equivalent	#研究人员 Researchers
全 国	**National Total**	**5592171**	**1249796**	**1834041**	**4052285**
东部地区	Eastern Region	3763614	855664	1200183	2804672
中部地区	Middle Region	1085332	230249	357476	759088
西部地区	Western Region	596403	128771	216761	389429
东北地区	Northeast Region	146822	35112	59621	99096
北 京	Beijing	200806	56287	100138	141975
天 津	Tianjin	89648	21440	36540	61234
河 北	Hebei	140026	27028	42131	96081
山 西	Shanxi	57752	9905	16612	35129
内 蒙 古	Inner Mongolia	30817	6460	11546	19189
辽 宁	Liaoning	102270	23483	40461	71202
吉 林	Jilin	21184	5521	9280	12572
黑 龙 江	Heilongjiang	23368	6108	9880	15322
上 海	Shanghai	202147	50664	91334	146729
江 苏	Jiangsu	778303	180535	255306	587778
浙 江	Zhejiang	681027	154251	164093	534940
安 徽	Anhui	209531	39376	67744	151139
福 建	Fujian	215030	52333	70098	157042
江 西	Jiangxi	148116	34153	41128	106933
山 东	Shandong	418425	98688	136189	284203
河 南	Henan	244979	52510	79617	173729
湖 北	Hubei	221161	49884	78765	149578
湖 南	Hunan	203793	44421	73610	142580
广 东	Guangdong	1034768	213282	303010	792422
广 西	Guangxi	36931	7370	13722	24380
海 南	Hainan	3434	1156	1344	2268
重 庆	Chongqing	116737	24455	38556	79210
四 川	Sichuan	179217	38732	66928	114443
贵 州	Guizhou	46487	9295	14257	29489
云 南	Yunnan	55305	11507	17554	37217
西 藏	Tibet	328	93	136	204
陕 西	Shaanxi	85042	20935	37042	58714
甘 肃	Gansu	16349	3521	6772	10058
青 海	Qinghai	4096	864	1690	2273
宁 夏	Ningxia	14699	3075	4583	8794
新 疆	Xinjiang	10395	2464	3975	5458

2-4 各地区全部
Intramural Expenditure on R&D in

单位：万元

地区	Region	R&D经费内部支出 Intramural Expenditure on R&D	日常性支出 Routine Expenses	#人员劳务费 Labor Cost
全 国	**National Total**	**183572243**	**170611657**	**66955577**
东部地区	Eastern Region	122818665	114424482	49148270
中部地区	Middle Region	35380744	32681614	10155761
西部地区	Western Region	20056306	18440528	6155890
东北地区	Northeast Region	5316529	5065034	1495655
北 京	Beijing	9896711	9144503	5656615
天 津	Tianjin	3543205	3271451	1137778
河 北	Hebei	5376628	4990490	1239067
山 西	Shanxi	1743901	1636779	412651
内蒙古	Inner Mongolia	1347631	1263225	237239
辽 宁	Liaoning	3685676	3534352	1003899
吉 林	Jilin	816302	756894	234887
黑龙江	Heilongjiang	814551	773788	256870
上 海	Shanghai	10390967	9869696	4910436
江 苏	Jiangsu	25998657	23853073	9392569
浙 江	Zhejiang	16103940	15103221	6644085
安 徽	Anhui	6958879	6418750	2239765
福 建	Fujian	7302068	6778843	2754680
江 西	Jiangxi	3615214	3257917	844406
山 东	Shandong	15024883	14221555	4356744
河 南	Henan	7816401	6963350	2199956
湖 北	Hubei	7670454	7044124	2087107
湖 南	Hunan	7575896	7360695	2371875
广 东	Guangdong	29050770	27066848	13018894
广 西	Guangxi	1284749	1080477	341701
海 南	Hainan	130835	124801	37402
重 庆	Chongqing	4104474	3757509	1258063
四 川	Sichuan	5450270	5035484	2125321
贵 州	Guizhou	1220759	1111312	314125
云 南	Yunnan	1738063	1666601	468099
西 藏	Tibet	9217	8698	3573
陕 西	Shaanxi	3303087	3051583	1050620
甘 肃	Gansu	579228	524569	155288
青 海	Qinghai	135371	131811	31356
宁 夏	Ningxia	464587	408225	73413
新 疆	Xinjiang	418872	401034	97094

企业R&D经费内部支出(2020年)
Total Enterprises by Region(2020)

资产性支出 Assets Expenditure	#仪器和设备 Equipment	#政府资金 Government Funds	#企业资金 Self-raised Funds by Enterprises
12960586	**12667219**	**5236310**	**177255598**
8394183	8210424	2807832	119203323
2699130	2630688	1152716	34052150
1615779	1580678	1001802	18975105
251495	245429	273961	5025021
752208	746657	461380	9261859
271754	269147	68832	3422322
386138	377411	51821	5319328
107122	105017	55387	1685283
84406	82674	46365	1300935
151324	148845	191234	3482050
59408	57535	11195	803170
40763	39049	71532	739801
521271	511254	610251	9529044
2145584	2108534	285368	25589490
1000719	981383	230091	15842596
540129	520762	182043	6736008
523225	515752	151876	7130122
357297	350791	55814	3559135
803328	777743	244785	14708751
853051	839688	103969	7618468
626330	611710	470423	7167439
215201	202719	285081	7285817
1983922	1916525	701805	28271209
204272	205687	35688	1246738
6035	6017	1623	128603
346965	334640	124660	3974478
414786	405656	272942	5142412
109447	107156	124601	1088645
71461	68749	29765	1700832
519	500	234	8982
251503	244876	322037	2975864
54659	53752	10146	555082
3560	3437	5249	129837
56362	55910	23184	441029
17839	17642	6929	410272

2-5 规模以上工业企业
Basic Statistics on Science and Technology Activities

指　标	Item	2000	2004	2008
企业基本情况	**Statistics on Industrial Enterprises**			
有R&D活动企业数(个)	Number of Enterprises Having R&D Activities(unit)	17272	17075	27278
有R&D活动企业所占比重(%)	Percentage of Enterprises Having R&D Activities to Total Number of Enterprises(%)	10.6	6.2	6.5
研究与试验发展(R&D)活动情况	**Statitstics on R&D Activities**			
R&D人员全时当量(万人年)	Full-time Equivalent of R&D Personnel (10 000 man-years)	43.9	54.2	123.0
R&D经费内部支出(亿元)	Expenditure on R&D(100 million yuan)	489.7	1104.5	3073.1
R&D经费内部支出与营业收入之比 (%)	Percentage of Expenditure on R&D to Business Revenue(%)			
企业办R&D机构情况	**Statistics on R&D Institutions**			
机构数(个)	Number of R&D Institutions(unit)	15529	17555	26177
机构人员数(万人)	R&D Personnel(10 000 persons)	60.1	64.4	130.4
机构经费支出(亿元)	Expenditure on R&D(100 million yuan)	435.8	841.6	2634.8
新产品开发及生产情况	**Statitstics on New Products Development and Production**			
新产品开发项目数(个)	Number of New Products(unit)	91880	76176	184859
新产品开发经费支出(亿元)	Expenditure on New Products Development (100 million yuan)	529.5	965.7	3676.0
新产品销售收入(亿元)	Sales Revenue of New Products (100 million yuan)	9369.5	22808.6	57027.1
#新产品出口	Export	1728.4	5312.2	14081.6
专利情况	**Statistics on Patents**			
专利申请数(件)	Patent Applications(piece)	26184	64569	173573
#发明专利	Inventions	7970	20456	59254
有效发明专利数(件)	Inventions In Force(piece)	15333	30315	80252
技术获取和技术改造情况	**Statistics on Technology Acquisition and Technology Reconstruction**			
引进国外技术经费支出(亿元)	Expenditure for Acquisition of Foreign Technology (100 million yuan)	304.9	397.4	466.9
引进技术消化吸收经费支出(亿元)	Expenditure for Assimilation of Technology (100 million yuan)	22.8	61.2	122.7
购买国内技术经费支出(亿元)	Expenditure for Purchase of Domestic Technology (100 million yuan)	34.5	82.5	184.2
技术改造经费支出(亿元)	Expenditure for Technical Renovation (100 million yuan)	1291.5	2953.5	4672.7

注：从2011年起，规模以上工业企业的统计范围从年主营业务收入为500万元及以上的法人工业企业调整为年主营业务收入为2000万元及以上的法人工业企业。以下各表同。

的科技活动基本情况
of Industrial Enterprises above Designated Size

2012	2013	2014	2015	2016	2017	2018	2019	2020
47204	54832	63676	73570	86891	102218	104820	129198	146691
13.7	14.8	16.9	19.2	23.0	27.4	28.0	34.2	36.7
224.6	249.4	264.2	263.8	270.2	273.6	298.1	315.2	346.0
7200.6	8318.4	9254.3	10013.9	10944.7	12013.0	12954.8	13971.1	15271.3
						1.23	1.32	1.41
45937	51625	57199	62954	72963	82667	83115	95459	105094
226.8	238.8	246.4	266.8	292.4	325.4	318.3	341.6	371.3
5233.4	5941.5	6257.6	6793.9	7664.5	8955.5	10321.3	12175.5	13583.6
323448	358287	375863	326286	391872	477861	558305	671799	788125
7998.5	9246.7	10123.2	10270.8	11766.3	13497.8	14987.2	16985.7	18623.8
110529.8	128460.7	142895.3	150856.5	174604.2	191568.7	197094.1	212060.3	238073.7
21894.2	22853.5	26904.4	29132.7	32713.1	34944.8	36160.8	39269.3	43853.3
489945	560918	630561	638513	715397	817037	957298	1059808	1243927
176167	205146	239925	245688	286987	320626	371569	398802	446069
277196	335401	448885	573765	769847	933990	1094200	1218074	1447950
393.9	393.9	387.5	414.1	475.4	399.3	465.3	476.7	460.0
156.8	150.6	143.2	108.4	109.2	118.5	91.0	96.8	75.6
201.7	214.4	213.5	229.9	208.0	200.9	440.2	537.4	456.7
4161.8	4072.1	3798.0	3147.6	3016.6	3103.4	3233.4	3740.2	3516.7

Note: From 2011, the statistics range of industrial enterprises above designated size change form the industrial enterprises with the sales revenue above 5 million RMB to the industrial enterprises with the sales revenue above 20 million RMB. The same applies to the following table.

2-6 按企业规模及登记注册类型分规上工业企业数量情况(2020年)
Number of Enterprises on Industrial Enterprises above Designated Size by Scale and Registration Status (2020)

单位：个 (unit)

注册类型	Type of Registration	有研发机构的企业数 Number of Enterprises Having R&D Institutions	有R&D活动的企业数 Number of Enterprises Having R&D Activities
总　计	**Total**	**94072**	**146691**
#大型企业	Large-sized Industrial Enterprises	4404	5798
中型企业	Medium-sized Industrial Enterprises	15498	21993
内资企业	**Domestic Funded**	**82010**	**130299**
国有企业	State-owned Enterprises	336	580
集体企业	Collective-owned Enterprises	63	132
股份合作企业	Cooperative Enterprises	143	266
联营企业	Joint Ownership Enterprises	10	23
国有联营企业	State Joint Ownership Enterprises	3	9
集体联营企业	Collective Joint Ownership Enterprises	1	2
国有与集体联营企业	Joint State-collective Enterprises		4
其他联营企业	Other Joint Ownership Enterprises	6	8
有限责任公司	Limited Liability Corporations	12905	20902
国有独资公司	State Sole Funded Corporations	710	1273
其他有限责任公司	Other Limited Liability Corporations	12195	19629
股份有限公司	Share-holding Corporations Ltd.	3956	5548
私营企业	Private Enterprises	64584	102828
私营独资企业	Private-funded Enterprises	775	1584
私营合伙企业	Private Partnership Enterprises	127	271
私营有限责任公司	Private Limited Liability Corporations	57990	92966
私营股份有限公司	Private Share-holding Corporations Ltd.	5692	8007
其他企业	Other Enterprises	13	20
港澳台商投资企业	**Enterprises with Funds from Hong Kong, Macau and Taiwan**	**6206**	**7711**
与港澳台商合资经营企业	Joint-venture Enterprises with Funds from Hong Kong, Macau and Taiwan	1866	2572
与港澳台商合作经营企业	Cooperative Enterprises with Funds from Hong Kong, Macau and Taiwan	62	82
港澳台商独资经营企业	Enterprises with Sole Funds from Hong Kong, Macau and Taiwan	3921	4628
港澳台商投资股份有限公司	Share-holding Corporations Ltd. with Funds from Hong Kong, Macau and Taiwan	306	363
外商投资企业	**Foreign Funded Enterprises**	**5856**	**8681**
中外合资经营企业	Joint-venture Enterprises	2095	3298
中外合作经营	Cooperation Enterprises	50	94
外资企业	Enterprises with Sole Foreign Funds	3475	4965
外商投资股份有限公司	Share-holding Corporations Ltd.with Foreign Funds	183	249

注：大型企业指同时满足年末从业人员人数在1000人及以上、年主营业务收入在4亿元及以上的工业企业；中型企业指年末从业人员人数介于300人(含)至1000人(不含),并且年主营业务收入介于2000万元(含)至4亿元(不含)的工业企业。

Note: Large-sized Industrial Enterprises: Industrial Enterprises with Employes above 1000 persons and sales revenue abore 400 million RMB. Medium-sized Industrial Enterprises: Industrial Enterprises with Employes between 300 Persons (including) and 1000 Persons (excluding), and sales revenue between 20 million RMB (including) and 400 million RMB (excluding).

2-7 按行业分规上工业企业数量情况(2020年)
Number of Enterprises on Industrial Enterprises above Designated Size by Industrial Sector (2020)

单位：个 (unit)

行 业	Industry	有研发机构的企业数 Number of Enterprises Having R&D Institutions	有R&D活动的企业数 Number of Enterprises Having R&D Activities
总 计	**Total**	**94072**	**146691**
煤炭开采和洗选业	Mining and Washing of Coal	176	437
石油和天然气开采业	Extraction of Petroleum and Natural Gas	30	48
黑色金属矿采选业	Mining and Processing of Ferrous Metal Ores	61	145
有色金属矿采选业	Mining and Processing of Non-Ferrous Metal Ores	88	211
非金属矿采选业	Mining and Processing of Non-metal Ores	195	406
农副食品加工业	Processing of Food from Agricultural Products	2737	5198
食品制造业	Manufacture of Foods	1594	2820
酒、饮料和精制茶制造业	Manufacture of Liquor, Beverages and Refined Tea	817	1554
烟草制品业	Manufacture of Tobacco	52	63
纺织业	Manufacture of Textile	3774	5822
纺织服装、服饰业	Manufacture of Textile, Wearing Apparel and Accessories	1450	2396
皮革、毛皮、羽毛及其制品和制鞋业	Manufacture of Leather, Fur, Feather and Related Products and Footwear	1288	2283
木材加工和木、竹、藤、棕、草制品业	Processing of Timbers and Manufacture of Wood, Bamboo, Rattan, Palm and Straw Products	776	1805
家具制造业	Manufacture of Furniture	1325	1968
造纸和纸制品业	Manufacture of Paper and Paper Products	1244	1956
印刷和记录媒介复制业	Printing and Reproduction of Recording Media	1209	1884
文教、工美、体育和娱乐用品制造业	Manufacture of Articles for Culture, Education, Arts and Crafts, Sport and Entertainment Activities	**1894**	**2862**
石油、煤炭及其他燃料加工业	Processing of Petroleum, Coal and Other Fuels	333	611
化学原料和化学制品制造业	Manufacture of Raw Chemical Materials and Chemical Products	6237	9923
医药制造业	Manufacture of Medicines	2968	4803
化学纤维制造业	Manufacture of Chemical Fibres	554	883
橡胶和塑料制品业	Manufacture of Rubber and Plastics Products	5332	7569
非金属矿物制品业	Manufacture of Non-metallic Mineral Products	5414	9857
黑色金属冶炼和压延加工业	Smelting and Pressing of Ferrous Metals	955	1511
有色金属冶炼和压延加工业	Smelting and Pressing of Non-Ferrous Metals	1756	2960
金属制品业	Manufacture of Metal Products	6314	9497
通用设备制造业	Manufacture of General Purpose Machinery	8648	13652
专用设备制造业	Manufacture of Special Purpose Machinery	7291	11714
汽车制造业	Manufacture of Automobiles	4498	7390
铁路、船舶、航空航天和其他运输设备制造业	Manufacture of Railway, Ship, Aerospace and Other Transport Equipments	1448	2435
电气机械和器材制造业	Manufacture of Electrical Machinery and Apparatus	10311	13819
计算机、通信和其他电子设备制造业	Manufacture of Computer, Communication and Other Electronic Equipment	9418	11760
仪器仪表制造业	Manufacture of Measuring Instrument and Machinery	**2245**	**3368**
其他制造业	Other Manufacture	473	654
金属制品、机械和设备修理业	Repaire Service of Metal Products, Machinery and Equipment	87	163
电力、热力生产和供应业	Production and Supply of Electric Power and Heat Power	435	1078
燃气生产和供应业	Production and Supply of Gas	132	241
水的生产和供应业	Production and Supply of Water	165	343

2-8 各地区规上工业企业数量情况(2020年)
Number of Enterprises on Industrial Enterprises above Designated Size by Region (2020)

单位：个 (unit)

地区	Region	有研发机构的企业数 Number of Enterprises Having R&D Institutions	有R&D活动的企业数 Number of Enterprises Having R&D Activities
全国	**National Total**	**94072**	**146691**
东部地区	Eastern Region	70423	99040
中部地区	Middle Region	16869	31359
西部地区	Western Region	5944	13578
东北地区	Northeast Region	836	2714
北京	Beijing	453	1202
天津	Tianjin	479	1444
河北	Hebei	2197	3137
山西	Shanxi	1070	855
内蒙古	Inner Mongolia	112	391
辽宁	Liaoning	515	1874
吉林	Jilin	150	354
黑龙江	Heilongjiang	171	486
上海	Shanghai	743	2498
江苏	Jiangsu	17624	26161
浙江	Zhejiang	17344	23846
安徽	Anhui	5601	6918
福建	Fujian	1972	5979
江西	Jiangxi	4090	5081
山东	Shandong	3966	11604
河南	Henan	1714	4887
湖北	Hubei	2693	5649
湖南	Hunan	1701	7969
广东	Guangdong	25602	23081
广西	Guangxi	389	857
海南	Hainan	43	88
重庆	Chongqing	1907	2878
四川	Sichuan	1485	4385
贵州	Guizhou	603	1267
云南	Yunnan	437	1206
西藏	Tibet	3	12
陕西	Shaanxi	546	1480
甘肃	Gansu	133	421
青海	Qinghai	33	74
宁夏	Ningxia	217	422
新疆	Xinjiang	79	185

2-9 按企业规模及登记注册类型分规上工业企业R&D人员(2020年)
R&D Personnel in Industrial Enterprises above Designated Size by Scale and Registration Status(2020)

单位：人，人年 (person, man-year)

注册类型	Type of Registration	R&D人员 R&D Personnel	#女性 Female	R&D人员折合全时当量 Full-time Equivalent	#研究人员 Researchers
总　计	**Total**	**4767501**	**1057078**	**3460409**	**1444084**
#大型企业	Large-sized Industrial Enterprises	1682971	360099	1251259	605643
中型企业	Medium-sized Industrial Enterprises	1234883	288099	894699	354816
内资企业	**Domestic Funded**	**3877326**	**842621**	**2790079**	**1180438**
国有企业	State-owned Enterprises	52404	11897	37310	22964
集体企业	Collective-owned Enterprises	3101	556	1966	763
股份合作企业	Cooperative Enterprises	3918	930	2890	914
联营企业	Joint Ownership Enterprises	697	157	583	261
国有联营企业	State Joint Ownership Enterprises	270	63	224	114
集体联营企业	Collective Joint Ownership Enterprises	32	14	24	8
国有与集体联营企业	Joint State-collective Enterprises	53	11	40	14
其他联营企业	Other Joint Ownership Enterprises	342	69	295	125
有限责任公司	Limited Liability Corporations	1126853	228094	807686	398175
国有独资公司	State Sole Funded Corporations	141214	27046	90040	63318
其他有限责任公司	Other Limited Liability Corporations	985639	201048	717647	334857
股份有限公司	Share-holding Corporations Ltd.	566915	127521	414203	224865
私营企业	Private Enterprises	2118915	472487	1523010	530051
私营独资企业	Private-funded Enterprises	16047	3779	10433	3937
私营合伙企业	Private Partnership Enterprises	2774	587	1870	673
私营有限责任公司	Private Limited Liability Corporations	1805762	402944	1293817	435426
私营股份有限公司	Private Share-holding Corporations Ltd.	294332	65177	216891	90015
其他企业	Other Enterprises	4523	979	2431	2445
港澳台商投资企业	**Enterprises with Funds from Hong Kong, Macau and Taiwan**	**434803**	**107629**	**332813**	**115905**
与港澳台商合资经营企业	Joint-venture Enterprises with Funds from Hong Kong, Macau and Taiwan	141771	32092	109388	41897
与港澳台商合作经营企业	Cooperative Enterprises with Funds from Hong Kong, Macau and Taiwan	3628	717	2483	564
港澳台商独资经营企业	Enterprises with Sole Funds from Hong Kong, Macau and Taiwan	248717	64497	189740	61715
港澳台商投资股份有限公司	Share-holding Corporations Ltd. with Funds from Hong Kong, Macau and Taiwan	38236	9807	29234	10976
		2451	516	1969	753
外商投资企业	**Foreign Funded Enterprises**	**455372**	**106828**	**337516**	**147741**
中外合资经营企业	Joint-venture Enterprises	188138	39349	138540	67782
中外合作经营	Cooperation Enterprises	4060	684	2798	1128
外资企业	Enterprises with Sole Foreign Funds	236129	60312	175492	69305
外商投资股份有限公司	Share-holding Corporations Ltd.with Foreign Funds	23458	5607	18175	8440

2-10 按行业分规上工业企业R&D人员(2020年)

R&D Personnel in Industrial Enterprises above Designated Size by Industrial Sector(2020)

单位：人，人年 (person, man-year)

行业	Industry	R&D人员 R&D Personnel	#女性 Female	R&D人员折合全时当量 Full-time Equivalent	#研究人员 Researchers
总 计	**Total**	**4767501**	**1057078**	**3460409**	**1444084**
煤炭开采和洗选业	Mining and Washing of Coal	62615	2751	36106	17139
石油和天然气开采业	Extraction of Petroleum and Natural Gas	18578	5752	13565	10359
黑色金属矿采选业	Mining and Processing of Ferrous Metal Ores	5574	735	3208	1630
有色金属矿采选业	Mining and Processing of Non-Ferrous Metal Ores	8755	1025	5938	2464
非金属矿采选业	Mining and Processing of Non-metal Ores	6808	1236	4559	1873
农副食品加工业	Processing of Food from Agricultural Products	85887	25530	58096	23051
食品制造业	Manufacture of Foods	69567	25632	46928	19475
酒、饮料和精制茶制造业	Manufacture of Liquor, Beverages and Refined Tea	37533	10652	22331	11215
烟草制品业	Manufacture of Tobacco	5711	1447	3712	2690
纺织业	Manufacture of Textile	139047	51741	99543	25099
纺织服装、服饰业	Manufacture of Textile, Wearing Apparel and Accessories	62371	30077	43294	11329
皮革、毛皮、羽毛及其制品和制鞋业	Manufacture of Leather, Fur, Feather and Related Products and Footwear	47266	17765	34504	7969
木材加工和木、竹、藤、棕、草制品业	Processing of Timbers and Manufacture of Wood, Bamboo, Rattan, Palm and Straw Products	24892	5994	16906	5073
家具制造业	Manufacture of Furniture	47638	11587	34421	8987
造纸和纸制品业	Manufacture of Paper and Paper Products	52855	11110	37720	9271
印刷和记录媒介复制业	Printing and Reproduction of Recording Media	41477	11241	29758	8584
文教、工美、体育和娱乐用品制造业	Manufacture of Articles for Culture, Education, Arts and Crafts, Sport and Entertainment Activities	66103	20809	47684	13489
石油、煤炭及其他燃料加工业	Processing of Petroleum, Coal and Other Fuels	32565	5984	19970	10489
化学原料和化学制品制造业	Manufacture of Raw Chemical Materials and Chemical Products	253478	60538	181332	79904
医药制造业	Manufacture of Medicines	185324	81812	134291	77136
化学纤维制造业	Manufacture of Chemical Fibres	34111	8737	24323	7585
橡胶和塑料制品业	Manufacture of Rubber and Plastics Products	169992	38183	122867	35830
非金属矿物制品业	Manufacture of Non-metallic Mineral Products	209699	41668	144019	49163
黑色金属冶炼和压延加工业	Smelting and Pressing of Ferrous Metals	126611	15774	87159	35664
有色金属冶炼和压延加工业	Smelting and Pressing of Non-Ferrous Metals	106402	17727	72727	28775
金属制品业	Manufacture of Metal Products	209509	36784	151006	48440
通用设备制造业	Manufacture of General Purpose Machinery	354432	58553	263754	107353
专用设备制造业	Manufacture of Special Purpose Machinery	312136	54122	224470	107577
汽车制造业	Manufacture of Automobiles	347140	57185	256327	122049
铁路、船舶、航空航天和其他运输设备制造业	Manufacture of Railway, Ship, Aerospace and Other Transport Equipments	144080	30051	103892	58424
电气机械和器材制造业	Manufacture of Electrical Machinery and Apparatus	465225	97672	346108	137321
计算机、通信和其他电子设备制造业	Manufacture of Computer, Communication and Other Electronic Equipment	806188	175943	632970	269256
仪器仪表制造业	Manufacture of Measuring Instrument and Machinery	116128	21565	88814	46016
其他制造业	Other Manufacture	20473	5165	15461	6256
金属制品、机械和设备修理业	Repaire Service of Metal Products, Machinery and Equipment	8273	1068	5537	3339
电力、热力生产和供应业	Production and Supply of Electric Power and Heat Power	49192	7189	25371	21435
燃气生产和供应业	Production and Supply of Gas	7474	1417	4901	2341
水的生产和供应业	Production and Supply of Water	6909	1551	4783	2513

2-11 各地区规上工业企业R&D人员(2020年)
R&D Personnel in Industrial Enterprises above Designated Size by Region(2020)

单位：人，人年 (person, man-year)

地 区	Region	R&D人员 R&D Personnel	#女性 Female	R&D人员折合全时当量 Full-time Equivalent	#研究人员 Researchers
全 国	**National Total**	**4767501**	**1057078**	**3460409**	**1444084**
东部地区	Eastern Region	3184420	714736	2383164	922580
中部地区	Middle Region	954236	202389	665008	297930
西部地区	Western Region	500940	109563	326180	172832
东北地区	Northeast Region	127905	30390	86056	50742
北 京	Beijing	64256	18202	46172	29979
天 津	Tianjin	65505	16376	45227	24508
河 北	Hebei	126433	23959	86337	35623
山 西	Shanxi	52889	8884	32547	14642
内 蒙 古	Inner Mongolia	29667	6156	18393	10994
辽 宁	Liaoning	86138	19456	59978	32953
吉 林	Jilin	19919	5242	11806	8605
黑 龙 江	Heilongjiang	21848	5692	14272	9184
上 海	Shanghai	117886	27376	87957	49232
江 苏	Jiangsu	710532	163593	538781	223820
浙 江	Zhejiang	616790	140752	480493	135770
安 徽	Anhui	194479	36710	139988	60642
福 建	Fujian	192160	47313	140850	58810
江 西	Jiangxi	140173	32497	100473	37954
山 东	Shandong	376610	89318	255281	116802
河 南	Henan	207609	43539	145464	63744
湖 北	Hubei	183933	41780	125066	60383
湖 南	Hunan	175153	38979	121470	60565
广 东	Guangdong	911222	186807	700017	246889
广 西	Guangxi	30957	6161	20407	10937
海 南	Hainan	3026	1040	2050	1147
重 庆	Chongqing	102905	21509	69843	32153
四 川	Sichuan	142877	31398	90128	50129
贵 州	Guizhou	41280	8151	26261	12200
云 南	Yunnan	42879	9245	28894	11954
西 藏	Tibet	309	86	190	127
陕 西	Shaanxi	70206	18002	48809	30082
甘 肃	Gansu	13807	3147	8614	5490
青 海	Qinghai	2942	654	1557	1105
宁 夏	Ningxia	13944	2893	8333	4252
新 疆	Xinjiang	9167	2161	4752	3409

2-12 按企业规模及登记注册类型分规上
Intramural Expenditure on R&D in Industrial Enterprises

单位：万元

注册类型	Type of Registration	R&D经费内部支出 Intramural Expenditure on R&D	#试验发展支出 Experimental Development	日常性支出 Routine Expenses
总　计	**Total**	**152712905**	**148108197**	**141217920**
#大型企业	Large-sized Industrial Enterprises	71636955	68700944	66441582
中型企业	Medium-sized Industrial Enterprises	36085738	35398836	33020415
内资企业	**Domestic Funded**	**122726840**	**118482273**	**113290764**
国有企业	State-owned Enterprises	1573153	1523389	1429215
集体企业	Collective-owned Enterprises	68074	57124	59529
股份合作企业	Cooperative Enterprises	83893	83174	78185
联营企业	Joint Ownership Enterprises	27547	27385	20175
国有联营企业	State Joint Ownership Enterprises	3958	3958	3930
集体联营企业	Collective Joint Ownership Enterprises	596	596	588
国有与集体联营企业	Joint State-collective Enterprises	1753	1753	1603
其他联营企业	Other Joint Ownership Enterprises	21240	21078	14055
有限责任公司	Limited Liability Corporations	42624608	40155497	39117655
国有独资公司	State Sole Funded Corporations	5158700	4983532	4762295
其他有限责任公司	Other Limited Liability Corporations	37465909	35171966	34355360
股份有限公司	Share-holding Corporations Ltd.	21692734	21085460	20306822
私营企业	Private Enterprises	56469869	55364918	52096606
私营独资企业	Private-funded Enterprises	415400	398516	387223
私营合伙企业	Private Partnership Enterprises	61853	59049	57887
私营有限责任公司	Private Limited Liability Corporations	47617967	46625520	43940800
私营股份有限公司	Private Share-holding Corporations Ltd.	8374649	8281833	7710697
其他企业	Other Enterprises	186962	185325	182576
港澳台商投资企业	**Enterprises with Funds from Hong Kong, Macau and Taiwan**	**12561629**	**12409686**	**11759149**
与港澳台商合资经营企业	Joint-venture Enterprises with Funds from Hong Kong, Macau and Taiwan	4458607	4401367	4189319
与港澳台商合作经营企业	Cooperative Enterprises with Funds from Hong Kong, Macau and Taiwan	130549	130549	114029
港澳台商独资经营企业	Enterprises with Sole Funds from Hong Kong, Macau and Taiwan	6818947	6730997	6365540
港澳台商投资股份有限公司	Share-holding Corporations Ltd. with Funds from Hong Kong, Macau and Taiwan	1083770	1077017	1023755
外商投资企业	**Foreign Funded Enterprises**	**17424436**	**17216239**	**16168008**
中外合资经营企业	Joint-venture Enterprises	8715952	8650850	8118474
中外合作经营	Cooperation Enterprises	146022	134741	142750
外资企业	Enterprises with Sole Foreign Funds	7474411	7359267	6883918
外商投资股份有限公司	Share-holding Corporations Ltd.with Foreign Funds	940734	926823	893965

工业企业R&D经费内部支出(2020年)
above Designated Size by Scale and Registration Status(2020)

(10 000 yuan)

	资产性支出		政府资金	企业资金	境外资金	其他资金
#人员劳务费 Labor Cost	Assets Expenditure	#仪器和设备 Equipment	Government Funds	Self-raised Funds by Enterprises	Foreign Funds	Other Funds
48521062	**11494985**	**11220043**	**4189938**	**147914094**	**393306**	**215566**
24136029	5195373	5069011	2765580	68553672	197564	120139
11264583	3065323	3003649	731327	35172297	143630	38484
37880429	**9436077**	**9206796**	**3768931**	**118647839**	**173920**	**136151**
491264	143938	140226	128858	1430486	5076	8733
20797	8546	8411	258	67816		
28930	5708	5651	545	83154	153	41
6979	7372	7317	132	27416		
815	28	2		3958		
247	8			596		
446	151	148	5	1748		
5471	7186	7167	127	21114		
13111347	3506954	3409873	2268913	40224151	73326	58218
1479344	396405	384451	585285	4511049	35379	26986
11632002	3110549	3025422	1683628	35713102	37948	31232
7754654	1385911	1360116	747004	20869328	56487	19915
16436278	4373262	4270878	617687	55764062	38877	49243
89020	28176	27294	1649	413014	154	583
16199	3966	3626	308	61442		103
13391644	3677168	3592379	456998	47091275	28398	41296
2939415	663952	647579	158731	8198330	10325	7263
30181	4386	4326	5536	181427		
4551516	**802480**	**787352**	**157927**	**12330953**	**62901**	**9848**
1517851	269288	264035	61657	4388111	5928	2912
24044	16520	16901	670	121863	7951	65
2606099	453406	444758	75718	6687780	48841	6608
380054	60015	58499	15551	1067774	182	263
6089116	**1256428**	**1225896**	**263080**	**16935303**	**156485**	**69568**
2592865	597478	579438	137046	8483909	70963	24034
47346	3272	3053	1223	144268	531	
3106967	590493	579599	90225	7258023	83732	42432
310343	46768	45764	31929	904455	1260	3090

2-13 按行业分规上工业
Intramural Expenditure on R&D in Industrial Enterprises

单位：万元

行　业	Industry	R&D经费内部支出 Intramural Expenditure on R&D	#试验发展支出 Experimental Development
总　计	**Total**	**152712905**	**148108197**
煤炭开采和洗选业	Mining and Washing of Coal	1200800	991956
石油和天然气开采业	Extraction of Petroleum and Natural Gas	801309	659021
黑色金属矿采选业	Mining and Processing of Ferrous Metal Ores	182605	172674
有色金属矿采选业	Mining and Processing of Non-Ferrous Metal Ores	226239	210125
非金属矿采选业	Mining and Processing of Non-metal Ores	202568	189439
农副食品加工业	Processing of Food from Agricultural Products	2765772	2631059
食品制造业	Manufacture of Foods	1572920	1514688
酒、饮料和精制茶制造业	Manufacture of Liquor, Beverages and Refined Tea	896759	851370
烟草制品业	Manufacture of Tobacco	280012	256420
纺织业	Manufacture of Textile	2313584	2256980
纺织服装、服饰业	Manufacture of Textile, Wearing Apparel and Accessories	1057885	1044768
皮革、毛皮、羽毛及其制品和制鞋业	Manufacture of Leather, Fur, Feather and Related Products and Footwear	902544	895544
木材加工和木、竹、藤、棕、草制品业	Processing of Timbers and Manufacture of Wood,Bamboo, Rattan, Palm and Straw Products	672874	655042
家具制造业	Manufacture of Furniture	907096	895840
造纸和纸制品业	Manufacture of Paper and Paper Products	1365798	1334539
印刷和记录媒介复制业	Printing and Reproduction of Recording Media	935793	912636
文教、工美、体育和娱乐用品制造业	Manufacture of Articles for Culture, Education, Arts and Crafts, Sport and Entertainment Activities	1014973	1003743
石油、煤炭及其他燃料加工业	Processing of Petroleum, Coal and Other Fuels	1895685	1797817
化学原料和化学制品制造业	Manufacture of Raw Chemical Materials and Chemical Products	7972319	7795216
医药制造业	Manufacture of Medicines	7845971	7641647
化学纤维制造业	Manufacture of Chemical Fibres	1323593	1296380
橡胶和塑料制品业	Manufacture of Rubber and Plastics Products	4448226	4365904
非金属矿物制品业	Manufacture of Non-metallic Mineral Products	5131083	5006424
黑色金属冶炼和压延加工业	Smelting and Pressing of Ferrous Metals	7992979	7803453
有色金属冶炼和压延加工业	Smelting and Pressing of Non-Ferrous Metals	4187730	3947988
金属制品业	Manufacture of Metal Products	5619467	5479107
通用设备制造业	Manufacture of General Purpose Machinery	9778885	9653787
专用设备制造业	Manufacture of Special Purpose Machinery	9659894	9497760
汽车制造业	Manufacture of Automobiles	13634058	13458672
铁路、船舶、航空航天和其他运输设备制造业	Manufacture of Railway, Ship, Aerospace and Other Transport Equipments	4851675	4751551
电气机械和器材制造业	Manufacture of Electrical Machinery and Apparatus	15670594	15431252
计算机、通信和其他电子设备制造业	Manufacture of Computer, Communication and Other Electronic Equipment	29151621	27635775
仪器仪表制造业	Manufacture of Measuring Instrument and Machinery	2937058	2900427
其他制造业	Other Manufacture	480696	463729
金属制品、机械和设备修理业	Repaire Service of Metal Products, Machinery and Equipment	186531	180005
电力、热力生产和供应业	Production and Supply of Electric Power and Heat Power	1518190	1451180
燃气生产和供应业	Production and Supply of Gas	236470	209847
水的生产和供应业	Production and Supply of Water	172113	165198

企业R&D经费内部支出(2020年)

above Designated Size by Industrial Sector(2020)

(10 000 yuan)

日常性支出 Routine Expenses	#人员劳务费 Labor Cost	资产性支出 Assets Expenditure	#仪器和设备 Equipment	政府资金 Government Funds	企业资金 Self-raised Funds by Enterprises	境外资金 Foreign Funds	其他资金 Other Funds
141217920	**48521062**	**11494985**	**11220043**	**4189938**	**147914094**	**393306**	**215566**
1087449	401213	113351	110767	10237	1189255	467	841
776901	317449	24407	22651	46364	754297	130	517
171527	50628	11078	10916	348	182210		47
212629	68455	13611	12279	2270	223539		431
184632	43289	17936	16926	1175	200922	33	438
2607129	562547	158643	152786	33407	2725048	2641	4676
1450998	491505	121922	118599	23973	1547001	647	1300
830138	267479	66621	63953	16567	877417	2485	291
251757	135561	28255	28010	234	275428		4350
2079536	795830	234048	225443	17187	2290682	2307	3408
1002727	365141	55158	53585	10275	1043760	1852	1998
868624	282421	33920	32592	5486	894698	1793	567
627691	144595	45182	43572	4521	667405	295	653
864792	307233	42304	41268	3066	902967	718	345
1252749	358897	113049	109973	9843	1354444	884	627
842972	278407	92821	91340	5399	928757	39	1598
947753	393380	67220	65146	9765	999246	3461	2501
1774464	288285	121221	116583	4145	1887856	409	3275
7366140	2315413	606178	587968	125913	7813114	25290	8002
7227422	2053147	618550	604871	196865	7609088	36755	3263
1207681	261634	115911	114071	10070	1310519	1354	1650
4085615	1214344	362611	354527	31860	4404644	4934	6788
4589600	1344898	541484	527457	54856	5039685	32516	4027
7389354	1063751	603624	601323	35106	7956439	1123	311
3927545	805099	260186	248985	78650	4105988	298	2795
5161074	1392099	458394	450226	131977	5476230	4670	6590
9065468	3382469	713417	702997	204281	9527591	38536	8477
9195112	3416901	464783	451070	325580	9291789	38852	3674
12730073	4647380	903985	876451	172366	13369490	52684	39518
4563513	1527869	288162	279173	902796	3925036	15408	8434
14645238	4673009	1025356	1001750	195879	15422883	42398	9434
26501910	12583670	2649711	2596491	1325784	27682745	74497	68595
2758861	1374885	178197	174845	120604	2807748	4572	4134
459069	150521	21627	21169	39238	435935	92	5431
172791	79594	13740	13574	1139	181553	481	3358
1291618	398467	226572	217499	11687	1505376	71	1056
226773	79433	9697	8267	195	236083		191
142051	56801	30062	29810	2885	168618	554	57

2-14 各地区规上工业
Intramural Expenditure on R&D in Industrial Enterprises

单位：万元

地 区	Region	R&D经费内部支出 Intramural Expenditure on R&D	#试验发展支出 Experimental Development	日常性支出 Routine Expenses	#人员劳务费 Labor Cost
全 国	**National Total**	**152712905**	**148108197**	**141217920**	**48521062**
东部地区	Eastern Region	99684244	96994313	92411318	34962848
中部地区	Middle Region	31026864	29900021	28482936	7795769
西部地区	Western Region	17097493	16512020	15642293	4516801
东北地区	Northeast Region	4904304	4701843	4681374	1245643
北 京	Beijing	2974157	2757212	2793186	1231144
天 津	Tianjin	2287717	2235698	2057363	681089
河 北	Hebei	4854544	4616653	4495697	1047947
山 西	Shanxi	1561790	1488084	1456441	345857
内 蒙 古	Inner Mongolia	1293714	1243901	1210345	221625
辽 宁	Liaoning	3353222	3239206	3218415	793205
吉 林	Jilin	776448	730935	722441	212799
黑 龙 江	Heilongjiang	774634	731702	740518	239640
上 海	Shanghai	6350087	6269715	5921494	2526323
江 苏	Jiangsu	23816885	23516410	21788874	7981473
浙 江	Zhejiang	13958988	13847588	13011567	5214515
安 徽	Anhui	6394211	6213094	5871894	1916541
福 建	Fujian	6669131	6644171	6162777	2281684
江 西	Jiangxi	3460219	3385444	3108509	757675
山 东	Shandong	13656187	13330047	12903820	3600130
河 南	Henan	6855770	6587699	6030745	1692499
湖 北	Hubei	6109588	5954754	5561796	1234044
湖 南	Hunan	6645286	6270946	6453552	1849153
广 东	Guangdong	24999527	23660159	23165139	10368471
广 西	Guangxi	1133332	1125723	935252	264740
海 南	Hainan	117021	116660	111401	30073
重 庆	Chongqing	3725610	3646152	3412680	1053008
四 川	Sichuan	4276383	4072164	3941906	1401256
贵 州	Guizhou	1053574	975533	947656	255708
云 南	Yunnan	1451454	1404553	1383291	317941
西 藏	Tibet	8944	8283	8437	3344
陕 西	Shaanxi	2684020	2614604	2460147	705675
甘 肃	Gansu	521334	500965	469944	123714
青 海	Qinghai	103699	102086	100233	17332
宁 夏	Ningxia	453491	452076	397483	67096
新 疆	Xinjiang	391939	365980	374920	85362

企业R&D经费内部支出(2020年)
above Designated Size by Region(2020)

(10 000 yuan)

资产性支出 Assets Expenditure	#仪器和设备 Equipment	政府资金 Government Funds	企业资金 Self-raised Funds by Enterprises	境外资金 Foreign Funds	其他资金 Other Funds
11494985	**11220043**	**4189938**	**147914094**	**393306**	**215566**
7272926	7102793	1950561	97366349	236967	130367
2543929	2480735	1053731	29813849	126590	32694
1455200	1419541	919627	16107179	23166	47520
222930	216975	266020	4626717	6583	4985
180971	174760	236620	2705091	26810	5635
230354	228340	37977	2208044	12349	29348
358846	350710	37659	4811442	427	5015
105349	103357	50419	1508140	672	2559
83370	81708	44471	1248924	20	299
134807	132421	186117	3160624	5869	612
54007	52146	10954	763626	714	1154
34116	32408	68949	702467		3218
428593	422127	381212	5924556	35110	9209
2028011	1992016	217673	23502698	79434	17080
947422	930938	135926	13803701	12563	6798
522317	505159	164983	6189768	36516	2944
506354	499147	132260	6517156	11531	8183
351711	345267	52648	3407511	5	55
752367	727401	213703	13394981	32713	14791
825026	813136	90070	6674086	82613	9000
547793	533929	431471	5658009	5982	14126
191734	179888	264140	6376335	802	4010
1834388	1771739	556200	24383598	25763	33966
198080	199645	31476	1099533	2231	92
5620	5615	1331	115081	267	343
312930	301331	103920	3616518	2408	2764
334477	323396	246367	4002371	17491	10154
105918	103691	119306	926788	104	7376
68163	65580	22873	1421303		7278
507	488	208	8734		1
223873	217434	309863	2369267	912	3978
51390	50518	9002	498773		13559
3466	3344	4376	99038		285
56008	55558	22339	431089		63
17019	16846	5425	384842		1671

2-15 按企业规模及登记注册类型分规上工业企业R&D经费外部支出(2020年)

External Expenditure on R&D in Industrial Enterprises above Designated Size by Scale and Registration Status(2020)

单位：万元 (10 000 yuan)

注册类型	Type of Registration	R&D经费外部支出 External Expenditure on R&D	#对境内研究机构支出 to Domestic Research Institutions	#对境内高校支出 to Domestic Higher Education
总　计	**Total**	**10084884**	**3452161**	**621689**
#大型企业	Large-sized Industrial Enterprises	6761107	2642685	325830
中型企业	Medium-sized Industrial Enterprises	1933794	490235	122018
内资企业	**Domestic Funded**	**7912575**	**3152295**	**567170**
国有企业	State-owned Enterprises	235825	37363	36629
集体企业	Collective-owned Enterprises	2597	48	42
股份合作企业	Cooperative Enterprises	1145	765	332
联营企业	Joint Ownership Enterprises	37	9	6
国有联营企业	State Joint Ownership Enterprises			
集体联营企业	Collective Joint Ownership Enterprises			
国有与集体联营企业	Joint State-collective Enterprises			
其他联营企业	Other Joint Ownership Enterprises	37	9	6
有限责任公司	Limited Liability Corporations	3537990	1428373	215720
国有独资公司	State Sole Funded Corporations	697674	147627	66372
其他有限责任公司	Other Limited Liability Corporations	2840316	1280746	149348
股份有限公司	Share-holding Corporations Ltd.	1530540	288060	143618
私营企业	Private Enterprises	2599277	1396381	170110
私营独资企业	Private-funded Enterprises	6146	1594	1159
私营合伙企业	Private Partnership Enterprises	632	146	277
私营有限责任公司	Private Limited Liability Corporations	2362881	1340984	139155
私营股份有限公司	Private Share-holding Corporations Ltd.	229618	53657	29519
其他企业	Other Enterprises	5165	1297	714
港澳台商投资企业	**Enterprises with Funds from Hong Kong, Macau and Taiwan**	**595916**	**118930**	**27010**
与港澳台商合资经营企业	Joint-venture Enterprises with Funds from Hong Kong, Macau and Taiwan	226382	38076	8255
与港澳台商合作经营企业	Cooperative Enterprises with Funds from Hong Kong, Macau and Taiwan	1836		11
港澳台商独资经营企业	Enterprises with Sole Funds from Hong Kong, Macau and Taiwan	297878	72713	13166
港澳台商投资股份有限公司	Share-holding Corporations Ltd. with Funds from Hong Kong, Macau and Taiwan	69155	8126	5565
外商投资企业	**Foreign Funded Enterprises**	**1576393**	**180936**	**27509**
中外合资经营企业	Joint-venture Enterprises	719884	80076	16239
中外合作经营	Cooperation Enterprises	2941	289	292
外资企业	Enterprises with Sole Foreign Funds	747725	83474	5416
外商投资股份有限公司	Share-holding Corporations Ltd.with Foreign Funds	60070	17075	4619

2-16 按行业分规上工业企业R&D经费外部支出(2020年)

External Expenditure on R&D in Industrial Enterprises above Designated Size by Industrial Sector(2020)

单位：万元 (10 000 yuan)

行 业	Industry	R&D经费外部支出 External Expenditure on R&D	#对境内研究机构支出 to Domestic Research Institutions	#对境内高校支出 to Domestic Higher Education
总 计	**Total**	**10084884**	**3452161**	**621689**
煤炭开采和洗选业	Mining and Washing of Coal	147784	24980	32759
石油和天然气开采业	Extraction of Petroleum and Natural Gas	111632	21384	38589
黑色金属矿采选业	Mining and Processing of Ferrous Metal Ores	11277	4418	2757
有色金属矿采选业	Mining and Processing of Non-Ferrous Metal Ores	13196	4213	2413
非金属矿采选业	Mining and Processing of Non-metal Ores	5144	473	1313
农副食品加工业	Processing of Food from Agricultural Products	44395	15099	13854
食品制造业	Manufacture of Foods	73979	18598	18058
酒、饮料和精制茶制造业	Manufacture of Liquor, Beverages and Refined Tea	35093	12819	9692
烟草制品业	Manufacture of Tobacco	37582	7378	7229
纺织业	Manufacture of Textile	32972	4845	6555
纺织服装、服饰业	Manufacture of Textile, Wearing Apparel and Accessories	15061	2397	1781
皮革、毛皮、羽毛及其制品和制鞋业	Manufacture of Leather, Fur, Feather and Related Products and Footwear	7657	926	353
木材加工和木、竹、藤、棕、草制品业	Processing of Timbers and Manufacture of Wood, Bamboo, Rattan, Palm and Straw Products	3208	1138	940
家具制造业	Manufacture of Furniture	18603	876	1520
造纸和纸制品业	Manufacture of Paper and Paper Products	5921	1611	2846
印刷和记录媒介复制业	Printing and Reproduction of Recording Media	9639	1395	2585
文教、工美、体育和娱乐用品制造业	Manufacture of Articles for Culture, Education, Arts and Crafts, Sport and Entertainment Activities	17820	4094	2865
石油、煤炭及其他燃料加工业	Processing of Petroleum, Coal and Other Fuels	47320	14913	9334
化学原料和化学制品制造业	Manufacture of Raw Chemical Materials and Chemical Products	273595	77181	58706
医药制造业	Manufacture of Medicines	1219076	433799	50934
化学纤维制造业	Manufacture of Chemical Fibres	9262	3787	2000
橡胶和塑料制品业	Manufacture of Rubber and Plastics Products	97982	12522	8638
非金属矿物制品业	Manufacture of Non-metallic Mineral Products	58190	13485	15289
黑色金属冶炼和压延加工业	Smelting and Pressing of Ferrous Metals	116226	45519	25833
有色金属冶炼和压延加工业	Smelting and Pressing of Non-Ferrous Metals	51880	18698	12321
金属制品业	Manufacture of Metal Products	55770	11191	10976
通用设备制造业	Manufacture of General Purpose Machinery	329562	45704	34273
专用设备制造业	Manufacture of Special Purpose Machinery	319438	41232	29327
汽车制造业	Manufacture of Automobiles	1559159	316944	21617
铁路、船舶、航空航天和其他运输设备制造业	Manufacture of Railway, Ship, Aerospace and Other Transport Equipments	922782	245393	64510
电气机械和器材制造业	Manufacture of Electrical Machinery and Apparatus	387657	54008	30570
计算机、通信和其他电子设备制造业	Manufacture of Computer, Communication and Other Electronic Equipment	3414359	1890024	29960
仪器仪表制造业	Manufacture of Measuring Instrument and Machinery	119291	13577	11883
其他制造业	Other Manufacture	32149	4539	3496
金属制品、机械和设备修理业	Repaire Service of Metal Products, Machinery and Equipment	2305	114	174
电力、热力生产和供应业	Production and Supply of Electric Power and Heat Power	444980	77340	48603
燃气生产和供应业	Production and Supply of Gas	3510	1240	232
水的生产和供应业	Production and Supply of Water	3100	356	995

2-17 各地区规上工业企业R&D经费外部支出(2020年)
External Expenditure on R&D in Industrial Enterprises above Designated Size by Region(2020)

单位：万元 (10 000 yuan)

地　区	Region	R&D经费外部支出 External Expenditure on R&D	#对境内研究机构支出 to Domestic Research Institutions	#对境内高校支出 to Domestic Higher Education
全　国	**National Total**	**10084884**	**3452161**	**621689**
东部地区	Eastern Region	7276674	2828225	330759
中部地区	Middle Region	1360458	294932	149410
西部地区	Western Region	998693	260804	113044
东北地区	Northeast Region	449059	68200	28476
北　京	Beijing	398971	186993	37430
天　津	Tianjin	141080	12977	7418
河　北	Hebei	190318	94672	9995
山　西	Shanxi	112430	32051	13768
内蒙古	Inner Mongolia	72571	32589	11828
辽　宁	Liaoning	160138	23907	13098
吉　林	Jilin	239359	36266	5523
黑龙江	Heilongjiang	49562	8027	9854
上　海	Shanghai	699016	29321	18056
江　苏	Jiangsu	1089470	171695	89176
浙　江	Zhejiang	670835	123123	49465
安　徽	Anhui	360351	59491	37415
福　建	Fujian	157656	35174	14467
江　西	Jiangxi	111649	16865	10649
山　东	Shandong	755451	164879	66490
河　南	Henan	181429	42313	23527
湖　北	Hubei	351340	78452	26764
湖　南	Hunan	243259	65760	37287
广　东	Guangdong	3143902	1995376	38004
广　西	Guangxi	60041	19841	5027
海　南	Hainan	29975	14016	259
重　庆	Chongqing	139410	27801	9871
四　川	Sichuan	251016	71186	27425
贵　州	Guizhou	79063	14959	5596
云　南	Yunnan	54315	8164	10019
西　藏	Tibet	1315	918	121
陕　西	Shaanxi	248993	54678	23117
甘　肃	Gansu	35761	17748	7001
青　海	Qinghai	8654	2219	1100
宁　夏	Ningxia	13620	1681	1922
新　疆	Xinjiang	33935	9021	10017

2-18 按企业规模及登记注册类型分规上工业企业办研发机构情况(2020年)

R&D Institutions in Industrial Enterprises above Designated Size by Scale and Registration Status(2020)

注册类型	Type of Registration	机构数(个) Institutions (unit)	机构人员(人) Personnel (person)	#博士和硕士 Doctor and Master	机构经费支出(万元) Expenditure on S&T Institutions (10 000 yuan)	仪器和设备原价(万元) Equipment (10 000 yuan)
总　计	**Total**	**105094**	**3713270**	**459579**	**135835614**	**98513503**
#大型企业	Large-sized Industrial Enterprises	7466	1448546	291885	73172184	41288597
中型企业	Medium-sized Industrial Enterprises	19048	982125	84753	29307742	25260327
内资企业	**Domestic Funded**	**91708**	**2941976**	**388731**	**108024780**	**73521672**
国有企业	State-owned Enterprises	483	36354	8222	1471608	2172561
集体企业	Collective-owned Enterprises	70	1540	111	42724	54755
股份合作企业	Cooperative Enterprises	160	3158	154	71599	74178
联营企业	Joint Ownership Enterprises	10	507	61	18508	10359
国有联营企业	State Joint Ownership Enterprises	3	54	4	1222	1407
集体联营企业	Collective Joint Ownership Enterprises	1	24		566	138
国有与集体联营企业	Joint State-collective Enterprises					
其他联营企业	Other Joint Ownership Enterprises	6	429	57	16720	8814
有限责任公司	Limited Liability Corporations	15562	826099	167752	40050583	28470957
国有独资公司	State Sole Funded Corporations	1053	88468	22638	3715417	4542668
其他有限责任公司	Other Limited Liability Corporations	14509	737631	145114	36335166	23928289
股份有限公司	Share-holding Corporations Ltd.	6222	529396	115282	21542591	12402305
私营企业	Private Enterprises	69188	1541637	96502	44782696	30253336
私营独资企业	Private-funded Enterprises	814	9043	403	274892	151651
私营合伙企业	Private Partnership Enterprises	138	1583	67	39108	30146
私营有限责任公司	Private Limited Liability Corporations	61432	1276066	71999	36815042	24695072
私营股份有限公司	Private Share-holding Corporations Ltd.	6804	254945	24033	7653655	5376468
其他企业	Other Enterprises	13	3285	647	44471	83220
港澳台商投资企业	**Enterprises with Funds from Hong Kong, Macau and Taiwan**	**6919**	**403716**	**29066**	**12197413**	**11058314**
与港澳台商合资经营企业	Joint-venture Enterprises with Funds from Hong Kong, Macau and Taiwan	2108	117707	10136	4270698	3721307
与港澳台商合作经营企业	Cooperative Enterprises with Funds from Hong Kong, Macau and Taiwan	65	2464	105	66390	55606
港澳台商独资经营企业	Enterprises with Sole Funds from Hong Kong, Macau and Taiwan	4275	239934	14850	6634350	5453093
港澳台商投资股份有限公司	Share-holding Corporations Ltd. with Funds from Hong Kong, Macau and Taiwan	419	41554	3912	1170297	1802094
外商投资企业	**Foreign Funded Enterprises**	**6467**	**367578**	**41782**	**15613421**	**13933517**
中外合资经营企业	Joint-venture Enterprises	2399	156976	23372	8578919	6283007
中外合作经营	Cooperation Enterprises	50	2644	195	78999	215983
外资企业	Enterprises with Sole Foreign Funds	3716	185697	14999	5965165	6770475
外商投资股份有限公司	Share-holding Corporations Ltd. with Foreign Funds	238	19194	2907	818205	551457

2-19 按行业分规上工业企业办研发机构情况(2020年)
R&D Institutions in Industrial Enterprises above Designated Size by Industrial Sector(2020)

行 业	Industry	机构数(个) Institutions (unit)	机构人员(人) Personnel (person)	#博士和硕士 Doctor and Master	机构经费支出(万元) Expenditure on S&T Institutions (10 000 yuan)	仪器和设备原价(万元) Equipment (10 000 yuan)
总 计	**Total**	**105094**	**3713270**	**459579**	**135835614**	**98513503**
煤炭开采和洗选业	Mining and Washing of Coal	211	17688	2094	296091	369393
石油和天然气开采业	Extraction of Petroleum and Natural Gas	93	23881	9628	798794	514290
黑色金属矿采选业	Mining and Processing of Ferrous Metal Ores	72	3053	525	82429	113419
有色金属矿采选业	Mining and Processing of Non-Ferrous Metal Ores	106	4009	289	101896	113700
非金属矿采选业	Mining and Processing of Non-metal Ores	209	3470	201	97684	104188
农副食品加工业	Processing of Food from Agricultural Products	2990	49045	6344	1624463	1140363
食品制造业	Manufacture of Foods	1887	48860	5747	1327573	1387690
酒、饮料和精制茶制造业	Manufacture of Liquor, Beverages and Refined Tea	1023	27541	2624	768085	829629
烟草制品业	Manufacture of Tobacco	64	4071	1566	349670	441569
纺织业	Manufacture of Textile	4001	95051	2668	2143203	1750556
纺织服装、服饰业	Manufacture of Textile,Wearing Apparel and Accessories	1564	39896	1045	714403	466643
皮革、毛皮、羽毛及其制品和制鞋业	Manufacture of Leather, Fur, Feather and Related Products and Footwear	1307	29849	491	498956	254074
木材加工和木、竹、藤、棕、草制品业	Processing of Timbers and Manufacture of Wood, Bamboo, Rattan, Palm and Straw Products	798	13808	522	366151	278337
家具制造业	Manufacture of Furniture	1370	38256	665	809065	403255
造纸和纸制品业	Manufacture of Paper and Paper Products	1315	38250	979	1359430	1246278
印刷和记录媒介复制业	Printing and Reproduction of Recording Media	1241	30152	945	686039	811350
文教、工美、体育和娱乐用品制造业	Manufacture of Articles for Culture, Education, Arts and Crafts, Sport and Entertainment Activities	1979	50794	1441	954342	557035
石油、煤炭及其他燃料加工业	Processing of Petroleum, Coal and Other Fuels	416	17787	2154	1266071	1463234
化学原料和化学制品制造业	Manufacture of Raw Chemical Materials and Chemical Products	7170	181068	22048	6938852	5427395
医药制造业	Manufacture of Medicines	3756	163800	37196	7633424	5717273
化学纤维制造业	Manufacture of Chemical Fibres	633	26116	1239	1071174	911878
橡胶和塑料制品业	Manufacture of Rubber and Plastics Products	5725	132463	5906	3388346	6306928
非金属矿物制品业	Manufacture of Non-metallic Mineral Products	5886	136540	6888	3832658	4276697
黑色金属冶炼和压延加工业	Smelting and Pressing of Ferrous Metals	1048	64857	5623	5754814	2903119
有色金属冶炼和压延加工业	Smelting and Pressing of Non-Ferrous Metals	2025	67662	5638	3196838	2324689
金属制品业	Manufacture of Metal Products	6800	161923	7394	4117420	4165277
通用设备制造业	Manufacture of General Purpose Machinery	9536	263965	22120	7269987	7022205
专用设备制造业	Manufacture of Special Purpose Machinery	8209	245101	32175	7654612	4626519
汽车制造业	Manufacture of Automobiles	5021	283607	38470	13712207	8742107
铁路、船舶、航空航天和其他运输设备制造业	Manufacture of Railway, Ship, Aerospace and Other Transport Equipments	1682	109020	21025	3787505	3819996
电气机械和器材制造业	Manufacture of Electrical Machinery and Apparatus	11600	410581	37685	13645684	8383758
计算机、通信和其他电子设备制造业	Manufacture of Computer, Communication and Other Electronic Equipment	10850	774525	154970	35092442	16356039
仪器仪表制造业	Manufacture of Measuring Instrument and Machinery	2664	99703	12967	2533918	1846827
其他制造业	Other Manufacture	510	16576	1855	488094	655023
金属制品、机械和设备修理业	Repaire Service of Metal Products, Machinery and Equipment	110	5490	706	119446	175685
电力、热力生产和供应业	Production and Supply of Electric Power and Heat Power	509	15270	3468	615905	1929490
燃气生产和供应业	Production and Supply of Gas	141	5200	364	171267	232215
水的生产和供应业	Production and Supply of Water	177	3322	575	99084	110708

2-20 各地区规上工业企业办研发机构情况(2020年)
R&D Institutions in Industrial Enterprises above Designated Size by Region(2020)

地 区	Region	机构数(个) Institutions (unit)	机构人员(人) Personnel (person)	#博士和硕士 Doctor and Master	机构经费支出(万元) Expenditure on S&T Institutions (10 000 yuan)	仪器和设备原价(万元) Equipment (10 000 yuan)
全 国	**National Total**	**105094**	**3713270**	**459579**	**135835614**	**98513503**
东部地区	Eastern Region	77576	2737297	329054	102901736	64023278
中部地区	Middle Region	19474	611562	74617	20372140	17741463
西部地区	Western Region	7022	297093	43344	9928715	13776943
东北地区	Northeast Region	1022	67318	12564	2633023	2971819
北 京	Beijing	538	46521	15511	2591586	1657068
天 津	Tianjin	601	38771	7399	1209042	1209614
河 北	Hebei	2555	102583	10143	4105470	3303427
山 西	Shanxi	1092	52974	5223	1384510	1619111
内蒙古	Inner Mongolia	166	13193	1944	418816	414444
辽 宁	Liaoning	624	36372	6390	1178138	1518875
吉 林	Jilin	190	14291	3136	827214	708876
黑龙江	Heilongjiang	208	16655	3038	627671	744068
上 海	Shanghai	805	75037	23442	5417569	3134769
江 苏	Jiangsu	19147	540575	51644	19785674	17416455
浙 江	Zhejiang	17924	544227	35633	15772209	10727034
安 徽	Anhui	6767	162374	16997	5384330	5423789
福 建	Fujian	2143	104408	9028	3301665	2331780
江 西	Jiangxi	4380	108641	6586	3730822	2531586
山 东	Shandong	5536	192868	29308	7870798	6002676
河 南	Henan	2234	99399	12810	2883063	2878730
湖 北	Hubei	3048	114020	18071	3949031	3255150
湖 南	Hunan	1953	74154	14930	3040385	2033098
广 东	Guangdong	28262	1089851	146691	42740238	18180739
广 西	Guangxi	453	19757	2073	774170	504205
海 南	Hainan	65	2456	255	107486	59717
重 庆	Chongqing	2083	72414	7958	2690484	6081707
四 川	Sichuan	1811	82629	13489	2618931	2353945
贵 州	Guizhou	679	21637	2233	649922	798085
云 南	Yunnan	488	16799	1891	590697	681509
西 藏	Tibet	4	315	24	1311	27268
陕 西	Shaanxi	700	41174	8855	1369528	1868580
甘 肃	Gansu	205	10097	1452	165260	287303
青 海	Qinghai	64	2319	279	69019	79927
宁 夏	Ningxia	234	8490	868	248710	358785
新 疆	Xinjiang	135	8269	2278	331869	321184

2-21 按企业规模及登记注册类型分规上工业企业新产品开发和销售(2020年)

New Products Development and Sale of Industrial Enterprises above Designated Size by Scale and Registration Status (2020)

单位：万元 (10 000 yuan)

注册类型	Type of Registration	新产品开发项目数(项) New Products (unit)	新产品开发经费支出 Expenditure on New Products Development	新产品销售收入 Sales Revenue of New Products	#出口 Exports
总　计	**Total**	**788125**	**186237781**	**2380736642**	**438532723**
#大型企业	Large-sized Industrial Enterprises	109358	86978737	1284614231	301046898
中型企业	Medium-sized Industrial Enterprises	171443	42460714	546962019	80995006
内资企业	**Domestic Funded**	**676688**	**148203396**	**1766019670**	**232404310**
国有企业	State-owned Enterprises	6414	1849459	23569919	1236503
集体企业	Collective-owned Enterprises	429	67688	511277	24943
股份合作企业	Cooperative Enterprises	1048	102477	1014618	63174
联营企业	Joint Ownership Enterprises	82	29043	188866	373
国有联营企业	State Joint Ownership Enterprises	39	5303	23455	
集体联营企业	Collective Joint Ownership Enterprises	4	60	3408	
国有与集体联营企业	Joint State-collective Enterprises	5	1451	1543	
其他联营企业	Other Joint Ownership Enterprises	34	22229	160460	373
有限责任公司	Limited Liability Corporations	149703	51533953	588102416	79224431
国有独资公司	State Sole Funded Corporations	16393	6205724	72917546	5740406
其他有限责任公司	Other Limited Liability Corporations	133310	45328229	515184870	73484025
股份有限公司	Share-holding Corporations Ltd.	66290	25244505	329565068	43629757
私营企业	Private Enterprises	452380	69213292	821100091	107587042
私营独资企业	Private-funded Enterprises	3264	480182	3811462	322898
私营合伙企业	Private Partnership Enterprises	655	79188	639003	84042
私营有限责任公司	Private Limited Liability Corporations	392146	58200452	681527236	83513974
私营股份有限公司	Private Share-holding Corporations Ltd.	56315	10453469	135122390	23666128
其他企业	Other Enterprises	342	162979	1967415	638088
港澳台商投资企业	**Enterprises with Funds from Hong Kong, Macau and Taiwan**	**52612**	**15576264**	**271243951**	**115171209**
与港澳台商合资经营企业	Joint-venture Enterprises with Funds from Hong Kong, Macau and Taiwan	18335	5513307	96135374	34125999
与港澳台商合作经营企业	Cooperative Enterprises with Funds from Hong Kong, Macau and Taiwan	435	131664	1391519	316296
港澳台商独资经营企业	Enterprises with Sole Funds from Hong Kong, Macau and Taiwan	29174	8468815	154632737	73531622
港澳台商投资股份有限公司	Share-holding Corporations Ltd. with Funds from Hong Kong, Macau and Taiwan	4233	1363539	17999086	6802419
外商投资企业	**Foreign Funded Enterprises**	**58825**	**22458122**	**343473022**	**90957204**
中外合资经营企业	Joint-venture Enterprises	24465	11410643	184615561	27516003
中外合作经营	Cooperation Enterprises	505	151226	1962440	331653
外资企业	Enterprises with Sole Foreign Funds	30230	9455825	139858460	59391784
外商投资股份有限公司	Share-holding Corporations Ltd. with Foreign Funds	3054	1250763	15104782	3461814

2-22 按行业分规上工业企业新产品开发和销售(2020年)
New Products Development and Sale of Industrial Enterprises above Designated Size by Industrial Sector (2020)

单位：万元 (10 000 yuan)

行 业	Industry	新产品开发项目数(项) New Products (unit)	新产品开发经费支出 Expenditure on New Products Development	新产品销售收入 Sales Revenue of New Products	#出口 Exports
总 计	**Total**	**788125**	**186237781**	**2380736642**	**438532723**
煤炭开采和洗选业	Mining and Washing of Coal	1489	489995	6378274	27320
石油和天然气开采业	Extraction of Petroleum and Natural Gas	814	336976	1712881	33977
黑色金属矿采选业	Mining and Processing of Ferrous Metal Ores	392	105694	2000257	
有色金属矿采选业	Mining and Processing of Non-Ferrous Metal Ores	489	91722	2040997	9746
非金属矿采选业	Mining and Processing of Non-metal Ores	738	132554	1572910	38590
农副食品加工业	Processing of Food from Agricultural Products	16658	3236130	35939680	2040135
食品制造业	Manufacture of Foods	12912	2093600	22678230	2247179
酒、饮料和精制茶制造业	Manufacture of Liquor, Beverages and Refined Tea	5083	1129172	13175720	420602
烟草制品业	Manufacture of Tobacco	1322	253371	3559673	39954
纺织业	Manufacture of Textile	20408	3291724	41351825	8352700
纺织服装、服饰业	Manufacture of Textile,Wearing Apparel and Accessories	7587	1209200	16703804	4204637
皮革、毛皮、羽毛及其制品和制鞋业	Manufacture of Leather, Fur, Feather and Related Products and Footwear	6439	975345	10696583	2454476
木材加工和木、竹、藤、棕、草制品业	Processing of Timbers and Manufacture of Wood, Bamboo, Rattan, Palm and Straw Products	4140	656392	7262663	1232593
家具制造业	Manufacture of Furniture	8638	1148828	13888926	4147279
造纸和纸制品业	Manufacture of Paper and Paper Products	8754	2001440	31765713	1738084
印刷和记录媒介复制业	Printing and Reproduction of Recording Media	7343	1041112	13783441	1456811
文教、工美、体育和娱乐用品制造业	Manufacture of Articles for Culture, Education, Arts and Crafts, Sport and Entertainment Activities	11647	1519333	17784897	6485411
石油、煤炭及其他燃料加工业	Processing of Petroleum, Coal and Other Fuels	3157	1392013	35757886	1915049
化学原料和化学制品制造业	Manufacture of Raw Chemical Materials and Chemical Products	48654	9025863	130166484	12515225
医药制造业	Manufacture of Medicines	42145	8831876	76981144	8891752
化学纤维制造业	Manufacture of Chemical Fibres	4526	1354622	22363087	1432309
橡胶和塑料制品业	Manufacture of Rubber and Plastics Products	36796	5274133	61527874	11733875
非金属矿物制品业	Manufacture of Non-metallic Mineral Products	34352	6387650	73545449	5480167
黑色金属冶炼和压延加工业	Smelting and Pressing of Ferrous Metals	13416	10361357	129353247	4866269
有色金属冶炼和压延加工业	Smelting and Pressing of Non-Ferrous Metals	13843	4645887	85769560	3772429
金属制品业	Manufacture of Metal Products	43745	6422869	74596500	10640178
通用设备制造业	Manufacture of General Purpose Machinery	76094	11504205	133000864	17188563
专用设备制造业	Manufacture of Special Purpose Machinery	70750	11487133	115478489	14533410
汽车制造业	Manufacture of Automobiles	49872	17423584	291620243	15092533
铁路、船舶、航空航天和其他运输设备制造业	Manufacture of Railway, Ship, Aerospace and Other Transport Equipments	18953	6378082	70562097	13792612
电气机械和器材制造业	Manufacture of Electrical Machinery and Apparatus	88459	19043384	273152217	53100567
计算机、通信和其他电子设备制造业	Manufacture of Computer, Communication and Other Electronic Equipment	88383	40640637	509860572	223295270
仪器仪表制造业	Manufacture of Measuring Instrument and Machinery	25034	3653234	27890618	3806498
其他制造业	Other Manufacture	3616	596861	5499004	1021359
金属制品、机械和设备修理业	Repaire Service of Metal Products, Machinery and Equipment	1064	199636	1985349	218970
电力、热力生产和供应业	Production and Supply of Electric Power and Heat Power	5812	972442	4614025	28786
燃气生产和供应业	Production and Supply of Gas	826	184817	6202088	
水的生产和供应业	Production and Supply of Water	751	110137	964421	

2-23 各地区规上工业企业新产品开发和销售(2020年)

New Products Development and Sale of Industrial Enterprise above Designated Size by Region (2020)

单位：万元 (10 000 yuan)

地区	Region	新产品开发项目数(项) New Products (unit)	新产品开发经费支出 Expenditure on New Products Development	新产品销售收入 Sales Revenue of New Products	#出口 Exports
全国	**National Total**	**788125**	**186237781**	**2380736642**	**438532723**
东部地区	Eastern Region	560926	127949794	1619588775	348010376
中部地区	Middle Region	131327	33698199	474791236	63962620
西部地区	Western Region	73301	18301614	211339488	21279427
东北地区	Northeast Region	22571	6288175	75017144	5280301
北京	Beijing	13188	4523146	53449397	9779802
天津	Tianjin	14449	2386906	38919876	5437875
河北	Hebei	20229	5621709	71909825	6034109
山西	Shanxi	6539	1480910	23111205	2375323
内蒙古	Inner Mongolia	2527	1008454	12424598	635723
辽宁	Liaoning	14329	3584102	44409366	4376062
吉林	Jilin	3741	1788921	22400315	585936
黑龙江	Heilongjiang	4501	915152	8207463	318302
上海	Shanghai	22755	8689077	101592157	14694288
江苏	Jiangsu	102826	28223651	394428431	89402034
浙江	Zhejiang	133346	17652995	283024993	57204310
安徽	Anhui	32863	7494349	120543819	14336688
福建	Fujian	27029	6787880	60975492	15293260
江西	Jiangxi	23138	4669998	72213414	9353771
山东	Shandong	59946	12580017	170810782	18812431
河南	Henan	22244	5262726	79074956	25225588
湖北	Hubei	20290	7280674	95968820	6763431
湖南	Hunan	26253	7509542	83879023	5907820
广东	Guangdong	166140	41271302	443130513	131329923
广西	Guangxi	6502	1872393	25712986	1778018
海南	Hainan	1018	213111	1347310	22346
重庆	Chongqing	16907	3972680	58806719	11941326
四川	Sichuan	22133	4874121	49699120	4371971
贵州	Guizhou	4993	960411	8760932	294623
云南	Yunnan	5532	1153684	12160954	164127
西藏	Tibet	52	11290	34487	
陕西	Shaanxi	9810	3063227	24941898	1016470
甘肃	Gansu	1565	436109	5780308	465273
青海	Qinghai	308	123063	2094604	7630
宁夏	Ningxia	1777	407112	4592014	233859
新疆	Xinjiang	1195	419072	6330868	370405

2-24 按企业规模及登记注册类型分规上工业企业专利(2020年) Statistics on Patent of Industrial Enterprises above Designated Size by Scale and Registration Status (2020)

单位：件 (piece)

注册类型	Type of Registration	专利申请数 Patent Applications	#发明专利 Inventions	有效发明专利数 Inventions in Force
总　计	**Total**	**1243927**	**446069**	**1447950**
#大型企业	Large-sized Industrial Enterprises	398799	210081	601184
中型企业	Medium-sized Industrial Enterprises	250818	86005	278673
内资企业	**Domestic Funded**	**1082747**	**389329**	**1233554**
国有企业	State-owned Enterprises	23184	13948	20760
集体企业	Collective-owned Enterprises	669	169	744
股份合作企业	Cooperative Enterprises	850	199	761
联营企业	Joint Ownership Enterprises	86	28	100
国有联营企业	State Joint Ownership Enterprises	34	1	22
集体联营企业	Collective Joint Ownership Enterprises			11
国有与集体联营企业	Joint State-collective Enterprises	3		2
其他联营企业	Other Joint Ownership Enterprises	49	27	65
有限责任公司	Limited Liability Corporations	291110	136500	423483
国有独资公司	State Sole Funded Corporations	46416	26783	61827
其他有限责任公司	Other Limited Liability Corporations	244694	109717	361656
股份有限公司	Share-holding Corporations Ltd.	162935	78331	249414
私营企业	Private Enterprises	603382	159915	537734
私营独资企业	Private-funded Enterprises	3473	834	2092
私营合伙企业	Private Partnership Enterprises	708	156	424
私营有限责任公司	Private Limited Liability Corporations	506691	126927	428948
私营股份有限公司	Private Share-holding Corporations Ltd.	92510	31998	106270
其他企业	Other Enterprises	531	239	558
港澳台商投资企业	**Enterprises with Funds from Hong Kong, Macau and Taiwan**	**73083**	**24182**	**104000**
与港澳台商合资经营企业	Joint-venture Enterprises with Funds from Hong Kong, Macau and Taiwan	28737	10264	36330
与港澳台商合作经营企业	Cooperative Enterprises with Funds from Hong Kong, Macau and Taiwan	377	111	580
港澳台商独资经营企业	Enterprises with Sole Funds from Hong Kong, Macau and Taiwan	36838	11237	57108
港澳台商投资股份有限公司	Share-holding Corporations Ltd. with Funds from Hong Kong, Macau and Taiwan	6637	2429	9273
外商投资企业	**Foreign Funded Enterprises**	**88097**	**32558**	**110396**
中外合资经营企业	Joint-venture Enterprises	40812	15873	46887
中外合作经营	Cooperation Enterprises	720	188	560
外资企业	Enterprises with Sole Foreign Funds	37136	12915	52060
外商投资股份有限公司	Share-holding Corporations Ltd. with Foreign Funds	8531	3232	10013

2-25 按行业分规上工业企业专利(2020年)

Statistics on Patent of Industrial Enterprises above Designated Size by Industrial Sector (2020)

单位：件 (piece)

行业	Industry	专利申请数 Patent Applications	#发明专利 Inventions	有效发明专利数 Inventions In Force
总　计	**Total**	**1243927**	**446069**	**1447950**
煤炭开采和洗选业	Mining and Washing of Coal	4970	1128	2500
石油和天然气开采业	Extraction of Petroleum and Natural Gas	3907	2251	4481
黑色金属矿采选业	Mining and Processing of Ferrous Metal Ores	1064	489	1920
有色金属矿采选业	Mining and Processing of Non-Ferrous Metal Ores	1308	332	945
非金属矿采选业	Mining and Processing of Non-metal Ores	942	229	819
农副食品加工业	Processing of Food from Agricultural Products	14147	4051	13432
食品制造业	Manufacture of Foods	12547	4529	15095
酒、饮料和精制茶制造业	Manufacture of Liquor, Beverages and Refined Tea	5032	1339	4497
烟草制品业	Manufacture of Tobacco	6348	2400	4977
纺织业	Manufacture of Textile	18905	4532	15444
纺织服装、服饰业	Manufacture of Textile,Wearing Apparel and Accessories	7835	1429	4938
皮革、毛皮、羽毛及其制品和制鞋业	Manufacture of Leather, Fur, Feather and Related Products and Footwear	6259	902	2948
木材加工和木、竹、藤、棕、草制品业	Processing of Timbers and Manufacture of Wood, Bamboo, Rattan, Palm and Straw Products	4825	1165	3879
家具制造业	Manufacture of Furniture	14562	1679	6653
造纸和纸制品业	Manufacture of Paper and Paper Products	9895	2137	7941
印刷和记录媒介复制业	Printing and Reproduction of Recording Media	9006	1951	7731
文教、工美、体育和娱乐用品制造业	Manufacture of Articles for Culture, Education, Arts and Crafts, Sport and Entertainment Activities	17111	2787	12488
石油、煤炭及其他燃料加工业	Processing of Petroleum, Coal and Other Fuels	4243	1552	5673
化学原料和化学制品制造业	Manufacture of Raw Chemical Materials and Chemical Products	52887	21695	75728
医药制造业	Manufacture of Medicines	29107	14633	56784
化学纤维制造业	Manufacture of Chemical Fibres	3944	1089	4455
橡胶和塑料制品业	Manufacture of Rubber and Plastics Products	44485	11090	38955
非金属矿物制品业	Manufacture of Non-metallic Mineral Products	48345	12512	41678
黑色金属冶炼和压延加工业	Smelting and Pressing of Ferrous Metals	19605	7476	21280
有色金属冶炼和压延加工业	Smelting and Pressing of Non-Ferrous Metals	18276	5923	21020
金属制品业	Manufacture of Metal Products	56941	13190	51889
通用设备制造业	Manufacture of General Purpose Machinery	110510	31151	115282
专用设备制造业	Manufacture of Special Purpose Machinery	113454	35702	130208
汽车制造业	Manufacture of Automobiles	75576	22676	71478
铁路、船舶、航空航天和其他运输设备制造业	Manufacture of Railway, Ship, Aerospace and Other Transport Equipments	33983	15158	43238
电气机械和器材制造业	Manufacture of Electrical Machinery and Apparatus	183963	59507	167931
计算机、通信和其他电子设备制造业	Manufacture of Computer, Communication and Other Electronic Equipment	224990	122293	402244
仪器仪表制造业	Manufacture of Measuring Instrument and Machinery	38118	13511	39798
其他制造业	Other Manufacture	5879	1770	6522
金属制品、机械和设备修理业	Repaire Service of Metal Products, Machinery and Equipment	1433	537	1468
电力、热力生产和供应业	Production and Supply of Electric Power and Heat Power	31939	18555	35020
燃气生产和供应业	Production and Supply of Gas	1118	226	589
水的生产和供应业	Production and Supply of Water	1666	455	1378

2-26 各地区规上工业企业专利(2020年)
Statistics on Patent of Industrial Enterprises above Designated Size by Region (2020)

单位：件 (piece)

地 区	Region	专利申请数 Patent Applications	#发明专利 Inventions	有效发明专利数 Inventions in Force
全 国	**National Total**	**1243927**	**446069**	**1447950**
东部地区	Eastern Region	876306	310691	1049171
中部地区	Middle Region	224409	80957	224902
西部地区	Western Region	112983	42755	130133
东北地区	Northeast Region	30229	11666	43744
北 京	Beijing	25147	13078	55261
天 津	Tianjin	19033	6060	24945
河 北	Hebei	24815	7543	28135
山 西	Shanxi	8444	3059	10218
内蒙古	Inner Mongolia	5755	2331	5799
辽 宁	Liaoning	17790	6252	28788
吉 林	Jilin	6476	2764	6696
黑龙江	Heilongjiang	5963	2650	8260
上 海	Shanghai	40630	17544	62147
江 苏	Jiangsu	196799	62892	224512
浙 江	Zhejiang	138589	35319	93159
安 徽	Anhui	66677	27083	70467
福 建	Fujian	45774	12934	44702
江 西	Jiangxi	30838	6949	18715
山 东	Shandong	78928	27413	78926
河 南	Henan	38206	9899	36500
湖 北	Hubei	44035	18798	49197
湖 南	Hunan	36209	15169	39805
广 东	Guangdong	305665	127497	435509
广 西	Guangxi	7546	2803	8667
海 南	Hainan	926	411	1875
重 庆	Chongqing	19736	6300	20650
四 川	Sichuan	34536	13439	42114
贵 州	Guizhou	7227	3475	8487
云 南	Yunnan	9451	3131	9515
西 藏	Tibet	92	29	185
陕 西	Shaanxi	15187	6445	21932
甘 肃	Gansu	3829	1229	4017
青 海	Qinghai	1423	494	1061
宁 夏	Ningxia	3774	1408	3126
新 疆	Xinjiang	4427	1671	4580

2-27 按企业规模及登记注册类型分规上工业企业技术获取和技术改造(2020年)

Technology Acquisition and Renovation of Industrial Enterprises above Designated Size by Scale and Registration Status (2020)

单位：万元 (10 000 yuan)

注册类型	Type of Registration	引进技术经费支出 Expenditure for Acquisition of Foreign Technology	消化吸收经费支出 Expenditure for Assimilation of Technology	购买境内技术经费支出 Expenditure for Purchase of Domestic Technology	技术改造经费支出 Expenditure for Technical Renovation
总　计	**Total**	**4599504**	**755939**	**8391354**	**35166780**
#大型企业	Large-sized Industrial Enterprises	4055245	628134	7264994	25084801
中型企业	Medium-sized Industrial Enterprises	374607	42960	668042	5754538
内资企业	**Domestic Funded**	**2189507**	**173486**	**7866415**	**29275188**
国有企业	State-owned Enterprises	226		3921840	786129
集体企业	Collective-owned Enterprises				2716
股份合作企业	Cooperative Enterprises			80	10522
联营企业	Joint Ownership Enterprises				5
国有联营企业	State Joint Ownership Enterprises				
集体联营企业	Collective Joint Ownership Enterprises				
国有与集体联营企业	Joint State-collective Enterprises				
其他联营企业	Other Joint Ownership Enterprises				5
有限责任公司	Limited Liability Corporations	476197	120529	1094887	13749079
国有独资公司	State Sole Funded Corporations	185420	4890	96583	4378059
其他有限责任公司	Other Limited Liability Corporations	290777	115639	998303	9371020
股份有限公司	Share-holding Corporations Ltd.	211480	23372	607742	7771771
私营企业	Private Enterprises	1501017	29585	2237887	6949275
私营独资企业	Private-funded Enterprises	297	154	2146	33310
私营合伙企业	Private Partnership Enterprises			1009	7061
私营有限责任公司	Private Limited Liability Corporations	1450548	14534	2039923	5709270
私营股份有限公司	Private Share-holding Corporations Ltd.	50173	14897	194809	1199634
其他企业	Other Enterprises	587		3978	5691
港澳台商投资企业	**Enterprises with Funds from Hong Kong, Macau and Taiwan**	**82634**	**5964**	**227371**	**2226357**
与港澳台商合资经营企业	Joint-venture Enterprises with Funds from Hong Kong, Macau and Taiwan	15516	1300	54322	576900
与港澳台商合作经营企业	Cooperative Enterprises with Funds from Hong Kong, Macau and Taiwan	3305		2206	16905
港澳台商独资经营企业	Enterprises with Sole Funds from Hong Kong, Macau and Taiwan	48184	2437	153862	1352962
港澳台商投资股份有限公司	Share-holding Corporations Ltd. with Funds from Hong Kong, Macau and Taiwan	8161	2227	16565	263209
外商投资企业	**Foreign Funded Enterprises**	**2327363**	**576489**	**297569**	**3665235**
中外合资经营企业	Joint-venture Enterprises	1935357	556269	188769	2687123
中外合作经营	Cooperation Enterprises	1773		1965	22876
外资企业	Enterprises with Sole Foreign Funds	355650	20220	83042	780183
外商投资股份有限公司	Share-holding Corporations Ltd. with Foreign Funds	34153		23792	139456

2-28 按行业分规上工业企业技术获取和技术改造(2020年)
Technology Acquisition and Renovation of Industrial Enterprises above Designated Size by Industrial Sector (2020)

单位：万元 (10 000 yuan)

行业	Industry	引进技术经费支出 Expenditure for Acquisition of Foreign Technology	消化吸收经费支出 Expenditure for Assimilation of Technology	购买境内技术经费支出 Expenditure for Purchase of Domestic Technology	技术改造经费支出 Expenditure for Technical Renovation
总 计	**Total**	**4599504**	**755939**	**8391354**	**35166780**
煤炭开采和洗选业	Mining and Washing of Coal	17123	3174	6525	813990
石油和天然气开采业	Extraction of Petroleum and Natural Gas		149	6442	41900
黑色金属矿采选业	Mining and Processing of Ferrous Metal Ores			1253	43751
有色金属矿采选业	Mining and Processing of Non-Ferrous Metal Ores			650	121279
非金属矿采选业	Mining and Processing of Non-metal Ores			568	30731
农副食品加工业	Processing of Food from Agricultural Products	3096	51	15406	268227
食品制造业	Manufacture of Foods	42549	17436	108853	403750
酒、饮料和精制茶制造业	Manufacture of Liquor, Beverages and Refined Tea	2147	1095	22176	241463
烟草制品业	Manufacture of Tobacco	4561	22	89123	814583
纺织业	Manufacture of Textile	8189	519	26048	319469
纺织服装、服饰业	Manufacture of Textile,Wearing Apparel and Accessories	1212	2235	5888	52166
皮革、毛皮、羽毛及其制品和制鞋业	Manufacture of Leather, Fur, Feather and Related Products and Footwear	10	293	1150	36539
木材加工和木、竹、藤、棕、草制品业	Processing of Timbers and Manufacture of Wood, Bamboo, Rattan, Palm and Straw Products	87	3	1825	71477
家具制造业	Manufacture of Furniture	406		3451	117156
造纸和纸制品业	Manufacture of Paper and Paper Products	3106	2837	3924	268646
印刷和记录媒介复制业	Printing and Reproduction of Recording Media	1712	4	10700	181365
文教、工美、体育和娱乐用品制造业	Manufacture of Articles for Culture, Education, Arts and Crafts, Sport and Entertainment Activities	4231	3306	13487	126536
石油、煤炭及其他燃料加工业	Processing of Petroleum, Coal and Other Fuels	42799	376	20370	1640285
化学原料和化学制品制造业	Manufacture of Raw Chemical Materials and Chemical Products	54468	3853	79326	2137603
医药制造业	Manufacture of Medicines	66611	26209	234589	1077921
化学纤维制造业	Manufacture of Chemical Fibres	2284	177	6571	143000
橡胶和塑料制品业	Manufacture of Rubber and Plastics Products	78480	3700	40256	926383
非金属矿物制品业	Manufacture of Non-metallic Mineral Products	8714	1014	75606	897206
黑色金属冶炼和压延加工业	Smelting and Pressing of Ferrous Metals	84191	7655	436147	8286224
有色金属冶炼和压延加工业	Smelting and Pressing of Non-Ferrous Metals	14676	107	43854	1179956
金属制品业	Manufacture of Metal Products	20812	2757	45738	687134
通用设备制造业	Manufacture of General Purpose Machinery	176831	24520	3907505	1081110
专用设备制造业	Manufacture of Special Purpose Machinery	90622	6215	51786	805804
汽车制造业	Manufacture of Automobiles	1921915	551617	322569	3129972
铁路、船舶、航空航天和其他运输设备制造业	Manufacture of Railway, Ship, Aerospace and Other Transport Equipments	196208	1913	360492	1082037
电气机械和器材制造业	Manufacture of Electrical Machinery and Apparatus	119749	7360	362237	1649674
计算机、通信和其他电子设备制造业	Manufacture of Computer, Communication and Other Electronic Equipment	1611336	87239	1983215	3950781
仪器仪表制造业	Manufacture of Measuring Instrument and Machinery	12922	94	25401	270564
其他制造业	Other Manufacture	12	12	10147	215894
金属制品、机械和设备修理业	Repaire Service of Metal Products, Machinery and Equipment	148		1183	6821
电力、热力生产和供应业	Production and Supply of Electric Power and Heat Power	8092		65315	1679183
燃气生产和供应业	Production and Supply of Gas	40		284	91199
水的生产和供应业	Production and Supply of Water			19	213251

2-29 各地区规上工业企业技术获取和技术改造(2020年)
Technology Acquisition and Renovation of Industrial Enterprises above Designated Size by Region(2020)

单位：万元 (10 000 yuan)

地区	Region	引进技术经费支出 Expenditure for Acquisition of Foreign Technology	消化吸收经费支出 Expenditure for Assimilation of Technology	购买境内技术经费支出 Expenditure for Purchase of Domestic Technology	技术改造经费支出 Expenditure for Technical Renovation
全　国	**National Total**	**4599504**	**755939**	**8391354**	**35166780**
东部地区	Eastern Region	3815963	717839	3569259	19626686
中部地区	Middle Region	167409	17284	316852	7510520
西部地区	Western Region	300337	20032	4114641	6586950
东北地区	Northeast Region	315795	785	390602	1442625
北　京	Beijing	167106	1920	222432	494835
天　津	Tianjin	53205		35636	364086
河　北	Hebei	14828	3615	70954	802231
山　西	Shanxi	17176	3174	9646	857910
内蒙古	Inner Mongolia	35000	10402	18302	324295
辽　宁	Liaoning	59307	35	215975	971320
吉　林	Jilin	255527	165	156176	155310
黑龙江	Heilongjiang	961	585	18450	315995
上　海	Shanghai	971516	560296	304222	1942461
江　苏	Jiangsu	208183	88961	163843	3584747
浙　江	Zhejiang	146896	5108	168828	2360265
安　徽	Anhui	29113	5771	109711	2298691
福　建	Fujian	39694	16887	123856	1149628
江　西	Jiangxi	18146	2050	63056	877391
山　东	Shandong	103050	11200	138606	2216001
河　南	Henan	14813	82	68019	915635
湖　北	Hubei	34764	1142	41944	1298507
湖　南	Hunan	53397	5066	24475	1262386
广　东	Guangdong	2111485	29853	2338870	6688885
广　西	Guangxi	7148		20871	1792211
海　南	Hainan			2012	23547
重　庆	Chongqing	180425	5925	11438	702369
四　川	Sichuan	47246	2621	58321	1108553
贵　州	Guizhou	669		13964	392514
云　南	Yunnan	7872	162	75599	650122
西　藏	Tibet				
陕　西	Shaanxi	8669	360	3844043	465810
甘　肃	Gansu	900		686	529369
青　海	Qinghai	22		2021	61041
宁　夏	Ningxia		561	17732	342586
新　疆	Xinjiang	12386	1	51666	218080

三、研究与开发机构

R&D Institutions

3-1 研究与开发机构基本情况
Basic Statistics on Scientific Research and Development Institutions

指　标	Item	2013	2014	2015	2016	2017	2018	2019	2020
机构基本情况	**Basic Statistics on Institutions**								
机构数（个）	Number of R&D Institutions(unit)	3651	3677	3650	3611	3547	3306	3217	3109
#中央属	Subordinated to Central Level	711	720	715	734	728	717	726	731
地方属	Subordinated to Local Level	2940	2957	2935	2877	2819	2589	2491	2378
研究与试验发展(R&D)投入情况	**Statistics on R&D Input**								
R&D人员（万人）	R&D Personnel(10 000 persons)	40.9	42.3	43.6	45.0	46.2	46.4	48.5	51.9
R&D人员全时当量（万人年）	Full-time Equivalent of R&D Personnel (10 000 man-year)	36.4	37.4	38.4	39.0	40.6	41.3	42.5	45.4
#基础研究	Basic Research	6.1	6.6	7.1	8.4	8.4	8.5	9.2	10.3
应用研究	Applied Research	13.0	12.8	13.1	12.7	14.3	14.8	14.8	15.5
试验发展	Experimental Development	17.3	18.0	18.1	17.9	17.8	18.0	18.4	19.6
R&D经费内部支出（亿元）	Intramural Expenditure on R&D (100 million yuan)	1781.4	1926.2	2136.5	2260.2	2435.7	2698.4	3080.8	3408.8
#基础研究	Basic Research	221.6	258.9	295.3	337.4	384.4	423.8	510.3	573.9
应用研究	Applied Research	525.8	552.9	618.4	642.1	699.4	797.6	933.6	1084.5
试验发展	Experimental Development	1034.0	1114.4	1222.8	1280.7	1351.9	1476.9	1636.9	1750.4
#政府资金	Government Funds	1481.2	1581.0	1802.7	1851.6	2025.9	2284.9	2582.4	2847.4
企业资金	Self-raised Funds by Enterprises	60.9	62.9	65.4	90.4	91.9	102.6	118.7	135.1
国外资金	Forein Funds	5.7	9.1	5.0	3.9	4.4	5.2	5	3.7
其他资金	Other Funds	233.5	273.8	263.4	314.2	313.6	305.6	374.7	422.6
研究与试验发展(R&D)项目(课题)情况	**Statistics on R&D Projects**								
R&D项目(课题)数（项）	R&D Projects(item)	85069	91465	99559	100925	112472	117872	125642	130089
R&D项目(课题)人员全时当量（万人年）	Participants(10 000 man-year)	32.7	34.0	34.9	34.4	35.9	36.8	37.8	39.6
R&D项目(课题)经费内部支出（亿元）	Intramural Expenditure (100 million yuan)	1221.7	1272.7	1513.8	1592.5	1720.8	1930.2	2119.4	2420.4
科技产出及成果情况	**Statistics on S&T Outputs and Results**								
发表科技论文(篇)	Scientific Papers Issued(piece)	164440	171928	169989	175169	177572	176003	185978	193947
#国外发表	Published in Foreign Periodicals	41072	47032	47301	50010	54500	58440	64257	77414
出版科技著作（种）	Publication on Science and Technology (kind)	4619	5023	5662	5714	5459	5722	5469	5706
专利申请数（件）	Number of Patent Applications(piece)	37040	41966	46559	52331	56267	61404	67302	74601
#发明专利	Inventions	28628	32265	35092	39854	43426	47740	52185	57477
专利授权数（件）	Number of Patent Granted(piece)	20095	24870	30104	32442	35350	36778	38476	47029
#发明专利	Inventions	12542	15786	19720	21816	24283	23098	24486	29205

3-2 按隶属关系和学科分研究与开发机构R&D人员(2020年)
R&D Personnel in R&D Institutions by Subordination and Subject (2020)

项 目	Item	机构数(个) R&D Institutions (unit)	R&D人员合计(人) R&D Personnel (person)	#女性 Female	#博士毕业 Doctor	#硕士毕业 Master	#本科毕业 Under-graduate
总 计	**Total**	**3109**	**519355**	**173338**	**104598**	**196624**	**152077**
按隶属关系分组	**by Subordination**						
中央部门属	Subordinated to Central Level	731	395036	122917	82375	152883	108357
地方部门属	Subordinated to Local Level	2378	124319	50421	22223	43741	43720
按门类学科分组	**by Subject**						
自然科学	Natural sciences	258	96642	35030	37891	27667	19321
农业科学	Agricultural Sciences	1074	64554	25706	12319	20845	21147
医药科学	Medical Science	245	33637	18545	8279	10754	11661
工程与技术科学	Engineering and Technological Sciences	971	306354	85636	40043	131315	95155
人文与社会科学	Humanities and Social Sciences	561	18168	8421	6066	6043	4793

项 目	Item	#全时人员 Full-time Personnel	R&D人员全时当量(人年) Full-time Equivalent of R&D Personnel (man-year)	#研究人员 Resear-chers	基础研究 Basic Research	应用研究 Applied Research	试验发展 Experi-mental Develop-ment
总 计	**Total**	**406492**	**453739**	**331133**	**103149**	**155057**	**195533**
按隶属关系分组	**by Subordination**						
中央部门属	Subordinated to Central Level	322413	354022	260280	83004	122041	148977
地方部门属	Subordinated to Local Level	84079	99717	70853	20145	33016	46556
按门类学科分组	**by Subject**						
自然科学	Natural sciences	63364	78712	57773	43932	23789	10991
农业科学	Agricultural Sciences	49730	55600	40218	9346	13322	32932
医药科学	Medical Science	22288	27700	18736	9240	12729	5731
工程与技术科学	Engineering and Technological Sciences	256523	275582	201734	34585	97258	143739
人文与社会科学	Humanities and Social Sciences	14587	16145	12672	6046	7959	2140

3-3 按服务的国民经济行业分研究与

R&D Personnel in R&D Institutions by Industrial Sector

行业	Industry	机构数(个) R&D Institutions (unit)	R&D人员合计(人) R&D Personnel (person)	#女性 Female
总计	**Total**	**3109**	**519355**	**173338**
农、林、牧、渔业小计	**Agriculture, Forestry, Animal Husbandry and Fishery**	**949**	**57655**	**23076**
农业	Farming	453	32443	13038
林业	Forestry	154	5894	2284
畜牧业	Animal Husbandry	63	3976	1432
渔业	Fishery	45	2942	997
农、林、牧、渔专业及辅助性活动	Professional and Support Activities for Agriculture, Forestry, Animal Husbandry and Fishery	234	12400	5325
采矿业小计	**Mining**	**8**	**307**	**66**
煤炭开采和洗选业	Mining and Washing of Coal	5	106	13
有色金属矿采选业	Mining and Processing of Non-Ferrous Metal Ores	2	201	53
其他采矿业	Mining of Other Ores	1		
制造业小计	**Manufacturing**	**202**	**16788**	**6008**
农副食品加工业	Processing of Food from Agricultural Products	20	1412	534
食品制造业	Manufacture of Foods	5	100	25
酒、饮料和精制茶制造业	Manufacture of Liquor, Beverages and Refined Tea	2	65	23
烟草制品业	Manufacture of Tobacco			
纺织业	Manufacture of Textile	6	42	12
纺织服装、服饰业	Manufacture of Textile, Wearing Apparel and Accessories	2		
皮革、毛皮、羽毛及其制品和制鞋业	Manufacture of Leather, Fur, Feather and Related Products and Footwear	3	14	7
木材加工和木、竹、藤、棕、草制品业	Processing of Timbers and Manufacture of Wood, Bamboo, Rattan, Palm and Straw Products	2	228	93
家具制造业	Manufacture of Furniture	1		
造纸及纸制品业	Manufacture of Paper and Paper Products	2	39	10
印刷和记录媒介复制业	Printing and Reproduction of Recording Media	1		
文教、工美、体育和娱乐用品制造业	Manufacture of Articles for Culture, Education, Arts and Crafts, Sport and Entertainment Activities	2		
石油、煤炭及其他燃料加工业	Processing of Petroleum ,Coal and Other Fuels	16	9605	2910
化学原料和化学制品制造业	Manufacture of Raw Chemical Materials and Chemical Products	24	2008	614
医药制造业	Manufacture of Medicines	26	4506	2382
化学纤维制造业	Manufacture of Chemical Fibers	2	23	7
橡胶和塑料制品业	Manufacture of Rubber and Plastics Products	3	87	29
非金属矿物制品业	Manufacture of Non-metallic Mineral Products	13	398	106
黑色金属冶炼和压延加工业	Smelting and Pressing of Ferrous Metals	3	30	11

开发机构R&D人员(2020年)
in which the R&D Institutions Served (2020)

#博士毕业 Doctor	#硕士毕业 Master	#本科毕业 Under-graduate	#全时人员 Full-time Personnel	R&D人员全时当量(人年) Full-time Equivalent of R&D Personnel (man-year)	#研究人员 Researchers	基础研究 Basic Research	应用研究 Applied Research	试验发展 Experimental Development
104598	**196624**	**152077**	**406492**	**453739**	**331133**	**103149**	**155057**	**195533**
11448	**18902**	**18214**	**44427**	**49615**	**35701**	**9036**	**11572**	**29007**
5758	11078	10400	25528	28310	20242	4486	5812	18012
1185	1589	2183	4391	5052	3743	923	1340	2789
861	1242	1137	2951	3390	2278	548	1031	1811
680	994	958	2357	2488	1972	609	768	1111
2964	3999	3536	9200	10375	7466	2470	2621	5284
32	**114**	**117**	**262**	**289**	**184**	**18**	**70**	**201**
1	36	58	97	100	58	4		96
31	78	59	165	189	126	14	70	105
4108	**5480**	**5688**	**12399**	**13682**	**9759**	**3890**	**4016**	**5776**
250	428	474	1189	1224	904	383	382	459
4	20	56	79	80	46		26	54
5	35	19	45	50	39	8	17	25
	7	16	36	41	23		9	32
	5	9	7	11	8		9	2
106	49	52	141	183	137	101	39	43
	5	33	39	39	23			39
922	3670	3335	8709	9280	6362	2813	2471	3996
473	327	1066	1414	1458	1141	612	517	329
1426	1330	1443	3926	4008	3035	1144	1428	1436
	2	4	10	15	12		15	
12	55	17	78	78	70	14	20	44
2	101	241	265	275	255	2	58	215
	3	22	30	30	30		30	

3-3 续表 1

行业	Industry	机构数（个）R&D Institutions (unit)	R&D人员合计（人）R&D Personnel (person)	#女性 Female
有色金属冶炼和压延加工业	Smelting and Pressing of Non-Ferrous Metals	1	18	5
金属制品业	Manufacture of Metal Products	1	50	12
通用设备制造业	Manufacture of General Purpose Machinery	14	832	120
专用设备制造业	Manufacture of Special Purpose Machinery	43	3265	837
汽车制造业	Manufacture of Automobiles	2	79	7
铁路、船舶、航空航天和其他运输设备制造业	Manufacture of Railway, Ship, Aerospace and Other Transport Equipments	1	475	135
电气机械和器材制造业	Manufacture of Electrical Machinery and Apparatus	3	98	11
计算机、通信和其他电子设备制造业	Manufacture of Computers, Communication and Other Electronic Equipment	11	2391	836
仪器仪表制造业	Manufacture of Measuring Instruments and Machinery	8	628	192
其他制造业	Other Manufacture			
电力、热力、燃气及水生产和供应业小计	**Production and Supply of Electricity, Heat, Gas and Water**	**7**	**156**	**37**
电力、热力生产和供应业	Production and Supply of Electric Power and Heat Power	6	135	30
燃气生产和供应业	Production and Supply of Gas	1	21	7
水的生产和供应业	Production and Supply of Water			
建筑业小计	**Construction**	**20**	**766**	**256**
房屋建筑业	Construction of Buildings	7	116	48
土木工程建筑业	Civil Engineering	10	553	160
建筑安装业	Building Installation			
建筑装饰、装修和其他建筑业	Building Decoration and Other Constructions	3	97	48
批发和零售业小计	**Wholesale and Retail Trades**	**1**		
批发业	Wholesale Trade	1		
零售业	Retail Trade			
交通运输、仓储和邮政业小计	**Transport, Storage and Post**	**16**	**2577**	**664**
铁路运输业	Railway Transport	1		
道路运输业	Road Transport	8	1198	297
水上运输业	Water Transport	3	426	145
航空运输业	Air Transport	3	953	222
邮政业	Post	1		
信息传输、软件和信息技术服务业小计	**Information Transmission, Software and Information Technology**	**27**	**4545**	**1732**
电信、广播电视和卫星传输服务	Telecommunications, Radio and Television and Satellite Transmission Services	7	1504	640
互联网和相关服务	Internet and Related Services	1	133	81
软件和信息技术服务业	Software and Information Technology	19	2908	1011

continued

#博士毕业 Doctor	#硕士毕业 Master	#本科毕业 Under-graduate	#全时人员 Full-time Personnel	R&D人员全时当量(人年) Full-time Equivalent of R&D Personnel (man-year)	#研究人员 Researchers	基础研究 Basic Research	应用研究 Applied Research	试验发展 Experimental Development
	10	8	4	10	4			10
25	14	8	33	44	37	18	10	16
129	416	242	528	650	312		86	564
405	1264	1285	2344	2637	1837	175	714	1748
67	4	7	27	34	27		16	18
133	247	83	310	364	297	175	159	30
9	29	41	94	95	80			95
902	803	462	1331	1801	992	1147	318	336
160	326	100	469	555	450	111	163	281
25	**64**	**55**	**79**	**90**	**60**		**61**	**29**
19	54	51	58	69	48		56	13
6	10	4	21	21	12		5	16
119	**308**	**310**	**351**	**508**	**420**	**34**	**249**	**225**
6	17	88	73	100	73		65	35
100	235	197	201	329	276	25	128	176
13	56	25	77	79	71	9	56	14
409	**1257**	**706**	**1714**	**1965**	**1379**	**146**	**754**	**1065**
213	545	349	680	866	629	24	420	422
51	265	109	378	397	336	57	220	120
145	447	248	656	702	414	65	114	523
1224	**1672**	**1360**	**1867**	**2464**	**1831**	**97**	**1481**	**886**
170	657	514	345	656	463		114	542
15	55	60	133	133	24		17	116
1039	960	786	1389	1675	1344	97	1350	228

3-3 续表 2

行 业	Industry	机构数（个） R&D Institutions (unit)	R&D 人员合计（人） R&D Personnel (person)	#女性 Female
金融业小计	**Financial Intermediation**	**2**	**13**	**9**
货币金融服务	Monetary and Financial Services	2	13	9
房地产业小计	**Real Estate**			
房地产业	Real Estate			
租赁和商务服务业小计	**Leasing and Business Services**	**1**	**11**	**7**
商务服务业	Business Service	1	11	7
科学研究和技术服务业小计	**Scientific Research and Technical Services**	**1383**	**397528**	**122586**
研究和试验发展	Research and Experimental Development	942	369796	112115
专业技术服务业	Professional Technical Services	264	24734	9274
科技推广和应用服务业	Science and Technology Popularization and Application Services	177	2998	1197
水利、环境和公共设施管理业小计	**Management of Water Conservancy, Environment and Public Facilities**	**159**	**12538**	**4675**
水利管理业	Management of Water Conservancy	56	4505	1156
生态保护和环境治理业	Ecological Protection and Environmental Treatment	92	7797	3398
公共设施管理业	Management of Public Facilities	10	236	121
土地管理业		1		
居民服务、修理和其他服务业小计	**Service to Households, Repair and Other Services**	**2**		
居民服务业	Service to Households	2		
机动车、电子产品和日用产品修理业	Repair of Motor Vehicles, Electronics and Household Products			
教育小计	**Education**	**31**	**1011**	**566**
教 育	Education	31	1011	566
卫生和社会工作小计	**Health and Social Service**	**169**	**21321**	**11951**
卫 生	Health	169	21321	11951
文化、体育和娱乐业小计	**Culture, Sports and Entertainment**	**73**	**1814**	**734**
新闻和出版业	Journalism and Publishing Activities			
广播、电视、电影和影视录音制作业	Radio, Television, Motion Picture and Videotape Programme Production Services	5	174	50
文化艺术业	Culture and Art Activities	43	1170	459
体 育	Sports Activities	25	470	225
娱乐业	Entertainment			
公共管理、社会保障和社会组织小计	**Public Management, Social Security and Social Organization**	**59**	**2325**	**971**
中国共产党机关	Organs of Communist Party of China	1		
国家机构	Government Agencies	56	2239	930
社会保障	Social Security	2	86	41
群众团体、社会团体和其他成员组织	Mass Organizations, Social Organizations and Other Membership Organizations			

continued

#博士毕业 Doctor	#硕士毕业 Master	#本科毕业 Under-graduate	#全时人员 Full-time Personnel	R&D人员全时当量(人年) Full-time Equivalent of R&D Personnel (man-year)	#研究人员 Researchers	基础研究 Basic Research	应用研究 Applied Research	试验发展 Experimental Development
	9	**4**	**7**	**12**	**9**		**12**	
	9	4	7	12	9		12	
	3	**5**	**9**	**10**	**4**		**10**	
	3	5	9	10	4		10	
78831	**154821**	**112559**	**320243**	**352842**	**259616**	**80074**	**122435**	**150333**
73227	143922	103535	302568	331454	243584	74249	115078	142127
5219	9793	7999	15721	18969	14356	5398	6169	7402
385	1106	1025	1954	2419	1676	427	1188	804
2609	**5087**	**3501**	**8618**	**10570**	**7435**	**2996**	**3742**	**3832**
664	1830	1379	2799	3600	2520	805	1286	1509
1900	3162	2041	5698	6812	4805	2178	2390	2244
45	95	81	121	158	110	13	66	79
274	**303**	**397**	**638**	**793**	**535**	**322**	**354**	**117**
274	303	397	638	793	535	322	354	117
4791	**6829**	**7878**	**12939**	**17456**	**11694**	**5587**	**8870**	**2999**
4791	6829	7878	12939	17456	11694	5587	8870	2999
183	**687**	**684**	**1208**	**1489**	**1051**	**805**	**453**	**231**
21	81	62	154	164	135	40	79	45
82	406	460	768	961	635	687	201	73
80	200	162	286	364	281	78	173	113
545	**1088**	**599**	**1731**	**1954**	**1455**	**144**	**978**	**832**
540	1046	570	1650	1873	1398	144	939	790
5	42	29	81	81	57		39	42

3-4 按隶属关系和学科分研究与开发

Intramural Expenditure on R&D of R&D Institutions

单位：万元

项　目	Item	R&D经费内部支出 Intramural Expenditure on R&D	基础研究 Basic Research	应用研究 Applied Research	试验发展 Experimental Development
总　计	**Total**	**34088208**	**5739238**	**10845162**	**17503809**
按隶属关系分组	**by Subordination**				
中央部门属	Subordinated to Central Level	9601681	3604922	4014198	1982561
#中国科学院	Chinese Academy of Sciences	6710828	2813504	3039869	857456
地方部门属	Subordinated to Local Level	4693583	788385	1822802	2082396
省级部门属	Provincial Level	3992961	742860	1656217	1593885
副省级城市部门属	Subprovincial Cities Level	186970	12508	86875	87587
地市级部门属	Miniciple Level	483242	21601	72272	389369
按门类学科分组	**by Subject**				
自然科学	Natural sciences	4939517	2450512	1694288	794717
农业科学	Agricultural Sciences	2373977	325549	567364	1481064
医药科学	Medical Science	1298548	388300	584595	325653
工程与技术科学	Engineering and Technological Sciences	24800660	2302639	7677149	14820872
人文与社会科学	Humanities and Social Sciences	675506	272237	321766	81503

机构R&D经费内部支出(2020年)
by Subordination and Subject (2020)

(10 000 yuan)

日常性支出 Routine Expenses	#人员劳务费 Labor Cost	资产性支出 Assets Expenditure	#仪器和设备支出 Equipment	政府资金 Government Funds	企业资金 Self-raised Funds by Enterprises	国外资金 Foreign Funds	其他资金 Other Funds
27990286	**8652903**	**6097922**	**3922898**	**28473979**	**1351322**	**37246**	**4225661**
7799323	3399973	1802358	1320897	8294850	794378	33293	479160
5353671	2211573	1357157	1018228	5947821	650998	26538	85472
3416196	1983419	1277387	851231	4080769	108045	3954	500816
2841712	1597879	1151250	774953	3478574	93851	3936	416601
146793	89324	40177	31248	140414	4667		41889
411148	287501	72094	36168	434068	9526	5	39643
3929076	1692073	1010440	781252	4543505	269791	19106	107114
2070890	1172260	303087	174412	2054971	86202	5097	227708
1046068	513619	252481	142829	1037464	41271	4786	215029
20341037	4904757	4459623	2772285	20224767	942302	7497	3626094
603215	370194	72291	52120	613273	11756	760	49717

3-5 按服务的国民经济行业分研究与

Intramural Expenditure on R&D of R&D Institutions by

单位：万元

行　　业	Industry	R&D经费内部支出 Intramural Expenditure on R&D	基础研究 Basic Research	应用研究 Applied Research
总　　计	**Total**	**34088208**	**5739238**	**10845162**
农、林、牧、渔业小计	**Agriculture, Forestry, Animal Husbandry and Fishery**	**2153147**	**319372**	**510434**
农　业	Farming	1220378	162425	244119
林　业	Forestry	175454	26544	43180
畜牧业	Animal Husbandry	171274	24936	50587
渔　业	Fishery	151474	30501	55209
农、林、牧、渔专业及辅助性活动	Professional and Support Activities for Agriculture, Forestry, Animal Husbandry and Fishery	434569	74966	117339
采矿业小计	**Mining**	**11691**	**506**	**6060**
煤炭开采和洗选业	Mining and Washing of Coal	2541	75	
有色金属矿采选业	Mining and Processing of Non-Ferrous Metal Ores	9150	431	6060
其他采矿业	Mining of Other Ores			
制造业小计	**Manufacturing**	**720755**	**187659**	**250801**
农副食品加工业	Processing of Food from Agricultural Products	55454	15867	18257
食品制造业	Manufacture of Foods	2917		726
酒、饮料和精制茶制造业	Manufacture of Liquor, Beverages and Refined Tea	1323	10	498
纺织业	Manufacture of Textile	525		122
纺织服装、服饰业	Manufacture of Textile, Apparel and Accessories			
皮革、毛皮、羽毛及其制品和制鞋业	Manufacture of Leather, Fur, Feather and Related Products and Footwear	289		269
木材加工和木、竹、藤、棕、草制品业	Processing of Timbers and Manufacture of Wood, Bamboo, Rattan, Palm and Straw Products	4899	2388	1260
家具制造业	Manufacture of Furniture			
造纸及纸制品业	Manufacture of Paper and Paper Products	600		
文教、工美、体育和娱乐用品制造业	Manufacture of Articles for Culture, Education, Arts and Crafts, Sport and Entertainment Activities			
石油、煤炭及其他燃料加工业	Processing of Petroleum ,Coal and Other Fuels			
化学原料和化学制品制造业	Manufacture of Raw Chemical Materials and Chemical Products	111500	42136	36832
医药制造业	Manufacture of Medicines	213996	39496	87579
化学纤维制造业	Manufacture of Chemical Fibers	252		252
橡胶和塑料制品业	Manufacture of Rubber and Plastics Products	1807	105	626
非金属矿物制品业	Manufacture of Non-metallic Mineral Products	3939	27	1063
黑色金属冶炼和压延加工业	Smelting and Pressing of Ferrous Metals	414		414
有色金属冶炼和压延加工业	Smelting and Pressing of Non-Ferrous Metals	169		
金属制品业	Manufacture of Metal Products	2284	598	701
通用设备制造业	Manufacture of General Purpose Machinery	27293		3881
专用设备制造业	Manufacture of Special Purpose Machinery	105204	5073	26431
汽车制造业	Manufacture of Automobiles	8630		3800
铁路、船舶、航空航天和其他运输设备制造业	Manufacture of Railway, Ship, Aerospace and Other Transport Equipments	62132	17401	43152
电气机械和器材制造业	Manufacture of Electrical Machinery and Apparatus	1894		
计算机、通信和其他电子设备制造业	Manufacture of Computers, Communication and Other Electronic Equipment	92857	63831	18731
仪器仪表制造业	Manufacture of Measuring Instruments and Machinery	22379	727	6209
电力、热力、燃气及水生产和供应业小计	**Production and Supply of Electricity, Heat, Gas and Water**	**2493**		**1648**
电力、热力生产和供应业	Production and Supply of Electric Power and Heat Power	1960		1394
燃气生产和供应业	Production and Supply of Gas	534		254

开发机构R&D经费内部支出(2020年)
Industrial Sector in which the R&D Institutions Served (2020)

(10 000 yuan)

试验发展 Experimental Development	日常性支出 Routine Expenses		资产性支出 Assets Expenditure		政府资金 Government Funds	企业资金 Self-raised Funds by Enterprises	国外资金 Foreign Funds	其他资金 Other Funds
		#人员劳务费 Labor Cost		#仪器和设备支出 Equipment				
4064957	**27990286**	**8652903**	**6097922**	**3922898**	**28473979**	**1351322**	**37246**	**4225661**
1323342	**1879600**	**1056077**	**273547**	**157240**	**1853572**	**83010**	**4540**	**212025**
813834	1083081	619163	137297	76919	1064645	44911	1087	109735
105729	152102	89327	23352	13969	166283	557	5	8609
95751	141475	69271	29799	13405	145882	12672	1170	11550
65764	129147	63107	22326	13887	128372	4958	131	18013
242264	373796	215210	60773	39060	348390	19913	2148	64118
5125	**10877**	**8940**	**814**	**814**	**8113**	**1731**	**61**	**1786**
2466	2375	2043	167	167	1334			1207
2659	8503	6897	647	647	6779	1731	61	579
282295	**567379**	**282044**	**153376**	**84556**	**566091**	**30909**	**334**	**123421**
21330	46470	24286	8985	5460	48850	4918		1686
2191	2657	1944	259	259	1070			1847
815	1288	857	35	35	440	849		35
403	506	471	18	17	525			
20	285	187	4	4	269			20
1251	4615	670	283	173	4866	33		
600	598	321	1	1	271	329		
32532	73956	37763	37545	16961	89164	1596		20740
86920	180043	79645	33953	24090	157049	13373	203	43371
	252	239			252			
1076	1572	1070	236	236	1641	166		
2849	3352	2404	587	545	1174	211		2554
	414	311						414
169	143	79	26	26	169			
985	1875	1381	409	409	2284			
23412	21069	10456	6224	3744	19933	3392		3968
73700	87172	55578	18032	12352	79855	1927		23422
4831	1288	1111	7343	1642	8630			
1579	42602	14458	19530	9766	44544	918		16670
1894	1869	1206	25	25	1894			
10296	75992	36835	16866	7088	85294	914	131	6519
15443	19364	10773	3015	1723	17920	2283		2176
846	**2390**	**1359**	**103**	**99**	**1381**	**130**		**982**
566	1857	1039	103	99	1200			760
280	534	320			181	130		222

3-5 续表

单位：万元

行业	Industry	R&D经费内部支出 Intramural Expenditure on R&D	基础研究 Basic Research	应用研究 Applied Research
建筑业小计	**Construction**	**33177**	**2834**	**14385**
房屋建筑业	Construction of Buildings	2440		1499
土木工程建筑业	Civil Engineering	27304	2630	10528
建筑装饰、装修和其他建筑业	Building Decoration and Other Constructions	3433	204	2358
批发和零售业小计	**Wholesale and Retail Trades**			
批发业	Wholesale Trade			
零售业	Retail Trade			
交通运输、仓储和邮政业小计	**Transport, Storage and Post**	**73234**	**4302**	**22890**
铁路运输业	Railway Transport	52423	1004	17859
道路运输业	Road Transport			
水上运输业	Water Transport	5421	513	3193
航空运输业	Air Transport	15390	2785	1838
信息传输、软件和信息技术服务业小计	**Information Transmission, Software and Information Technology**	**251630**	**6107**	**164418**
电信、广播电视和卫星传输服务	Telecommunications, Radio and Television and Satellite Transmission Services	35146		11455
互联网和相关服务	Internet and Related Services	13570		1679
软件和信息技术服务业	Software and Information Technology	202915	6107	151285
金融业小计	**Financial Intermediation**	**496**		**496**
货币金融服务	Monetary and Financial Services	496		496
租赁和商务服务业小计	**Leasing and Business Services**	**273**		**273**
商务服务业	Business Service	273		273
科学研究和技术服务业小计	**Scientific Research and Technical Service**	**29458420**	**4858628**	**9270750**
研究和试验发展	Research and Experimental Development	28227478	4595504	8822122
专业技术服务业	Professional Technical Services	1077219	253859	350497
科技推广和应用服务业	Science and Technology Popularization and Application Services	153723	9265	98131
水利、环境和公共设施管理业小计	**Management of Water Conservancy, Environment and Public Facilities**	**540252**	**122818**	**204087**
水利管理业	Management of Water Conservancy	178603	41861	51241
生态保护和环境治理业	Ecological Protection and Environmental Treatment	354495	80404	150227
公共设施管理业	Management of Public Facilities	7154	553	2620
居民服务、修理和其他服务业小计	**Service to Households, Repair and Other Services**			
居民服务业	Service to Households			
机动车、电子产品和日用产品	Repair of Motor Vehicles, Electronics and Household Products			
教育小计	**Education**	**37373**	**14360**	**17286**
教　育	Education	37373	14360	17286
卫生和社会工作小计	**Health and Social Service**	**602846**	**169897**	**305171**
卫　生	Health	602846	169897	305171
文化、体育和娱乐业小计	**Culture, Sports and Entertainment**	**76765**	**43124**	**18064**
新闻和出版业	Journalism and Publishing Activities			
广播、电视、电影和影视录音制作业	Radio, Television, Motion Picture and Videotape Programme Production Services	9223	1221	2383
文化艺术业	Culture and Art Activities	51066	38670	6474
体　育	Sports Activities	16476	3233	9207
娱乐业	Entertainment			
公共管理、社会保障和社会组织小计	**Public Management, Social Security and Social Organization**	**125656**	**9631**	**58400**
中国共产党机关	Organs of Communist Party of China			
国家机构	Government Agencies	122524	9631	57454
社会保障	Social Security	**3132**		**946**

continued

(10 000 yuan)

试验发展 Experimental Development	日常性支出 Routine Expenses	#人员劳务费 Labor Cost	资产性支出 Assets Expenditure	#仪器和设备支出 Equipment	政府资金 Government Funds	企业资金 Self-raised Funds by Enterprises	国外资金 Foreign Funds	其他资金 Other Funds
15958	**32411**	**14577**	**766**	**437**	**18241**	**9170**	**297**	**5470**
941	2107	1840	333	258	210	436		1794
14146	26872	10582	433	179	16453	8734	297	1820
871	3433	2155			1577			1856
46043	**58470**	**26854**	**14765**	**9380**	**48511**	**1959**		**22765**
33561	41993	17213	10431	6051	33080	1241		18103
1715	4186	3701	1235	822	4115			1306
10767	12291	5939	3099	2507	11316	718		3356
81105	**95372**	**35608**	**156258**	**141688**	**237482**	**5241**		**8907**
23691	13250	10448	21896	18999	32143	940		2063
11891	3756	2803	9814	214	10745			2824
45523	78366	22357	124549	122475	194594	4301		4020
	493	**390**	**3**	**3**	**496**			
	493	390	3	3	496			
	273	**217**			**273**			
	273	217			273			
1890191	**24152561**	**6571866**	**5305859**	**3404322**	**24667645**	**1162522**	**27927**	**3600327**
1371000	23174046	6076494	5053432	3276319	23631975	1124849	27617	3443036
472864	909068	457931	168151	118693	890660	31705	306	154548
46327	69447	37442	84277	9311	145010	5967	3	2743
213347	**472289**	**261761**	**67963**	**49336**	**412922**	**48584**	**912**	**77834**
85502	160620	98483	17983	12709	126286	29358	199	22760
123864	305200	159487	49296	36251	280246	19008	713	54528
3981	6469	3791	685	376	6390	218		546
5727	**34514**	**22798**	**2859**	**1953**	**31236**	**263**	**4**	**5870**
5727	34514	22798	2859	1953	31236	263	4	5870
127778	**509948**	**288215**	**92898**	**60374**	**446421**	**6620**	**2681**	**147125**
127778	509948	288215	92898	60374	446421	6620	2681	147125
15577	**68455**	**35480**	**8310**	**6177**	**58230**	**429**		**18106**
5619	7432	3390	1791	1136	6436	26		2761
5922	47812	22790	3254	1869	35870	120		15076
4035	13210	9300	3265	3172	15924	283		268
57625	**105255**	**46716**	**20401**	**6519**	**123367**	**755**	**491**	**1044**
55439	102123	45647	20401	6519	120235	755	491	1044
2186	**3132**	**1069**			**3132**			

3-6 按隶属关系和学科分研究与开发机构R&D经费外部支出(2020年)
External Expenditure on R&D of R&D Institutions by Subordination and Subject (2020)

单位：万元 (10 000 yuan)

项目	Item	R&D经费外部支出 Total	对境内研究机构支出 to Domestic Research Institutions	对境内高等学校支出 to Domestic Higher Education	对境内企业支出 to Domestic Enterprises	对境外机构支出 to Foreign Institutions
总　计	**Total**	**2593002**	**1428037**	**198256**	**582481**	**938**
按隶属关系分组	**by Subordination**					
中央部门属	Subordinated to Central Level	2489303	1393709	161154	559478	36
#中国科学院	Chinese Academy of Sciences	41378	26132	8960	3251	
地方部门属	Subordinated to Local Level	103700	34328	37102	23004	902
省级部门属	Provincial Level	98960	32763	35397	22138	840
副省级城市部门属	Sudprovincial Cities Level	2694	846	1179	670	
地市级部门属	Miniciple Level	1895	700	482	196	62
按门类学科分组	**by Subject**					
自然科学	Natural Sciences	113944	59584	30836	11414	43
农业科学	Agricultural Sciences	61695	33008	9412	16490	65
医药科学	Medical Science	26663	14629	1354	2620	
工程与技术科学	Engineering and Technological Sciences	2361124	1304413	147926	549932	830
人文与社会科学	Humanities and Social Sciences	29575	16402	8729	2026	

3-7 按隶属关系和学科分研究与开发机构R&D课题(2020年)
R&D Projects of R&D Institutions by Subordination and Subject (2020)

项　目	Item	R&D课题数 (项) R&D Projects (item)	投入人员 (人年) Input of Personnel (man-year)	投入经费 (万元) Input of Funds (10 000 yuan)
总　计	**Total**	**130089**	**395945**	**24203606**
按隶属关系分组	**by Subordination**			
中央部门属	Subordinated to Central Level	90764	314987	22327781
#中国科学院	Chinese Academy of Sciences	58464	73750	4390086
中国社会科学院	Chinese Academy of Social Sciences	2178	2612	71657
地方部门属	Subordinated to Local Level	39325	80958	1875825
省级部门属	Provincial Level	32616	61827	1529701
副省级城市部门属	Subprovincial Cities Level	1419	4136	102920
地市级部门属	Miniciple Level	4908	14488	227131
按门类学科分组	**by Subject**			
自然科学	Natural Sciences	42682	63904	3101770
农业科学	Agricultural Sciences	26092	43157	1032952
医药科学	Medical Science	10464	22383	643140
工程与技术科学	Engineering and Technological Sciences	43280	253793	19159570
人文与社会科学	Humanities and Social Sciences	7571	12709	266174

3-8 按服务的国民经济行业分研究与开发机构R&D课题(2020年)
R&D Projects of R&D Institutions by Industry (2020)

行业	Industry	R&D课题数(项) R&D Projects (item)	投入人员(人年) Input of Personnel (man-year)	投入经费(万元) Input of Funds (10 000 yuan)
总 计	**Total**	**130089**	**395945**	**24203606**
农、林、牧、渔业小计	**Agriculture, Forestry, Animal Husbandry and Fishery**	**24395**	**41248**	**960464**
农 业	Farming	14698	25390	569266
林 业	Forestry	1674	3435	62887
畜牧业	Animal Husbandry	1581	2790	73598
渔 业	Fishery	1708	2238	69759
农、林、牧、渔专业及辅助性活动	Professional and Support Activities for Agriculture, Forestry, Animal Husbandry and Fishery	4734	7395	184954
采矿业小计	**Mining**	**238**	**623**	**13958**
煤炭开采和洗选业	Mining and Washing of Coal	18	68	983
石油和天然气开采业	Extraction of Petroleum and Natural Gas	76	217	3038
黑色金属矿采选业	Mining and Processing of Ferrous Metal Ores	10	16	257
有色金属矿采选业	Mining and Processing of Non-Ferrous Metal Ores	88	153	4446
非金属矿采选业	Mining and Processing of Non-metal Ores	8	9	351
开采专业及辅助性活动	Processing and Support Activities for Mining	25	124	4463
其他采矿业	Mining of Other Ores	13	35	421
制造业小计	**Manufacturing**	**12833**	**22621**	**1093934**
农副食品加工业	Processing of Food from Agricultural Products	742	1087	26741
食品制造业	Manufacture of Foods	237	398	6574
酒、饮料和精制茶制造业	Manufacture of Liquor, Beverages and Refined Tea	160	290	4382
烟草制品业	Manufacture of Tobacco	18	23	388
纺织业	Manufacture of Textile	28	43	627
纺织服装、服饰业	Manufacture of Textile, Apparel and Accessories	21	25	491
皮革、毛皮、羽毛及其制品和制鞋业	Manufacture of Leather, Fur, Feather and Related Products and Footwear	4	6	36
木材加工和木、竹、藤、棕、草制品业	Processing of Timbers and Manufacture of Wood, Bamboo, Rattan, Palm and Straw Products	127	210	3104
家具制造业	Manufacture of Furniture	7	7	176
造纸及纸制品业	Manufacture of Paper and Paper Products	6	14	363
印刷和记录媒介复制业	Printing and Reproduction of Recording Media	2	1	45
文教、工美、体育和娱乐用品制造业	Manufacture of Articles for Culture, Education, Arts and Crafts, Sport and Entertainment Activities	5	13	153
石油、煤炭及其他燃料加工业	Processing of Petroleum ,Coal and Other Fuels	103	235	6416
化学原料和化学制品制造业	Manufacture of Chemical Raw Material and Chemical Products	2473	3213	139118
医药制造业	Manufacture of Medicines	1920	3203	135422
化学纤维制造业	Manufacture of Chemical Fibers	60	90	2450
橡胶和塑料制品业	Manufacture of Rubber and Plastics Products	52	102	2827
非金属矿物制品业	Manufacture of Non-metallic Mineral Products	294	616	16890
黑色金属冶炼和压延加工业	Smelting and Pressing of Ferrous Metals	5	6	844
有色金属冶炼和压延加工业	Smelting and Pressing of Non-Ferrous Metals	76	121	2073
金属制品业	Manufacture of Metal Products	79	97	3814
通用设备制造业	Manufacture of General Purpose Machinery	648	1606	80670
专用设备制造业	Manufacture of Special Purpose Machinery	1291	2333	73407
汽车制造业	Manufacture of Automobiles	52	248	5435

3-8 续表 1 continued

行 业	Industry	R&D课题数 (项) R&D Projects (item)	投入人员 (人年) Input of Personnel (man-year)	投入经费 (万元) Input of Funds (10 000 yuan)
铁路、船舶、航空航天和其他运输设备制造业	Manufacture of Railway, Ship, Aerospace and Other Transport Equipments	587	1030	149693
电气机械和器材制造业	Manufacture of Electrical Machinery and Apparatus	447	845	45426
计算机、通信和其他电子设备制造业	Manufacture of Computers, Communication and Other Electronic Equipment	2063	3512	191266
仪器仪表制造业	Manufacture of Measuring Instruments and Machinery	1211	2890	183566
其他制造业	Other Manufacture	79	291	9942
废弃资源综合利用业	Utilization of Waste Resources	29	58	1157
金属制品、机械和设备修理业	Repaire Service of Metal Products, Machinery and Equipment	7	9	440
电力、热力、燃气及水生产和供应业小计	**Production and Supply of Electricity, Heat, Gas and Water**	**538**	**887**	**33004**
电力、热力生产和供应业	Production and Supply of Electric Power and Heat Power	355	602	25557
燃气生产和供应业	Production and Supply of Gas	49	111	2972
水的生产和供应业	Production and Supply of Water	134	175	4475
建筑业小计	**Construction**	**381**	**691**	**17386**
房屋建筑业	Construction of Building	50	112	1115
土木工程建筑业	Civil Engineering	320	557	15696
建筑安装业	Building Installation	4	2	69
建筑装饰、装修和其他建筑业	Building Decoration and Other Constructions	7	20	505
批发和零售业小计	**Wholesale and Retail Trades**	**46**	**28**	**441**
批发业	Wholesale Trade	44	25	340
零售业	Retail Trade	2	2	101
交通运输、仓储和邮政业小计	**Transport, Storage and Post**	**670**	**1490**	**33542**
铁路运输业	Railway Transport	5	2	25
道路运输业	Road Transport	244	456	19951
水上运输业	Water Transport	276	338	4591
航空运输业	Air Transport	117	613	7322
管道运输业	Transport Via Pipeline	1	0	14
装卸搬运和仓储业	Loading, Unloading and Storage	24	80	1590
邮政业	Post	1	1	37
住宿和餐饮业小计	**Hotels and Catering Services**	**5**	**7**	**142**
住宿业	Hotels	4	6	122
餐饮业	Catering Services	1	1	20
信息传输、软件和信息技术服务业小计	**Information Transmission, Software and Information Technology**	**2911**	**3665**	**244450**
电信、广播电视和卫星传输服务	Telecommunications, Radio and Television and Satellite Transmission Services	220	298	14193
互联网和相关服务	Internet and Related Services	685	850	53926
软件和信息技术服务业	Software and Information Technology	2006	2518	176330
金融业小计	**Financial Intermediation**	**88**	**95**	**1982**
货币金融服务	Monetary and Financial Services	46	58	1288
资本市场服务	Capital Market Services	11	10	224
保险业	Insurance	8	9	208
其他金融业	Other Financial Activities	23	19	262

3-8 续表 2 continued

行 业	Industry	R&D课题数（项）R&D Projects (item)	投入人员（人年）Input of Personnel (man-year)	投入经费（万元）Input of Funds (10 000 yuan)
房地产业小计	**Real Estate**	**10**	**7**	**117**
房地产业	Real Estate	10	7	117
租赁和商务服务业小计	**Leasing and Business Services**	**130**	**212**	**3375**
商务服务业	**Business Service**	**119**	**195**	**2849**
科学研究和技术服务业小计	**Scientific Research and Technical Service**	**70499**	**293205**	**20985190**
研究和试验发展	Research and Experimental Development	60782	275324	20377780
专业技术服务业	Professional Technical Services	8499	16079	554906
科技推广和应用服务业	Science and Technology Popularization and Application Services	1218	1802	52504
水利、环境和公共设施管理业小计	**Management of Water Conservancy, Environment and Public Facilities**	**8539**	**12517**	**412306**
水利管理业	Management of Water Conservancy	1051	1792	55094
生态保护和环境治理业	Ecological Protection and Environmental Treatment	7208	10391	348086
公共设施管理业	Management of Public Facilities	193	217	5271
居民服务、修理和其他服务业小计	**Service to Households, Repair and Other Services**	**51**	**117**	**1036**
居民服务业	Service to Households	18	10	61
机动车、电子产品和日用产品修理业	Repair of Motor Vehicles, Electronics and Household Appliances	3	6	152
其他服务业	Other Services	30	101	824
教育小计	**Education**	**1087**	**853**	**16405**
教 育	Education	1087	853	16405
卫生和社会工作小计	**Health and Social Service**	**5365**	**13154**	**277432**
卫 生	Health	5361	13148	277357
社会工作	Social Service	4	6	75
文化、体育和娱乐业小计	**Culture, Sports and Entertainment**	**740**	**1967**	**43197**
新闻和出版业	Journalism and Publishing Activities	20	48	841
广播、电视、电影和影视录音制作业	Radio, Television, Motion Picture and Videotape Programme Production Services	6	54	468
文化艺术业	Culture and Art Activities	577	1600	37238
体 育	Sports Activities	131	250	4584
娱乐业	Entertainment	6	16	67
公共管理、社会保障和社会组织小计	**Public Management,Social Security and Social Organization**	**1549**	**2543**	**64883**
中国共产党机关	Organs of Communist Party of China	112	220	4119
国家机构	Government Agencies	1278	2050	55301
人民政协、民主党派	People's Political Consultative Conference and Democratic Parties	4	7	25
社会保障	Social Security	72	192	3752
群众团体、社会团体和其他成员组织	Mass Organizations, Social Organizations and Other Membership Organizations	73	67	1578
基层群众自治组织	Grass Roots Self-government Organizations	10	8	109
国际组织小计	**International Organizations**	**14**	**16**	**364**
国际组织	International Organizations	14	16	364

3-9 按学科分组的R&D课题(2020年)
R&D Projects Taken by R&D Institutions by Discipline (2020)

学 科	Discipline	R&D课题数 (项) R&D Projects (item)	投入人员 (人年) Input of Personnel (man-year)	投入经费 (万元) Input of Funds (10 000 yuan)
全 国	**National Total**	**130089**	**395945**	**16806565**
数 学	Mathematics	587	930	873
信息科学与系统科学	Information & System Science	2136	3692	134610
力 学	Mechanics	927	957	788
物理学	Physics	5927	9674	80572
化 学	Chemistry	4790	8407	25340
天文学	Astronomy	2054	2184	1739
地球科学	Earth Science	13441	19466	35911
生物学	Biology	12459	18172	15266
心理学	Psychology	361	423	373
农 学	Agriculture	26092	43157	32941
林 学	Forestry	17958	29923	22973
畜牧、兽医科学	Livestock, Veterinary Medicine	2773	5379	4060
水产学	Aquatic	3036	4911	3608
基础医学	Basic Medicine	2325	2943	2300
临床医学	Clinic Medicine	10464	22383	16067
预防医学与公共卫生学	Protective Medicine	1296	2964	2158
军事医学与特种医学	Military Medicine & Special Medicine	3355	7802	5350
药 学	Pharmacy	970	2895	2224
中医学与中药学	Traditional Chinese Medicine	36	65	47
工程与技术科学基础学科	Engineering & Basic Technology Science	4115	27919	1301794
信息与系统科学相关工程与技术	Information and System Science,Engineering and	3185	5861	4267
	Technology Related	33428	58676	44695
自然科学相关工程与技术	Science and Technology Related Projects	1471	3191	2373
测绘科学技术	Surveying & Mapping	1822	3131	2373
材料科学	Material Science	2319	9770	180620
矿山工程技术	Mining	1544	1643	1385
冶金工程技术	Metallurgy	5371	7254	5894
机械工程	Mechanical Engineering	452	1597	79880
动力与电气工程	Power & Electrical Engineering	222	2234	217025
能源科学技术	Energy Technology	524	2427	103673
核科学技术	Nuclear Technology	1717	15833	1904439
电子与通信技术	Electronics & Communication technology	2952	56687	3734455

3-9 续表 continued

学 科	Discipline	R&D课题数 (项) R&D Projects (item)	投入人员 (人年) Input of Personnel (man-year)	投入经费 (万元) Input of Funds (10 000 yuan)
计算机科学技术	Computer Technology	686	9145	531860
化学工程	Chemical Engineering	3049	5957	4291
产品应用相关工程与技术	Engineering and Technology Related	1972	4010	3145
	Products Application	1778	1735	1437
纺织科学技术	Textile Technology	209	378	303
食品科学技术	Food Technology	18	48	39
土木建筑工程	Civil Construction	618	1341	1053
水利工程	Water Conservancy	283	959	817
交通运输工程	Transportaiton Engineering	2257	4875	170457
航空、航天科学技术	Aviation and Aerospace	3537	82890	8148214
环境科学技术及资源科学技术	Environment & Resources	1038	1864	3174
安全科学技术	Security	4747	7134	9478
管理学	Management	661	1932	1340
马克思主义	Marxism	1540	2635	2193
哲 学	Phylosophy	7413	11644	9479
宗教学	Religion	100	267	250
语言学	Linguistics	149	228	210
文 学	Literature	69	158	149
艺术学	Arts	91	133	107
历史学	History	178	336	286
考古学	Archaeology	122	387	293
经济学	Economics	482	935	766
政治学	Politics	377	1244	820
法 学	Law	2215	3240	2732
军事学	Military	578	1200	10628
社会学	Sociology	603	305	282
民族学与文化学	Ethnography & Culture	17	10	10
新闻学与传播学	Journalism	605	1243	1113
图书馆、情报与文献学	Library and Information Literature	352	1009	33228
教育学	Education	129	193	179
体育科学	Physical Science	307	700	539
统计学	Statistics	979	709	502

3-10 按来源和合作形式分研究与开发机构R&D课题(2020年)
R&D Projects of R&D Institutions by Sources and Cooperation Modality (2020)

项　目	Item	R&D课题数 (项) R&D Projects (item)	投入人员 (人年) Input of Personnel (man-year)	投入经费 (万元) Input of Funds (10 000 yuan)
总　计	**Total**	**130089**	**395945**	**24203606**
按课题来源分组	**By Sources of Topics**			
政府科技项目	Government S&T Projects	98404	321887	20954123
自选科技项目	S&T Projects Chosen by Enterprise	10776	29522	1026649
其他企业委托科技项目	S&T Projects Entrusted by Enterprise	9844	14548	675955
来自国外的科技项目	Overseas S&T Projects	684	1392	84307
其他科技项目	Others	10381	28597	1462572
按合作形式分组	**By Cooperation Modality**			
自主完成	Independent Implementation	106392	313416	19764294
与境内研究机构合作	Cooperation with Independent Research Institutes	8622	35174	2482448
与境内高等学校合作	Cooperation with Higher Education	4811	14834	523121
与境内其他企业或单位合作	Cooperation with Other Enterprise	3919	11915	532006
与境外机构合作	Cooperation with Overseas Institutes	719	1446	91349
委托其他企业或单位	Entrustment of other enterprises or units			
其他形式	Others	5626	19160	810388

3-11 按隶属关系和学科分研究与
S&T Output of R&D Institutions by

项　目	Item	发表科技论文（篇）Scientific Papers Issued (piece)	#国外发表 Published in Foreign Periodicals	出版科技著作（种）Publication on S&T (kind)
总　计	**Total**	**193947**	**77414**	**5706**
按隶属关系分组	**by Subordination**			
中央部门属	Subordinated to Central Level	129549	64090	2964
#中国科学院	Chinese Academy of Sciences	58004	44166	557
中国社会科学院	Chinese Academy of Social Sciences	5522	187	538
地方部门属	Subordinated to Local Level	64398	13324	2742
省级部门属	Provincial Level	55013	12377	2333
副省级城市部门属	Subprovincial Cities Level	2520	399	170
地市级部门属	Miniciple Level	6654	472	227
按门类学科分组	**by Subject**			
自然科学	Natural Sciences	46680	33145	639
农业科学	Agricultural Sciences	34299	8847	1148
医药科学	Medical Science	21944	8671	772
工程与技术科学	Engineering and Technological Sciences	68681	26192	1134
人文与社会科学	Humanities and Social Sciences	22343	559	2013

开发机构科技产出(2020年)
Subordination and Subject(2020)

专利申请数 (件) Patent Applications (piece)	#发明专利 Invetions	有效发明专利 (件) Patent in Force (piece)	专利所有权转让及许可数 (件) Number of Transfer and Licensing of Patent Ownership (piece)	专利所有权转让及许可收入 (万元) Revenue from Transfer and Licensing of Patent Ownership (10 000 yuan)	形成国家或行业标准数 (项) Number of National and Industrial Standard (item)
74601	**57477**	**192340**	**4645**	**151064**	**4427**
58301	48210	162940	4054	141822	3004
18090	15728	63253	2004	94336	164
		4			
16300	9267	29400	591	9242	1423
13373	7849	25860	490	8437	1135
718	472	868	51	120	102
2157	899	2635	50	685	186
11567	10014	35312	630	57574	229
10656	5996	26615	501	7945	1229
2663	1391	6455	1314	15907	281
49563	40010	123685	2195	69617	2564
152	66	273	5	21	124

3-12 按服务的国民经济行业分研究与
S&T Output of R&D Institutions by Industrial Sector

行　业	Industry	发表科技论文（篇）Scientific Papers Issued (piece)	#国外发表 Published in Foreign Periodicals
总　计	**Total**	**193947**	**77414**
农、林、牧、渔业小计	**Agriculture, Forestry, Animal Husbandry and Fishery**	**31149**	**8135**
农　业	Farming	16372	4141
林　业	Forestry	2749	553
畜牧业	Animal Husbandry	3091	969
渔　业	Fishery	2231	639
农、林、牧、渔专业及辅助性活动	Professional and Support Activities for Agriculture, Forestry, Animal Husbandry and Fishery	6706	1833
采矿业小计	**Mining**	**142**	**17**
煤炭开采和洗选业	Mining and Washing of Coal	25	
有色金属矿采选业	Mining and Processing of Non-Ferrous Metal Ores	117	17
其他采矿业	Mining of Other Ores		
制造业小计	**Manufacturing**	**6970**	**2951**
农副食品加工业	Processing of Food from Agricultural Products	807	330
食品制造业	Manufacture of Foods	31	9
酒、饮料和精制茶制造业	Manufacture of Liquor, Beverages and Refined Tea	17	3
烟草制品业	Manufacture of Tobacco		
纺织业	Manufacture of Textile	28	1
纺织服装、服饰业	Manufacture of Textile, Wearing Apparel and Accessories		
皮革、毛皮、羽毛及其制品和制鞋业	Manufacture of Leather, Fur, Feather and Related Products and Footwear	5	
木材加工和木、竹、藤、棕、草制品业	Processing of Timbers and Manufacture of Wood, Bamboo, Rattan, Palm and Straw Products	134	53
家具制造业	Manufacture of Furniture		
造纸及纸制品业	Manufacture of Paper and Paper Products	25	
印刷和记录媒介复制业	Printing and Reproduction of Recording Media	1	
文教、工美、体育和娱乐用品制造业	Manufacture of Articles for Culture, Education, Arts and Crafts, Sport and Entertainment Activities		
石油、煤炭及其他燃料加工业	Processing of Petroleum ,Coal and Other Fuels	637	455
化学原料和化学制品制造业	Manufacture of Chemical Raw Material and Chemical Products	2590	1115
医药制造业	Manufacture of Medicines		
化学纤维制造业	Manufacture of Chemical Fibers		
橡胶和塑料制品业	Manufacture of Rubber and Plastics Products	72	36
非金属矿物制品业	Manufacture of Non-metallic Mineral Products	126	4
黑色金属冶炼和压延加工业	Smelting and Pressing of Ferrous Metals	5	

开发机构科技产出(2020年)
in which the R&D Institutions Served (2020)

出版科技著作(种) Publication on S&T (kind)	专利申请数(件) Patent Applications (piece)	#发明专利 Invetions	有效发明专利(件) Patent in Force (piece)	专利所有权转让及许可数(件) Number of Transfer and Licensing of Patent Ownership (piece)	专利所有权转让及许可收入(万元) Revenue from Transfer and Licensing of Patent Ownership (10 000 yuan)	形成国家或行业标准数(项) Number of National and Industrial Standard (item)
5706	**74601**	**57477**	**192340**	**4645**	**151063.8**	**4427**
1084	**9327**	**5406**	**24560**	**435**	**7158**	**1083**
520	4844	2748	11569	217	4709	702
76	713	366	1706	6	545	64
132	920	543	2487	43	707	91
73	727	452	2804	29	211	44
283	2123	1297	5994	140	985	182
1	**82**	**62**	**192**			**2**
	17	2	34			
1	65	60	158			2
132	**3903**	**3219**	**10707**	**537**	**9215**	**275**
14	393	323	1156	13	263	23
	20	17	62	11	89	4
1	3	3	39	1	12	
1	3	2	14			2
						4
3	23	22	202	8	214	36
	4	4	1	1		
1	276	254	937	9	457	2
61	490	444	2615	54	6922	120
	27	23	75	7	61	
6	52	14	36			13
			1			

3-12 续表 1

行业	Industry	发表科技论文(篇) Scientific Papers Issued (piece)	#国外发表 Published in Foreign Periodicals
有色金属冶炼和压延加工业	Smelting and Pressing of Non-Ferrous Metals	3	
金属制品业	Manufacture of Metal Products	21	10
通用设备制造业	Manufacture of General Purpose Machinery	294	14
专用设备制造业	Manufacture of Special Purpose Machinery	1193	264
铁路、船舶、航空航天和其他运输设备制造业	Manufacture of Railway, Ships, Aerospace and Other Transport Equipments	80	71
电气机械和器材制造业	Manufacture of Electrical Machinery and Apparatus		
计算机、通信和其他电子设备制造业	Manufacture of Computer, Communication and Other Electronic Equipment	602	429
仪器仪表制造业	Manufacture of Measuring Instrument and Machinery	225	89
电力、热力、燃气及水生产和供应业小计	**Production and Supply of Electricity, Heat, Gas and Water**	**62**	**13**
电力、热力生产和供应业	Production and Supply of Electric Power and Heat Power	48	13
燃气生产和供应业	Production and Supply of Gas	14	
建筑业小计	**Construction**	**715**	**184**
房屋建筑业	Construction of Building	95	2
土木工程建筑业	Civil Engineering	526	182
建筑装饰、装修和其他建筑业	Building Decoration and Other Constructions	94	
批发和零售业小计	**Wholesale and Retail Trades**		
零售业	Retail Trade		
交通运输、仓储和邮政业小计	**Transport, Storage and Post**	**1114**	**314**
铁路运输业	Railway Transport		
道路运输业	Road Transport	746	202
水上运输业	Water Transport	234	67
航空运输业	Air Transport	134	45
邮政业	Post		
信息传输、软件和信息技术服务业小计	**Information Transmission, Software and Information Technology**	**769**	**468**
电信、广播电视和卫星传输服务	Telecommunications, Radio and Television and Satellite Transmission Services	188	102
互联网和相关服务	Internet and Related Services	5	
软件和信息技术服务业	Software and Information Technology	576	366

continued

出版科技著作(种) Publication on S&T (kind)	专利申请数(件) Patent Applications (piece)	#发明专利 Invetions	有效发明专利(件) Patent in Force (piece)	专利所有权转让及许可数(件) Number of Transfer and Licensing of Patent Ownership (piece)	专利所有权转让及许可收入(万元) Revenue from Transfer and Licensing of Patent Ownership (10 000 yuan)	形成国家或行业标准数(项) Number of National and Industrial Standard (item)
1	28	28	37			
7	80	53	101	1	3	16
26	955	576	1605	72	1158	41
	34	34	59			10
	27	17	29			
9	1219	1197	3349	333		1
2	255	195	389	27	36	3
4	**38**	**9**	**49**			**3**
2	28	4	47			3
2	10	5	2			
27	**142**	**80**	**277**			**110**
1	20	5	20			5
16	120	75	257			8
10	2					97
67	**506**	**291**	**822**	**12**	**2344**	**159**
51	347	197	485	12	2344	126
15	46	6	167			30
1	113	88	170			3
11	**558**	**511**	**2416**	**76**	**2142**	**206**
2	207	178	762	13	1534	156
	22	22	12			
9	329	311	1642	63	608	50

3-12 续表 2

行 业	Industry	发表科技论文（篇） Scientific Papers Issued (piece)	#国外发表 Published in Foreign Periodicals	出版科技著作（种） Publication on S&T (kind)
金融业小计	**Financial Intermediation**	**2**		
货币金融服务	Monetary and Financial Services	2		
租赁和商务服务业小计	**Leasing and Business Services**	**5**		
商务服务业	Business Service	5		
科学研究和技术服务业小计	**Scientific Research and Technical Service**	**124491**	**56157**	**2993**
研究和试验发展	Research and Experimental Development	111012	51860	2626
专业技术服务业	Professional Technical Services	12541	4198	330
科技推广和应用服务业	Science and Technology Popularization and Application Services	938	99	37
水利、环境和公共设施管理业小计	**Management of Water Conservancy, Environment and Public Facilities**	**6993**	**2804**	**300**
水利管理业	Management of Water Conservancy	2273	406	86
生态保护和环境治理业	Ecological Protection and Environmental Treatment	4513	2360	209
公共设施管理业	Management of Public Facilities	207	38	5
居民服务、修理和其他服务业小计	**Service to Households, Repair and Other Services**	**24**		
其他服务业	Service to Households	24		
机动车、电子产品和日用产品修理业	Repair of Motor Vehicles, Electronics and Household Appliances			
教育小计	**Education**	**1000**	**60**	**175**
教 育	Education	1000	60	175
卫生和社会工作小计	**Health and Social Service**	**16297**	**6196**	**576**
卫 生	Health	16297	6196	576
文化、体育和娱乐业小计	**Culture, Sports and Entertainment**	**1147**	**41**	**106**
新闻和出版业	Journalism and Publishing Activities			
广播、电视、电影和影视录音制作业	Radio, Television, Motion Picture and Videotape Programme Production Services	71		6
文化艺术业	Culture and Art Activities	912	23	79
体 育	Sports Activities	164	18	21
娱乐业	Entertainment			
公共管理、社会保障和社会组织小计	**Public Management,Social Security and Social Organization**	**3067**	**74**	**230**
中国共产党机关	Organs of Communist Party of China			
国家机构	Government Agencies	3049	74	228
社会保障	Social Security	18		2
群众团体、社会团体和其他成员组织	Mass Communities, Social Organizations and other Membership Organizations			

continued

专利申请数 (件) Patent Applications (piece)	#发明专利 Invetions	有效发明专利 (件) Patent in Force (piece)	专利所有权转让及许可数 (件) Number of Transfer and Licensing of Patent Ownership (piece)	专利所有权转让及许可收入 (万元) Revenue from Transfer and Licensing of Patent Ownership (10 000 yuan)	形成国家或行业标准数 (项) Number of National and Industrial Standard (item)
56874	**46538**	**146283**	**2350**	**126971**	**2276**
53913	44822	139638	2276	125576	1710
2640	1512	6297	72	1347	501
321	204	348	2	48	65
1475	**802**	**4270**	**60**	**1684**	**126**
758	304	975	17	801	39
655	465	3220	43	882	80
62	33	75			7
2	**2**	**13**			**52**
2	2	13			52
1537	**475**	**2344**	**1171**	**1531**	**93**
1537	475	2344	1171	1531	93
64	**37**	**151**	**1**	**20**	**12**
7	7	13			6
23	15	29			4
34	15	109	1	20	2
93	**45**	**256**	**3**		**30**
73	44	238			29
20	1	18	3		1

四、高等学校

Higher Education

4-1 高等学校

Basic Statistics on Higher Education for

指　　标	Item	2005	2006	2007	2008
高等学校基本情况	**Basic Statistics on Higher Education**				
学校数（个）	Number of Institutions(unit)	1792	1867	1908	2263
#理工农医	Natural Sciences & Technology	786	800	786	827
#人文社科	Social Sciences & Humanities	815	843	840	869
R&D机构（个）	R&D Institutions(unit)	3936	4154	4502	5159
研究与试验发展(R&D)投入情况	**Statistics on R&D Input**				
R&D人员（万人）	R&D Personnel(10 000 persons)	38.7	42.1	44.8	47.8
R&D人员全时当量（万人年）	Full-time Equivalent of R&D Personnel(10 000 man-year)	22.7	24.2	25.4	26.6
#基础研究	Basic Research	7.8	9.0	9.4	10.9
应用研究	Applied Research	11.1	11.3	12.0	13.7
试验发展	Experimental Development	3.9	3.9	4.0	2.0
R&D经费内部支出(亿元)	Intramural Expenditure on R&D(100 million yuan)	242.3	276.8	314.7	390.2
#基础研究	Basic Research	56.7	71.4	86.8	114.8
应用研究	Applied Research	125.0	137.3	161.8	208.9
试验发展	Experimental Development	60.6	68.2	66.1	66.5
#政府资金	Government Funds	133.1	151.5	177.7	225.5
企业资金	Self-raised Funds by Enterprises	88.9	101.2	110.3	134.9
研究与试验发展(R&D)项目(课题)情况	**Statistics on R&D Projects**				
R&D项目(课题)数(项)	R&D Projects(item)	280327	365294	375425	429096
R&D项目(课题)人员全时当量(万人年)	Participants(10 000 man-year)	22.5	26.8	25.2	26.6
R&D项目(课题)经费内部支出(亿元)	Intramural Expenditure(100 million yuan)	193.5	287.0	258.2	323.2
科技产出及成果情况	**Statistics on S&T Outputs and Results**				
发表科技论文(篇)	Scientific Papers Issued(piece)	728082	830948	905985	964877
#国外发表	Published in Foreign Periodicals	69857	90722	108727	134058
出版科技著作（种）	Publication on Science and Technology(kind)	33064	34633	35733	37541
专利申请数（件）	Number of Patent Applications(piece)	20094	24490	29860	40610
#发明专利	Inventions	14673	18059	21864	29337
专利授权数（件）	Number of Patent Granted(piece)	8843	12043	14111	19248
#发明专利	Inventions	4715	6650	8251	10216

科技活动情况
Science and technology Activities

2009	2010	2011	2012	2013	2014	2015	2016	2017	2018	2019	2020
2305	2358	2409	2442	2491	2529	2560	2596	2631	2663	2688	2738
1003	970	975	1039	1070	1356	1713	2021	2162	2211	2294	2342
954	963	997	1090	1150	1540	1814	2199	2325	2346	2376	2447
6082	7833	8630	9225	9842	10632	11732	13062	14971	16280	18379	19988
50.9	59.4	63.2	67.8	71.5	76.3	83.9	85.2	91.4	98.4	123.3	127.4
27.5	29.0	29.9	31.4	32.5	33.5	35.5	36.0	38.2	41.1	56.5	61.5
11.3	12.0	12.9	14.0	14.7	15.5	16.4	16.7	18.1	19.1	26.7	28.5
14.1	14.8	15.0	15.4	15.9	16.1	17.2	17.3	18.3	19.7	25.8	28.9
2.1	2.1	2.0	1.9	1.9	1.9	1.9	2.0	1.9	2.3	4.1	4.1
468.2	597.3	688.8	780.6	856.7	898.1	998.6	1072.2	1266.0	1457.9	1796.6	1882.5
145.5	179.9	226.7	275.7	307.6	328.6	391.0	432.5	531.1	589.9	722.2	724.8
250.0	337.0	372.4	402.7	441.3	476.4	516.3	528.4	623.1	711.5	879.3	964.2
72.6	80.3	89.8	102.2	107.8	93.1	91.3	111.4	111.8	156.5	195.1	193.5
262.2	358.8	405.1	474.1	516.9	536.5	637.3	687.8	804.5	972.3	1048.5	1128.0
171.7	198.5	242.9	260.5	289.3	302.7	301.5	310.5	360.4	387.2	471.0	666.0
476708	547717	604107	657027	711010	766731	841520	894279	966780	1076903	1188769	1288633
27.4	28.9	29.9	31.3	32.4	33.5	35.4	36.0	38.2	41.1	56.5	61.5
363.5	467.0	535.3	607.3	662.7	701.8	765.6	777.2	877.0	988.8	1154.0	1202.2
1016354	1062512	1109965	1117742	1127210	1152147	1220467	1267881	1308110	1389912	1447336	1503531
156750	182247	218301	226097	249673	278599	313698	355483	390235	459492	542557	595080
40919	38101	37472	38760	37866	39326	43136	44518	45591	44794	43331	42970
56641	72744	95592	113430	133865	149961	190351	236665	277524	320790	340685	340360
36241	44132	54362	66755	81251	93415	109911	137755	157131	191964	210885	194612
25570	37490	53055	74550	84930	85006	127329	149524	169679	193027	213163	278016
14408	18055	25064	34441	35873	39468	55021	66419	78254	79773	92394	116633

4-2 各地区高等
R&D Personnel in Higher

地　区	Region	学校数（个）Number of Institutions (unit)	从业人员（人）Employed Persons (person)	R&D人员合计（人）R&D Personnel (person)	#女性 Female	#博士毕业 Doctor
全　国	**National Total**	**2738**	**2724230**	**1273926**	**503834**	**470325**
东部地区	Eastern Region	1028	1279294	638649	245031	258934
中部地区	Middle Region	718	642506	238896	97670	79466
西部地区	Western Region	734	586719	267604	107020	84986
东北地区	Northeast Region	258	215711	128777	54113	46939
北　京	Beijing	92	176413	123428	39991	64795
天　津	Tianjin	56	55560	32239	12237	13000
河　北	Hebei	125	101595	40883	21619	9288
山　西	Shanxi	85	59660	25212	11855	7834
内 蒙 古	Inner Mongolia	54	37180	10436	5280	3054
辽　宁	Liaoning	114	93815	50468	22283	19157
吉　林	Jilin	64	59623	44308	18950	14406
黑 龙 江	Heilongjiang	80	62273	34001	12880	13376
上　海	Shanghai	63	145529	73285	23833	34577
江　苏	Jiangsu	167	172710	92192	33290	38650
浙　江	Zhejiang	109	135809	69252	29330	26203
安　徽	Anhui	120	99366	45131	16261	15427
福　建	Fujian	89	68647	43676	18457	13039
江　西	Jiangxi	105	97268	21374	8640	5909
山　东	Shandong	152	192851	72391	30866	24671
河　南	Henan	151	145124	40477	19681	10935
湖　北	Hubei	129	126755	53284	19181	22178
湖　南	Hunan	128	114333	53418	22052	17183
广　东	Guangdong	154	208132	85733	32817	33247
广　西	Guangxi	82	65486	36346	16164	8783
海　南	Hainan	21	22048	5570	2591	1464
重　庆	Chongqing	68	62573	33040	13222	12150
四　川	Sichuan	132	119259	62951	23112	20159
贵　州	Guizhou	75	37241	18315	7907	4524
云　南	Yunnan	82	52280	25194	12015	5833
西　藏	Tibet	7	2574	1360	541	268
陕　西	Shaanxi	96	111430	48585	15804	20828
甘　肃	Gansu	50	39539	15945	5803	5769
青　海	Qinghai	12	9436	1676	703	401
宁　夏	Ningxia	20	16307	3696	1741	950
新　疆	Xinjiang	56	33414	10060	4728	2267

学校R&D人员(2020年)
Education by Region (2020)

#硕士毕业 Master	#本科毕业 Undergraduate	#全时人员 Full-time Personnel	R&D人员全时当量(人年) Full-time Equivalent of R&D Personnel (man-year)	#研究人员 Researchers	基础研究 Basic Research	应用研究 Applied Research	试验发展 Experimental Development
499676	**267736**	**556610**	**614763**	**547387**	**284685**	**289497**	**40580**
237595	126611	288607	315138	282160	141464	153810	19864
99377	54289	96829	109883	95755	51338	51526	7019
109659	61780	105441	120658	106791	56847	52268	11543
53045	25056	65733	69084	62681	35036	31893	2155
33660	20784	64898	68308	62515	28989	36460	2860
12265	6505	15861	17167	15614	6947	7861	2359
21068	9796	12320	15654	14233	6653	8510	491
11105	5371	11666	11973	10131	6757	4695	522
4761	2543	3881	4487	4206	1587	2525	375
20151	9572	24596	25234	23277	12002	12429	803
19686	8782	20972	22560	19901	12433	9160	967
13208	6702	20165	21290	19502	10601	10304	385
21264	14608	46042	45288	38953	24347	17926	3015
35855	16356	40431	44771	42605	21195	19309	4266
28676	12616	23174	28851	25546	12466	15210	1176
18485	9959	22254	23928	21078	12306	10593	1028
19126	10663	17066	18997	16416	3845	14091	1061
10237	4856	7465	8461	7271	5650	2608	203
30692	15869	31739	34462	30685	16803	14823	2835
19804	8842	12193	14863	12612	6082	7167	1614
18248	11287	22994	26555	23676	9847	14170	2537
21498	13974	20257	24103	20987	10695	12294	1115
32485	17974	35620	39633	33862	19270	18650	1713
16900	9109	13063	14561	12181	7302	5680	1580
2504	1440	1456	2007	1733	948	971	88
12787	6865	9656	12644	11203	5152	6670	821
24516	13670	26345	29463	25686	11133	15201	3130
8044	5004	5146	6509	5827	3848	2380	281
10984	7929	8409	10772	8795	6730	3737	305
739	327	306	435	318	290	140	5
17301	8668	26787	27730	25864	13684	9538	4509
6153	3808	6228	7642	7163	3761	3563	319
849	416	551	731	651	326	393	11
1691	1044	1734	1824	1549	951	790	82
4934	2397	3335	3862	3350	2083	1653	126

4-3 各地区高等学校R&D

Intramural Expenditures on R&D in

单位：万元

地区	Region	R&D经费内部支出 Intramural Expenditures on R&D	基础研究 Basic Research	应用研究 Applied Research	试验发展 Experimental Development
全　国	**National Total**	**18824841**	**7248373**	**9641805**	**1934663**
东部地区	Eastern Region	10960013	4358570	5599471	1001971
中部地区	Middle Region	3449196	1281803	1748081	419312
西部地区	Western Region	2868220	1090538	1353520	424162
东北地区	Northeast Region	1547412	517462	940733	89218
北　京	Beijing	2623748	884119	1524899	214730
天　津	Tianjin	570940	261523	236886	72530
河　北	Hebei	298119	102890	185361	9869
山　西	Shanxi	176834	89885	78248	8701
内蒙古	Inner Mongolia	70423	17733	46303	6387
辽　宁	Liaoning	697832	209705	435559	52568
吉　林	Jilin	290039	136837	128178	25024
黑龙江	Heilongjiang	559542	170919	376996	11626
上　海	Shanghai	1443403	713632	607570	122202
江　苏	Jiangsu	1539591	564701	771990	202900
浙　江	Zhejiang	1036020	413243	565696	57082
安　徽	Anhui	800888	399160	334331	67397
福　建	Fujian	606206	137543	405960	62702
江　西	Jiangxi	248617	142671	86610	19336
山　东	Shandong	766611	282008	395201	89402
河　南	Henan	465416	147416	230282	87717
湖　北	Hubei	940081	256668	506813	176599
湖　南	Hunan	817361	246003	511797	59560
广　东	Guangdong	2029383	979367	882850	167166
广　西	Guangxi	190973	76886	61066	53021
海　南	Hainan	45991	19544	23059	3389
重　庆	Chongqing	485965	157338	263497	65130
四　川	Sichuan	851926	279140	455353	117432
贵　州	Guizhou	179644	86406	73501	19736
云　南	Yunnan	208031	118095	72815	17122
西　藏	Tibet	7135	4672	2302	162
陕　西	Shaanxi	616362	244731	240757	130874
甘　肃	Gansu	128091	51915	70355	5822
青　海	Qinghai	16593	5541	10445	607
宁　夏	Ningxia	62414	23262	34360	4792
新　疆	Xinjiang	50664	24819	22767	3078

经费内部支出(2020年)
Higher Education by Region (2020)

(10 000 yuan)

日常性支出 Routine Expenses	#人员劳务费 Labor Cost	资产性支出 Assets Expenditure	#仪器和设备支出 Equipment	政府资金 Government Funds	企业资金 Self-raised Funds by Enterprises	国外资金 Foreign Funds	其他资金 Other Funds
15094959	**4270093**	**3729882**	**2740369**	**11280120**	**6660054**	**65460**	**819207**
8759297	2356221	2200716	1636702	6677498	3814167	56977	411370
2705939	897860	743257	528039	2113211	1170107	2920	162957
2356707	660426	511514	350648	1628615	1039551	2739	197315
1273017	355587	274395	224979	860795	636229	2824	47565
2272462	521839	351286	274644	1688890	819604	43867	71387
452079	72724	118861	50197	266751	280397	143	23649
232674	58929	65445	56668	163483	119764	5	14868
143117	34184	33717	28046	106695	59409	64	10665
59547	13458	10876	8883	52206	11708	6	6503
600083	152701	97749	79335	314840	358037	1686	23268
241665	95791	48374	43808	188908	83675	643	16814
431269	107094	128273	101836	357048	194516	495	7483
1117604	299524	325799	209761	933803	470801	4025	34773
1228612	299145	310979	264150	801645	703198	1794	32954
873638	334931	162382	146150	602451	394605	2956	36007
550897	233401	249991	142615	513505	244005	624	42754
445688	146487	160518	101460	372029	201575	571	32031
184708	70159	63909	40592	143376	94003	152	11086
617107	157699	149504	134260	460868	271808	1343	32592
320936	71800	144480	130227	253181	162557	207	49470
833806	206979	106274	94012	596159	326295	1580	16047
672475	281338	144886	92547	500295	283838	292	32935
1481145	454605	548238	393411	1354134	544006	2270	128972
122794	39191	68179	25796	144220	30402	17	16334
38288	10340	7704	6002	33442	8408	2	4138
374558	122781	111407	69038	224156	220112	83	41614
747651	199144	104275	71732	403367	401309	1734	45516
128682	49539	50961	28177	122700	35549	20	21375
164827	41612	43205	37873	163619	22418	26	21968
6305	1357	830	830	5942	743		449
530730	131980	85632	81682	343040	242350	740	30232
106527	32006	21564	14448	69619	54242	108	4122
12172	2487	4421	3034	13610	2842		141
55339	12144	7075	7075	46554	10528		5332
47575	14726	3089	2078	39582	7346	6	3730

4-4 各地区高等学校R&D经费外部支出(2020年)
External Expenditure on R&D in Higher Education by Region (2020)

单位：万元 (10 000 yuan)

地区	Region	R&D经费外部支出 Total	对境内研究机构支出 to Domestic Research Institutions	对境内高等学校支出 to Domestic Higher Education	对境内企业支出 to Domestic Enterprises	对境外机构支出 to Foreign Institutions
全　国	**National Total**	**1632982**	**586948**	**559456**	**378745**	**94831**
东部地区	Eastern Region	1033433	354548	357064	250788	62000
中部地区	Middle Region	186309	59463	73107	50070	1541
西部地区	Western Region	226221	95346	69691	56024	3579
东北地区	Northeast Region	187020	77592	59595	21862	27710
北　京	Beijing	309119	110647	112487	74910	9019
天　津	Tianjin	44963	23403	14846	5658	919
河　北	Hebei	17171	1509	3063	11168	1195
山　西	Shanxi	4319	1015	2222	920	71
内蒙古	Inner Mongolia	7155	1620	4924	611	
辽　宁	Liaoning	56830	15551	20127	10028	11022
吉　林	Jilin	16665	6012	6924	3616	
黑龙江	Heilongjiang	113524	56029	32544	8218	16688
上　海	Shanghai	174702	71420	48652	28406	26062
江　苏	Jiangsu	146899	36915	32073	57748	19211
浙　江	Zhejiang	89824	19398	39761	24015	1427
安　徽	Anhui	18174	6874	7648	3577	3
福　建	Fujian	20116	6531	7784	5338	362
江　西	Jiangxi	4062	819	1960	819	140
山　东	Shandong	45612	11899	17158	14772	1727
河　南	Henan	7469	2465	3003	1748	113
湖　北	Hubei	103659	31521	42658	29040	59
湖　南	Hunan	48626	16768	15617	13967	1155
广　东	Guangdong	183161	72146	80660	28167	2077
广　西	Guangxi	6275	3605	1022	860	743
海　南	Hainan	1867	678	580	609	
重　庆	Chongqing	27636	11185	9334	6520	191
四　川	Sichuan	58767	14936	18625	24715	128
贵　州	Guizhou	7315	1599	2356	1537	1463
云　南	Yunnan	19075	4682	8835	4666	846
西　藏	Tibet	654	427	105	2	112
陕　西	Shaanxi	84332	51678	17486	14942	55
甘　肃	Gansu	5451	2465	2249	727	
青　海	Qinghai	480	251	224	5	
宁　夏	Ningxia	6480	1943	3044	1311	41
新　疆	Xinjiang	2600	954	1487	128	

4-5 各地区高等学校R&D课题(2020年)
R&D Projects of Higher Education by Region (2020)

地 区	Region	R&D课题数 (项) R&D Projects (item)	投入人员 (人年) Input of Personnel (man-year)	投入经费 (万元) Input of Funds (10 000 yuan)
全 国	**National Total**	**1288633**	**614618**	**12022152**
东部地区	Eastern Region	652364	315083	7042178
中部地区	Middle Region	249047	109843	1812285
西部地区	Western Region	291049	120623	2000350
东北地区	Northeast Region	96173	69069	1167339
北 京	Beijing	122153	68297	2138888
天 津	Tianjin	29370	17163	234695
河 北	Hebei	31844	15651	144339
山 西	Shanxi	19801	11972	108248
内 蒙 古	Inner Mongolia	11622	4487	54484
辽 宁	Liaoning	40174	25225	485245
吉 林	Jilin	32420	22553	187616
黑 龙 江	Heilongjiang	23579	21291	494478
上 海	Shanghai	70857	45285	972441
江 苏	Jiangsu	92294	44769	1040087
浙 江	Zhejiang	84153	28849	662332
安 徽	Anhui	46420	23922	381418
福 建	Fujian	50202	18993	253771
江 西	Jiangxi	28289	8464	128540
山 东	Shandong	65771	34462	467363
河 南	Henan	39978	14867	224227
湖 北	Hubei	56333	26536	586667
湖 南	Hunan	58226	24084	383184
广 东	Guangdong	100303	39609	1095819
广 西	Guangxi	31104	14562	142729
海 南	Hainan	5417	2007	32443
重 庆	Chongqing	33264	12634	215017
四 川	Sichuan	75043	29456	669278
贵 州	Guizhou	20528	6507	83953
云 南	Yunnan	21203	10761	111836
西 藏	Tibet	1362	435	5587
陕 西	Shaanxi	66130	27725	544571
甘 肃	Gansu	14059	7643	85657
青 海	Qinghai	1289	730	15814
宁 夏	Ningxia	5380	1823	30471
新 疆	Xinjiang	10065	3859	40953

4-6 按学科分高等学校R&D课题(2020年)
R&D Projects Taken by Higher Education by Discipline (2020)

学 科	Discipline	R&D课题数(项) R&D Projects (item)	投入人员(人年) Input of Personnel (man-year)	投入经费(万元) Input of Funds (10 000 yuan)
全 国	**National Total**	**1288633**	**614618**	**12022152**
数 学	Mathematics	15914	9674	120423
信息科学与系统科学	Information & System Science	14123	8654	252729
力 学	Mechanics	5130	3818	112355
物理学	Physics	20600	15296	447565
化 学	Chemistry	29603	19659	372214
天文学	Astronomy	670	556	9467
地球科学	Earth Science	21764	13852	395327
生物学	Biology	32105	22257	567849
心理学	Psychology	7328	2079	20598
农 学	Agriculture	25227	15028	371206
林 学	Forestry	5552	3523	69487
畜牧、兽医科学	Livestock, Veterinary Medicine	9889	5807	123141
水产学	Aquatic	3587	1730	52344
基础医学	Basic Medicine	32873	26557	319994
临床医学	Clinic Medicine	85134	77816	772785
预防医学与公共卫生学	Protective Medicine	5078	4101	83317
军事医学与特种医学	Military Medicine & Special Medicine	279	243	5077
药 学	Pharmacy	10431	7978	132191
中医学与中药学	Traditional Chinese Medicine	24745	19899	178762
工程与技术科学基础学科	Engineering & Basic Technology Science	7708	5205	159987
信息与系统科学相关工程与技术	Information and System Science-related Engineering and Technology	12371	7676	240497
自然科学相关工程与技术	Science and Technology-related Engineering and Technology	6792	4964	160088
测绘科学技术	Surveying & Mapping	3029	2285	62267
材料科学	Material Science	38419	25348	706480
矿山工程技术	Mining	8713	5319	132979
冶金工程技术	Metallurgy	3474	2514	103608
机械工程	Mechanical Engineering	39556	24680	708568
动力与电气工程	Power & Electrical Engineering	20073	13814	399439
能源科学技术	Energy Technology	8850	5767	184401
核科学技术	Nuclear Technology	1617	1264	57225
电子与通信技术	Electronics & Communication technology	37111	25448	871737
计算机科学技术	Computer Technology	41259	26261	604037
化学工程	Chemical Engineering	16003	9190	224127
产品应用相关工程与技术	Products Application-related Engineering and Technology	2536	1165	24966
纺织科学技术	Textile Technology	2827	1545	36209
食品科学技术	Food Technology	11280	6665	145363
土木建筑工程	Civil Construction	28657	17414	461292
水利工程	Water Conservancy	5098	3662	99463
交通运输工程	Transportaiton Engineering	14050	8617	248378
航空、航天科学技术	Aviation and Aerospace	7486	5351	299942
环境科学技术及资源科学技术	Environment & Resources	22371	14060	372473
安全科学技术	Security	3481	2076	51645

4-6 续表 continued

学 科	Discipline	R&D课题数(项) R&D Projects (item)	投入人员(人年) Input of Personnel (man-year)	投入经费(万元) Input of Funds (10 000 yuan)
管理学	Management	130180	32378	418036
马克思主义	Marxism	32512	7497	39244
哲 学	Phylosophy	7873	1797	14569
宗教学	Religion	1279	305	3328
语言学	Linguistics	31091	7360	37694
文 学	Literature	25327	5844	40825
艺术学	Arts	54735	12260	122315
历史学	History	13770	3110	35234
考古学	Archaeology	3650	512	23385
经济学	Economics	69336	15007	162564
政治学	Politics	12860	2751	20217
法 学	Law	32830	6565	61295
军事学	Military			
社会学	Sociology	29088	6209	62417
民族学与文化学	Ethnography & Culture	9216	2345	14573
新闻学与传播学	Journalism	15734	3074	34935
图书馆、情报与文献学	Library and Information Literature	7690	1890	12661
教育学	Education	94988	21107	110300
体育科学	Physical Science	19170	4772	32932
统计学	Statistics	4511	1022	13627
其 他	Others			

4-7 按来源和合作形式分高等学校R&D课题(2020年)
R&D Projects of Higher Education by Sources and Cooperation Modality (2020)

项 目	Item	R&D课题数(项) R&D Projects (item)	投入人员(人年) Input of Personnel (man-year)	投入经费(万元) Input of Funds (10 000 yuan)
总 计	**Total**	**1288633**	**614618**	**12022152**
按课题来源分组	**By Sources of Topics**			
本单位自选项目	S&T Projects Chosen by Enterprise	183480	57660	440655
政府部门科技项目	GovernmentS&T Projects	646084	322279	6344838
其他企业(单位)委托项目	S&T Projects Entrusted by Enterprise	321985	139190	3809828
境外项目	Overseas S&T Projects	2636	1420	53820
其他项目	Others	134448	94069	1373010
按合作形式分组	**By Cooperation Modality**			
自主完成	Independent Implementation	1029301	442512	7715344
与境内研究机构合作	Cooperation with Independent Research Institutes	31356	24768	911689
与境内高等学校合作	Cooperation with Higher Education	41402	28603	966229
与境内其他企业或单位合作	Cooperation with Other Enterprise	51930	28522	745525
与境外机构合作	Cooperation with Oversease Institutes	12688	8111	218084
其他形式	Others	121956	82103	1465280

4-8 各地区高等学校
S&T Output of Higher

地区	Region	发表科技论文(篇) Scientific Papers Issued (piece)	#国外发表 Published in Foreign Periodicals	出版科技著作(种) Publication on S&T (kind)
全国	**National Total**	**1493932**	**590419**	**43452**
东部地区	Eastern Region	740871	331664	20089
中部地区	Middle Region	296574	103058	9902
西部地区	Western Region	318000	99503	9819
东北地区	Northeast Region	138487	56194	3642
北京	Beijing	126570	57561	4445
天津	Tianjin	34443	17901	670
河北	Hebei	34938	9336	1366
山西	Shanxi	26231	7729	970
内蒙古	Inner Mongolia	13677	3021	779
辽宁	Liaoning	57833	24207	1745
吉林	Jilin	37098	14313	962
黑龙江	Heilongjiang	43556	17674	935
上海	Shanghai	100327	48595	2985
江苏	Jiangsu	146721	66482	2555
浙江	Zhejiang	60978	29045	2088
安徽	Anhui	44636	16164	1031
福建	Fujian	29919	10578	822
江西	Jiangxi	27881	8677	952
山东	Shandong	80430	36717	2372
河南	Henan	52537	13217	2382
湖北	Hubei	81914	34472	2527
湖南	Hunan	63375	22799	2040
广东	Guangdong	120957	54308	2430
广西	Guangxi	27754	6809	762
海南	Hainan	5588	1141	356
重庆	Chongqing	37183	13634	1632
四川	Sichuan	78864	28302	1869
贵州	Guizhou	21372	3272	739
云南	Yunnan	22477	4134	1055
西藏	Tibet	1126	82	22
陕西	Shaanxi	76509	32071	1921
甘肃	Gansu	17521	4179	681
青海	Qinghai	3848	1029	64
宁夏	Ningxia	6021	1093	149
新疆	Xinjiang	11648	1877	146

科技产出(2020年)
Education by Region(2020)

专利申请数(件) Patent Applications (piece)	#发明专利 Invetions	有效发明专利(件) Patent in Force (piece)	专利所有权转让及许可数(件) Number of Transfer and Licensing of Patent Ownership (piece)	专利所有权转让及许收入(万元) Revenue from Transfer and Licensing of Patent Ownership (10 000 yuan)	形成国家或行业标准数(项) Number of National and Industrial Standard (item)
340360	**194612**	**492903**	**15288**	**248323**	**1059**
172226	111505	293763	9763	162229	719
72956	35450	76747	2420	31832	187
69080	33227	77530	2393	34552	141
26098	14430	44863	712	19710	12
19575	16578	66823	943	27943	351
6875	5293	12069	327	9956	1
7378	3114	7866	480	2734	49
3792	1939	5913	267	1210	2
1638	549	1369	7	304	22
12675	5830	17735	390	9552	9
6804	3504	7850	109	8894	2
6619	5096	19278	213	1264	1
15671	12099	31493	604	21571	22
49749	30303	64877	4227	24767	41
22591	14456	39636	1472	16876	104
14536	7538	12296	600	2237	20
7782	4162	11584	175	2014	24
8178	2552	5063	190	1841	22
17130	10092	31485	885	30639	44
15765	5830	11493	358	3316	42
15616	10475	25533	677	12643	12
15069	7116	16449	328	10585	89
23378	14980	27405	640	25603	83
7973	3693	7262	180	1073	5
2097	428	525	10	126	
10513	6113	9498	508	3754	11
13550	6132	18232	374	7183	60
4183	1033	2100	31	797	3
4634	1585	5253	31	294	11
75	21	22			1
20001	12083	30057	1078	20187	19
3386	900	2079	151	428	9
597	150	154	2	5	
708	247	400	27	516	
1822	721	1104	4	11	

五、高技术产业

High-tech Industry

5-1 高技术产业生产经营情况（2020年）
Statistics on Production and Management in High-tech Industry(2020)

单位：亿元 (100 million yuan)

行业	Industry	企业数（个） Number of Enterprises (unit)	营业收入 Business Revenue	利润总额 Profits
合计	**Total**	**40194**	**174613**	**12394**
医药制造业	**Manufacture of Medicines**	**8170**	**25054**	**3693**
#化学药品制造	Manufacture of Chemical Medicine	2473	12239	1648
中成药生产	Manufacture of Finished Traditional Chinese Herbal Medicine	1540	4433	677
生物药品制品制造	Manufacture of Biopharmaceutical Products	909	2811	663
电子及通信设备制造业	**Manufacture of Electronic Equipment and Communication Equipment**	**21412**	**110086**	**6116**
#电子工业专用设备制造	Manufacture of Special Equipment for Electronic Industry	1292	1710	160
光纤光缆及锂离子电池制造	Manufacture of Optical Fiber and Cable, and Lithium Ion Battery	1561	6816	388
#锂离子电池制造	Manufacture of Lithium Ion Batteries	1233	5638	331
通信设备、雷达及配套设备制造	Manufacture of Communication Equipment, Radar and Matching Equipment	2226	41415	2010
#通信系统设备制造	Manufacture of Communication System Equipment	1038	6908	455
通信终端设备制造	Manufacture of Communication Terminal Equipment	1091	34037	1526
雷达及配套设备制造	Manufacture of Radar and Related Equipment	97	471	30
广播电视设备制造	Manufacture of Broadcasting and TV Equipment	604	1691	95
非专业视听设备制造	Manufacture of Non-professional Audio-visual Equipment	1146	7052	210
电子器件制造	Manufacture of Electronic Appliances	4761	23358	1361
#电子真空器件制造	Manufacture of Electronic Vacuum Appliances	489	1051	106
半导体分立器件制造	Manufacture of Semiconductor Discreting Appliances	423	1327	104
集成电路制造	Manufacture of Integrate Circuit	860	5411	510
光电子器件制造	Manufacture of Optoelectronic Devices	862	3476	177
电子元件及电子专用材料制造	Manufacture of Electronic Components and Electronic Specialized Materials	7347	19952	1384
#电阻电容电感元件制造	Manufacture of Resistance, Capacitance and Inductance Components	1205	2496	150
电子电路制造	Manufacture of Electronic Circuit	1540	4925	312
电子专用材料制造	Manufacture of Electronic Specialized Materials	1374	4825	371
智能消费设备制造	Manufacturing of Intelligent Consumption Equipment	1056	4936	282
其他电子设备制造	Other Electronic Equipment	1419	3156	226
计算机及办公设备制造业	**Manufacture of Computers and Office Equipments**	**2524**	**23070**	**734**
#计算机整机制造	Manufacture of Entired Computer	290	14519	214
计算机零部件制造	Manufacture of Parts and Fixture for Computer	875	3361	229
计算机外围设备制造	Manufacture of Computer Peripheral Equipment	686	2726	127
办公设备制造	Manufacture of Office Equipment	282	938	48
医疗仪器设备及仪器仪表制造业	**Manufacture of Medical Equipments and Meters**	**7256**	**11804**	**1583**
#医疗仪器设备及器械制造	Manufacture of Medical Equipment and Appliances	2369	4059	725
#医疗诊断、监护及治疗设备制造	Manufacture of Medical Diagnosis, Monitoring and Treatment Equipment	709	1665	349
医疗、外科及兽医用器械制造	Manufacture of Medical, Surgical and Veterinary Instruments	619	1099	180
通用仪器仪表制造	Manufacture of General Instruments	3237	5064	570
专用仪器仪表制造	Manufacture of Special Instruments	996	1465	166
信息化学品制造业	**Manufacture of Electronic Chemicals**	**181**	**604**	**56**

注：表5-1至表5-4的数据口径为规模以上工业企业。
Note: Statistics from table 5-1 to table 5-4 cover industrial enterprises above designated size.

5-2 各地区高技术产业生产经营情况（2020年）

Statistics on Production and Management in High-tech Industry by Region(2020)

单位：个，亿元 (unit,100 million yuan)

地　区	Region	企业数（个）Number of Enterprises (unit)	营业收入 Business Revenue	利润总额 Profits
全　国	**National Total**	**40194**	**174613**	**12394**
东部地区	Eastern Region	26646	119876	8646
中部地区	Middle Region	7875	27749	1684
西部地区	Western Region	4656	24192	1650
东北地区	Northeast Region	1017	2797	415
北　京	Beijing	884	6573	555
天　津	Tianjin	549	2937	200
河　北	Hebei	745	1712	216
山　西	Shanxi	206	1389	56
内蒙古	Inner Mongolia	105	420	24
辽　宁	Liaoning	508	1916	245
吉　林	Jilin	321	597	139
黑龙江	Heilongjiang	188	284	31
上　海	Shanghai	1195	7913	431
江　苏	Jiangsu	5973	27193	1841
浙　江	Zhejiang	3622	10138	1095
安　徽	Anhui	1702	4958	227
福　建	Fujian	1227	6243	592
江　西	Jiangxi	1779	6206	412
山　东	Shandong	1718	6741	681
河　南	Henan	1198	6472	329
湖　北	Hubei	1339	4528	254
湖　南	Hunan	1651	4196	406
广　东	Guangdong	10670	50185	3001
广　西	Guangxi	448	1438	86
海　南	Hainan	63	243	35
重　庆	Chongqing	813	6472	310
四　川	Sichuan	1576	9434	476
贵　州	Guizhou	399	975	62
云　南	Yunnan	279	1193	233
西　藏	Tibet	11	17	8
陕　西	Shaanxi	749	3430	335
甘　肃	Gansu	119	287	46
青　海	Qinghai	37	127	12
宁　夏	Ningxia	46	225	36
新　疆	Xinjiang	74	174	21

5-3 高技术产业R&D活动
Statistics on R&D Activities and

行　业	Industry	研发机构数(个) R&D Institutions (unit)
合　计	**Total**	**20185**
医药制造业	**Manufacture of Medicines**	**3756**
#化学药品制造	Manufacture of Chemical Medicine	1495
中成药生产	Manufacture of Finished Traditional Chinese Herbal Medicine	690
生物药品制品制造	Manufacture of Biopharmaceutical Products	496
电子及通信设备制造业	**Manufacture of Electronic Equipment and Communication Equipment**	**11084**
#电子工业专用设备制造	Manufacture of Special Equipment for Electronic Industry	625
光纤光缆及锂离子电池制造	Manufacture of Optical Fiber and Cable, and Lithium Ion Battery	887
#锂离子电池制造	Manufacture of Lithium Ion Batteries	689
通信设备、雷达及配套设备制造	Manufacture of Communication Equipment, Radar and Matching Equipment	1336
#通信系统设备制造	Manufacture of Communication System Equipment	634
通信终端设备制造	Manufacture of Communication Terminal Equipment	634
雷达及配套设备制造	Manufacture of Radar and Related Equipment	68
广播电视设备制造	Manufacture of Broadcasting and TV Equipment	291
非专业视听设备制造	Manufacture of Non-professional Audio-visual Equipment	611
电子器件制造	Manufacture of Electronic Appliances	2588
#电子真空器件制造	Manufacture of Electronic Vacuum Appliances	218
半导体分立器件制造	Manufacture of Semiconductor Discreting Appliances	218
集成电路制造	Manufacture of Integrate Circuit	455
光电子器件制造	Manufacture of Optoelectronic Devices	484
电子元件及电子专用材料制造	Manufacture of Electronic Components and Electronic Specialized Materials	3419
#电阻电容电感元件制造	Manufacture of Resistance, Capacitance and Inductance Components	496
电子电路制造	Manufacture of Electronic Circuit	824
电子专用材料制造	Manufacture of Electronic Specialized Materials	674
智能消费设备制造	Manufacturing of Intelligent Consumption Equipment	612
其他电子设备制造	Other Electronic Equipment	715
计算机及办公设备制造业	**Manufacture of Computers and Office Equipments**	**1382**
#计算机整机制造	Manufacture of Entired Computer	157
计算机零部件制造	Manufacture of Parts and Fixture for Computer	424
计算机外围设备制造	Manufacture of Computer Peripheral Equipment	377
办公设备制造	Manufacture of Office Equipment	153
医疗仪器设备及仪器仪表制造业	**Manufacture of Medical Equipments and Meters**	**3585**
#医疗仪器设备及器械制造	Manufacture of Medical Equipment and Appliances	1084
#医疗诊断、监护及治疗设备制造	Manufacture of Medical Diagnosis, Monitoring and Treatment Equipment	364
医疗、外科及兽医用器械制造	Manufacture of Medical, Surgical and Veterinary Instruments	272
通用仪器仪表制造	Manufacture of General Instruments	1654
专用仪器仪表制造	Manufacture of Special Instruments	548
信息化学品制造业	**Manufacture of Electronic Chemicals**	**87**

及相关情况（2020年）
Relatives in High-tech Industry(2020)

R&D人员折合全时当量（人年） Full-time Equivalent of R&D Personnel (man-year)	R&D经费内部支出（万元） Intramual Expenditure on R&D (10 000 yuan)	新产品开发项目数（项） New Products (unit)	新产品开发经费支出（万元） Expenditure on New Produts Development (10 000 yuan)
990314	**46490941**	**184487**	**61523656**
134291	**7845971**	**42145**	**8831876**
62346	3937905	18744	4418476
25417	1095088	7752	1204231
21036	1701400	6761	1946091
623993	**29329851**	**88889**	**40641200**
17863	786872	5172	967149
35380	2013930	6485	2313712
29790	1682223	5131	1954751
200114	10041551	11945	17170416
53561	2466660	5405	3639445
141828	7364195	5773	13269275
4726	210696	767	261697
12415	457352	2487	546185
27645	1294512	4410	1688182
137052	7762350	22427	9316881
8156	251824	1842	284456
6866	288206	1823	367715
38247	3392744	5081	3937505
19326	957878	4036	1214309
134614	4866144	24654	5746458
16621	564842	3632	651232
39772	1211805	5535	1516119
20622	1039751	4977	1113023
26876	1144587	5234	1552546
32035	962554	6075	1339670
67399	**2763864**	**11905**	**3440193**
16761	930309	1994	1234789
17744	568499	2785	629257
14309	467736	3106	581474
6798	212630	1134	256526
121011	**4472309**	**36385**	**5679165**
36010	1610221	12432	2142214
15113	801835	4770	1055610
9460	368107	3181	462648
53792	1772367	15810	2163270
16532	573739	5299	772381
2372	**86420**	**589**	**123586**

5-3 续表

行 业	Industry	新产品销售收入(万元) Sales Revenue of New Products (10 000 yuan)
合 计	**Total**	**685491445**
医药制造业	**Manufacture of Medicines**	**76981144**
#化学药品制造	Manufacture of Chemical Medicine	40260794
中成药生产	Manufacture of Finished Traditional Chinese Herbal Medicine	13090253
生物药品制品制造	Manufacture of Biopharmaceutical Products	9828506
电子及通信设备制造业	**Manufacture of Electronic Equipment and Communication Equipment**	**477040922**
#电子工业专用设备制造	Manufacture of Special Equipment for Electronic Industry	6544547
光纤光缆及锂离子电池制造	Manufacture of Optical Fiber and Cable, and Lithium Ion Battery	32348447
#锂离子电池制造	Manufacture of Lithium Ion Batteries	28267711
通信设备、雷达及配套设备制造	Manufacture of Communication Equipment, Radar and Matching Equipment	211568764
#通信系统设备制造	Manufacture of Communication System Equipment	36041307
通信终端设备制造	Manufacture of Communication Terminal Equipment	174397342
雷达及配套设备制造	Manufacture of Radar and Related Equipment	1130116
广播电视设备制造	Manufacture of Broadcasting and TV Equipment	6840964
非专业视听设备制造	Manufacture of Non-professional Audio-visual Equipment	29019133
电子器件制造	Manufacture of Electronic Appliances	85480093
#电子真空器件制造	Manufacture of Electronic Vacuum Appliances	3338063
半导体分立器件制造	Manufacture of Semiconductor Discreting Appliances	2802066
集成电路制造	Manufacture of Integrate Circuit	16956236
光电子器件制造	Manufacture of Optoelectronic Devices	13168357
电子元件及电子专用材料制造	Manufacture of Electronic Components and Electronic Specialized Materials	73809788
#电阻电容电感元件制造	Manufacture of Resistance, Capacitance and Inductance Components	6907090
电子电路制造	Manufacture of Electronic Circuit	21600479
电子专用材料制造	Manufacture of Electronic Specialized Materials	16094429
智能消费设备制造	Manufacturing of Intelligent Consumption Equipment	20109568
其他电子设备制造	Other Electronic Equipment	11319617
计算机及办公设备制造业	**Manufacture of Computers and Office Equipments**	**73436741**
#计算机整机制造	Manufacture of Entired Computer	46378410
计算机零部件制造	Manufacture of Parts and Fixture for Computer	11350538
计算机外围设备制造	Manufacture of Computer Peripheral Equipment	7409817
办公设备制造	Manufacture of Office Equipment	2044750
医疗仪器设备及仪器仪表制造业	**Manufacture of Medical Equipments and Meters**	**39750132**
#医疗仪器设备及器械制造	Manufacture of Medical Equipment and Appliances	12862348
#医疗诊断、监护及治疗设备制造	Manufacture of Medical Diagnosis, Monitoring and Treatment Equipment	5976485
医疗、外科及兽医用器械制造	Manufacture of Medical, Surgical and Veterinary Instruments	3291936
通用仪器仪表制造	Manufacture of General Instruments	18483814
专用仪器仪表制造	Manufacture of Special Instruments	4565752
信息化学品制造业	**Manufacture of Electronic Chemicals**	**2028247**

continued

#出口 Export	专　利 申请数 (件) Patent Applications (piece)	#发明专利 Inventions	有效发明 专利数 (件) Number of Inventions in Force (piece)	技术改造 经费支出 (万元) Expenditure for Technical Renovation (10 000 yuan)	购买境内技 术经费支出 (万元) Expenditure for Purchase of Domestic Technology (10 000 yuan)	技术引进 经费支出 (万元) Expenditure for Acquisition of Foreign Technology (10 000 yuan)	消化吸收 经费支出 (万元) Expenditure for Assimilation of Technology (10 000 yuan)
248802768	**348522**	**174641**	**570905**	**6298740**	**2519174**	**1807298**	**120794**
8891752	**29107**	**14633**	**56784**	**1077921**	**234589**	**66611**	**26209**
4878662	11755	6936	24753	660042	164937	53809	4741
146469	4730	2070	13365	133523	16324	89	165
1817962	5036	3007	9163	61610	24581	3159	21291
185325379	**230859**	**124296**	**394812**	**3865151**	**2003876**	**1624540**	**92526**
913752	9889	3667	10891	56360	447	1783	1013
6830294	15978	6780	13239	244292	56739	22380	6021
6474432	13818	5820	10153	214457	56729	20549	6021
90805764	68920	51168	197332	682278	1792190	1364183	
9042989	18479	12312	56940	67522	4915	108	
81744186	49356	38304	138576	599999	1782050	1364075	
18588	1085	552	1816	14757	5225		
2564492	4741	1466	5839	56017	2780		
11641292	9871	4113	11620	240077	25696	6446	1252
32864217	62275	36662	91900	1215203	78309	191761	9140
1250896	6533	4526	2897	90259	2164	669	
656573	2118	645	2833	50846	3297	885	
5615886	16728	12112	27809	351949	41554	163039	9131
3208736	11214	4863	12079	141916	3568	4327	
25455396	37414	13387	42782	1115473	41028	34286	748
2358825	4444	1322	4801	189483	3387	227	
10183988	7005	2309	7658	485106	14473	26682	
2294779	7814	3482	9476	132848	2770	807	
10368783	11150	3245	6997	170954	4384	3392	
3881390	10621	3808	14212	84496	2302	309	74352
46433286	**20114**	**8080**	**38091**	**388685**	**30634**	**11024**	**1747**
32346487	4190	2344	14287	228801	13620	2355	
7434038	4062	1240	3531	83272	1330	633	
4033384	5706	1862	7205	24914	10247	1509	1747
786527	2105	670	7399	8072	230	65	
7398780	**57185**	**20970**	**64260**	**354958**	**35748**	**69282**	**311**
3920932	20499	7704	25520	95773	10718	57262	217
2217913	8600	4036	11666	34066	7762	56540	186
770919	4353	1403	5414	21952	1283	48	
1954026	23835	8365	25580	169126	14885	8542	88
620768	8575	3124	7692	51264	8400	46	6
357696	**818**	**432**	**1346**	**13816**	**1133**	**324**	

5-4 各地区高技术产业R&D活动
Statistics on R&D Activities and Relatives

单位：万元

地　　区	Region	研　发 机构数 (个) R&D Institutions (unit)	R&D人员折合全时当量 (人年) Full-time Equivalent of R&D Personnel (man-year)
全　　国	**National Total**	**20185**	**990314**
东部地区	Eastern Region	15443	719760
中部地区	Middle Region	3234	161221
西部地区	Western Region	1278	89359
东北地区	Northeast Region	230	19975
北　　京	Beijing	246	23546
天　　津	Tianjin	137	12365
河　　北	Hebei	321	10919
山　　西	Shanxi	130	6502
内 蒙 古	Inner Mongolia	20	1527
辽　　宁	Liaoning	119	13636
吉　　林	Jilin	60	2928
黑 龙 江	Heilongjiang	51	3411
上　　海	Shanghai	184	26917
江　　苏	Jiangsu	3336	147662
浙　　江	Zhejiang	2212	97364
安　　徽	Anhui	995	32266
福　　建	Fujian	398	35219
江　　西	Jiangxi	884	32247
山　　东	Shandong	737	44598
河　　南	Henan	361	31951
湖　　北	Hubei	485	30942
湖　　南	Hunan	379	27314
广　　东	Guangdong	7843	320479
广　　西	Guangxi	63	2626
海　　南	Hainan	29	692
重　　庆	Chongqing	362	17339
四　　川	Sichuan	399	30781
贵　　州	Guizhou	119	7483
云　　南	Yunnan	61	5157
西　　藏	Tibet		62
陕　　西	Shaanxi	174	21005
甘　　肃	Gansu	32	1446
青　　海	Qinghai	14	293
宁　　夏	Ningxia	19	1227
新　　疆	Xinjiang	15	414

及相关情况（2020年）
in High-tech Industry by Region(2020)

(10 000 yuan)

R&D经费内部支出（万元） Intramual Expenditure on R&D (10 000 yuan)	新产品开发项目数（项） New Products (unit)	新产品开发经费支出（万元） Expenditure on New Produts Development (10 000 yuan)	新产品销售收入（万元） Sales Revenue of New Products (10 000 yuan)	#出口 Export
46490941	**184487**	**61523656**	**685491445**	**248802768**
34316037	132312	47155197	512018007	188799242
7034489	27699	8048053	114291047	44490567
4405308	19564	5317266	52065323	14866590
735108	4912	1003141	7117067	646369
1579747	6478	2467159	24875374	8780712
661557	3564	783510	9441170	3628647
585337	3112	674165	7158532	1675019
161270	1367	197834	3218403	1213176
74988	426	80283	490914	56983
506433	2561	582739	3862348	431983
124148	1175	198220	1555308	200986
104527	1176	222182	1699411	13400
2135321	5212	2628348	16057975	6925178
7429309	24208	8282994	117028401	53501037
3683426	20757	4428792	56879437	13737408
1532445	6111	1768858	24250136	7444324
2006348	5590	2086663	22575547	9140708
1130453	5886	1433841	23405434	5971932
2307305	9933	2245843	24275561	3504502
1084962	3993	971927	29156733	22912100
1912976	5112	2319967	19339297	3053060
1212382	5230	1355626	14921045	3895975
13881900	52855	23480625	233583833	87892522
82978	938	120874	1662231	1043077
45788	603	77100	142178	13509
863596	4039	940867	17178605	9974107
1633490	7652	1993962	18068055	3091736
329752	1777	372628	2439823	32159
166646	936	163084	3985534	44257
4626	34	4253		
1023769	2993	1422072	5486827	216529
100039	233	99121	816918	332308
13708	74	17420	522032	48
85474	264	87015	1316920	75386
26243	198	15688	97464	

5-4 续表

地区	Region	专利申请数(件) Patent Applications (piece)	#发明专利 Inventions
全国	**National Total**	**348522**	**174641**
东部地区	Eastern Region	266216	136190
中部地区	Middle Region	50726	22714
西部地区	Western Region	27022	13438
东北地区	Northeast Region	4558	2299
北京	Beijing	11324	7180
天津	Tianjin	4459	2315
河北	Hebei	3059	1385
山西	Shanxi	888	322
内蒙古	Inner Mongolia	438	256
辽宁	Liaoning	2937	1423
吉林	Jilin	795	465
黑龙江	Heilongjiang	826	411
上海	Shanghai	10985	6818
江苏	Jiangsu	50831	22962
浙江	Zhejiang	27058	11298
安徽	Anhui	13520	6368
福建	Fujian	12302	5491
江西	Jiangxi	8783	2435
山东	Shandong	14146	6724
河南	Henan	6721	1855
湖北	Hubei	13637	8327
湖南	Hunan	7177	3407
广东	Guangdong	131935	71947
广西	Guangxi	972	288
海南	Hainan	117	70
重庆	Chongqing	4666	2023
四川	Sichuan	12591	6823
贵州	Guizhou	1894	971
云南	Yunnan	768	257
西藏	Tibet	17	7
陕西	Shaanxi	4644	2458
甘肃	Gansu	283	97
青海	Qinghai	199	58
宁夏	Ningxia	379	130
新疆	Xinjiang	171	70

continued

有效发明专利数（件） Number of Inventions in Force (piece)	技术改造经费支出（万元） Expenditure for Technical Renovation (10 000 yuan)	购买境内技术经费支出（万元） Expenditure for Purchase of Domestic Technology (10 000 yuan)	技术引进经费支出（万元） Expenditure for Acquisition of Foreign Technology (10 000 yuan)	消化吸收经费支出（万元） Expenditure for Assimilation of Technology (10 000 yuan)
570905	**6298740**	**2519174**	**1807298**	**120794**
463615	4627063	2393266	1729665	118253
58449	794174	55789	15974	1023
39291	687802	47912	60811	1264
9550	189700	22207	848	253
31243	8989	198939	41350	1000
6731	26838	1822	70	
4464	21852	46324	514	
1365	7736	1373	38	
671	2426	33		
6432	90796	16173	686	
1489	7546	4767	74	165
1629	91359	1266	88	88
23884	86004	16191	3892	21296
62111	789566	61069	60143	79781
30818	430622	41859	45532	929
13735	330408	17196	8659	
15120	308335	95521	19435	14093
8169	180280	3879		
17307	343223	49271	18090	1110
7842	44766	11353		
18752	105098	17095	6987	1013
8586	125885	4893	289	10
271200	2608648	1880786	1540640	44
1268	9429	244	458	
737	2987	1485		
5236	41181	6057	21140	
17326	363594	32518	36288	1252
3078	104602	2304	669	
1426	6311		749	
85				
8662	154126	5146	608	12
674	544	68	900	
262	1055	1055		
284	4318			
319	217	487		

5-5 国家级高新区企业

Major Indicators of High-Technology

单位：万元

开发区	Development Area	企业数（个）Number of Enterprises (unit)	期末从业人员（人）Employed Persons (person)
合　计	**Total**	**165357**	**23835165**
中关村国家自主创新示范区	Zhongguancun Science Park	27487	2900099
天津滨海高新技术产业开发区	Tianjin Binhai High-tech Industrial Development Zone	4240	284107
石家庄高新技术产业开发区	Shijiazhuang High-tech Industrial Development Zone	1911	174057
唐山高新技术产业开发区	Tangshan High-tech Industrial Development Zone	349	17812
保定国家高新技术产业开发区	Baoding High-tech Industrial Development Zone	692	108513
承德高新技术产业开发区	Chengde High-tech Industrial Development Zone	103	15644
燕郊高新技术产业开发区	Yanjiao High-tech Industrial Development Zone	260	29446
太原高新技术产业开发区	Taiyuan High-tech Industrial Development Zone	1649	153120
长治高新技术产业开发区	Changzhi High-tech Industrial Development Zone	157	46464
呼和浩特金山高新技术产业开发区	Hohhot Jinshan High-tech Industrial Development Zone	70	76851
包头稀土高新技术产业开发区	Baotou Rare Earth High-tech Industrial Development Zone	564	99278
鄂尔多斯高新技术产业开发区	Eerduosi High-tech Industrial Development Zone	59	9067
沈阳高新技术产业开发区	Shenyang High-tech Industrial Development Zone	1080	108605
大连高新技术产业园区	Dalian High-tech Industrial Development Zone	2233	200118
鞍山高新技术产业开发区	Anshan High-tech Industrial Development Zone	419	42002
本溪高新技术产业开发区	Benxi High-tech Industrial Development Zone	90	9082
锦州高新技术产业开发区	Jinzhou High-tech Industrial Development Zone	140	22849
营口高新技术产业开发区	Yingkou High-tech Industrial Development Zone	139	22631
阜新高新技术产业开发区	Fuxin High-tech Industrial Development Zone	129	21690
辽阳高新技术产业开发区	Liaoyang High-tech Industrial Development Zone	52	31060
长春高新技术产业开发区	Changchun High-tech Industrial Development Zone	916	143483
长春净月高新技术产业开发区	Changchun Jingyue High-tech Industrial Development Zone	412	34309
吉林高新技术产业开发区	Jilin High-tech Industrial Development Zone	453	60052
通化国家医药高新技术产业开发区	Tonghua Medicine High-tech Industrial Development Zone	88	11539
延吉高新技术产业开发区	Yanji High-tech Industrial Development Zone	144	8969
哈尔滨高新技术产业开发区	Haerbin High-tech Industrial Development Zone	832	106481
齐齐哈尔高新技术产业开发区	Qiqihaer High-tech Industrial Development Zone	129	24736
大庆高新技术产业开发区	Daqing High-tech Industrial Development Zone	394	68955
上海张江高新技术产业开发区	Shanghai Zhangjiang Hi-Tech Park	11645	1661721
上海紫竹高新技术产业开发区	Shanghai Zizhu High-tech Industrial Development Zone	309	40977
南京高新技术产业开发区	Nanjing High-tech Industrial Development Zone	8004	678084
无锡国家高新技术产业开发区	Wuxi High-tech Industrial Development Zone	1412	285293
江阴高新技术产业开发区	Jiangyin High-tech Industrial Development Zone	525	96603
徐州高新技术产业开发区	Xuzhou High-tech Industrial Development Zone	273	66409
常州高新技术产业开发区	Changzhou High-tech Industrial Development Zone	1712	224600
武进国家高新技术产业开发区	Wujin High-tech Industrial Development Zone	614	157777
苏州国家高新技术产业开发区	Suzhou High-tech Industrial Development Zone	1706	229271
昆山高新技术产业开发区	Kunshan High-tech Industrial Development Zone	1088	189972
苏州工业园区	Suzhou Industrial Park	3492	307193
常熟高新技术产业开发区	Changshu High-tech Industrial Development Zone	635	82187
南通高新技术产业开发区	Nantong High-tech Industrial Development Zone	510	103093
连云港高新技术产业开发区	Lianyungang High-tech Industrial Development Zone	204	49371
淮安高新技术产业开发区	Huaian High-tech Industrial Development Zone	174	18888
盐城高新技术产业开发区	Yancheng High-tech Industrial Development Zone	419	64659
扬州高新技术产业开发区	Yangzhou High-tech Industrial Development Zone	315	38018
镇江高新技术产业开发区	Zhenjiang High-tech Industrial Development Zone	392	45295
泰州医药高新技术产业开发区	Taizhou Medical High-tech Industrial Development Zone	544	85268
宿迁高新技术产业开发区	Suqian Medicine High-tech Industrial Development Zone	210	35679
杭州高新技术产业开发区	Hangzhou High-tech Industrial Development Zone	2589	399252
萧山临江高新技术产业开发区	Xiaoshan Linjiang High-tech Industrial Development Zone	1195	201104
宁波国家高新技术产业开发区	Ningbo High-tech Industrial Development Zone	1690	304681
温州高新技术产业开发区	Wenzhou High-tech Industrial Development Zone	714	146329

主要经济指标（2020年）
Industrial Development Zone (2020)

(10 000 yuan)

营业收入 Business Revenue	#技术收入 Tech-related	#销售收入 Sales Revenue	总产值 Gross Output Value	净利润 Profits after Taxes	实缴税费 Taxes	出口额 Exports
4279980585	**588227032**	**2960233015**	**2563558309**	**304422545**	**186259498**	**447266487**
722763687	160273748	197848482	124609630	56482832	26147012	26678497
47643995	6125798	25768922	19474053	2664111	1928183	3169777
23051313	5913673	14265887	12247569	1988189	1218944	886915
1265470	81759	1061139	1130515	64371	77760	52146
20814952	398116	19414842	14448000	672774	772009	936651
1943382	111366	1770555	1516427	113708	83482	11184
5646774	203684	3748950	2849355	315110	286745	61501
33848506	1408298	31398891	19104704	787434	686186	251207
4501665	39756	4078861	3322374	186120	397163	37686
14193417	89927	13621979	4625126	884004	1278247	39944
21997952	841785	18765056	16878423	784026	567393	1118634
1438390	70662	1242818	1215850	-3764	46777	118365
14034195	5144891	5674997	4965896	553555	527099	540409
23765168	2862475	16857065	13614084	1336842	1602156	3608366
8593709	1143091	7200601	7258650	1347337	666313	385640
680405	20087	640902	602588	32453	50750	46582
2515792	27215	2281822	2110360	72072	75585	205614
5488251	59202	5231339	5475740	353457	162572	542391
2126214	52224	2025282	2044550	178016	55626	154915
7646506	373	4756684	4877367	-134850	1132545	28636
55884442	479593	48839684	49796511	4310394	3310042	317584
3518435	191994	2848252	1482328	589264	276690	94907
7499914	275954	6733758	6853227	476548	1147061	76045
1317626	844	916001	1038971	173250	85005	23414
1751153	8360	1642024	1648117	74272	911751	17177
19210414	2370659	14783009	8895668	373726	1476244	966733
3760910	26764	3558097	3811766	167255	190985	214216
15025850	489786	13453023	11110734	652544	1040980	339926
349601568	81129680	221223041	134813126	23069660	14009818	31027019
9197660	2271721	6371103	3889370	2298217	562896	573071
104328229	17538180	78735444	66955605	5667427	4809311	11307068
48002664	1383720	45487702	41358032	3696178	1926250	14879136
20075091	363105	18027711	19427404	1370018	712077	2993913
13947585	70924	13718492	10951286	1047714	644200	663956
31073773	3019543	26619824	26830011	2039602	1241438	4451660
22385132	484322	12832877	13228259	2276151	2159380	2273940
40075800	3749181	33150409	30732593	2131632	1536843	17265318
20720325	307476	19415508	19028456	1276552	1050976	6010860
60580666	6172201	50017622	50149612	4890874	2974498	21151133
12773131	223739	12159087	12397858	584312	465436	2803809
25993783	652885	24698250	14013158	2669536	1281346	3582775
7650780	122207	7296221	7810385	1513013	813070	383329
1741562	17614	1661969	1641279	27850	53196	72873
7180115	260306	4770529	3135622	243169	195915	925246
4225772	147084	3943153	4175822	258280	179536	573621
5556987	131021	5216429	4346774	125155	132499	560486
11845559	248183	11057462	12270008	728463	744510	663047
3841522	106930	3616022	3745643	245478	125994	439142
78510842	23876290	47122801	39943082	8004902	3456908	5765635
35078212	652214	31183400	29032360	1828426	1173530	4106244
55003979	4958271	39333044	39484190	5517710	3149259	8894928
12095722	271657	11488009	11875946	1512351	564881	1452776

5-5 续表 1

单位：万元

开发区	Development Area	企业数（个）Number of Enterprises (unit)	期末从业人员（人）Employed Persons (person)
嘉兴秀洲高新技术产业开发区	Jiaxing Xiuzhou High-tech Industrial Development Zone	192	66753
莫干山高新技术产业开发区	Moganshan High-tech Industrial Development Zone	346	55621
绍兴国家高新技术产业开发区	Shaoxing High-tech Industrial Development Zone	583	83705
衢州高新技术开发区	Quzhou High-tech Industrial Development Zone	331	58731
合肥高新技术产业开发区	Hefei High-tech Industrial Development Zone	2689	336904
芜湖国家高新技术产业开发区	Wuhu High-tech Industrial Development Zone	315	96422
蚌埠国家高新技术产业开发区	Bengbu High-tech Industrial Development Zone	421	84044
淮南高新技术产业开发区	Huainan High-tech Industrial Development Zone	139	17666
马鞍山慈湖高新技术产业开发区	Maanshan Cihu High-tech Industrial Development Zone	231	40368
铜陵狮子山高新技术产业开发区	Tongling Shizishan High-tech Industrial Development Zone	117	13257
福州高新技术产业开发区	Fuzhou High-tech Industrial Development Zone	490	110915
厦门火炬高技术产业开发区	Xiamen Torch High-tech Industrial Development Zone	2013	277984
莆田高新技术产业开发区	Putian High-tech Industrial Development Zone	177	59456
三明高新技术产业开发区	Sanming High-tech Industrial Development Zone	110	18327
泉州高新技术产业开发区	Quanzhou High-tech Industrial Development Zone	476	95751
漳州高新技术产业开发区	Zhangzhou High-tech Industrial Development Zone	535	82091
龙岩高新技术产业开发区	Longyan High-tech Industrial Development Zone	188	31276
南昌高新技术产业开发区	Nanchang High-tech Industrial Development Zone	731	167735
景德镇高新技术产业开发区	Jingdezhen High-tech Industrial Development Zone	292	68256
九江共青城高新技术产业开发区	Jiujiang Gongqingcheng High-tech Industrial Development Zone	236	27249
新余高新技术企业开发区	Xinyu High-tech Industrial Development Zone	281	82829
鹰潭国家高新技术产业开发区	Yingtan High-tech Industrial Development Zone	182	26101
赣州高新技术产业开发区	Ganzhou High-tech Industrial Development Zone	207	19015
吉安高新技术产业开发区	Jian High-tech Industrial Development Zone	169	41836
宜春丰城高新技术产业开发区	Yichun Fengcheng High-tech Industrial Development Zone	203	28128
抚州高新技术产业开发区	Fuzhou High-tech Industrial Development Zone	216	40337
济南高新技术产业开发区	Jinan High-tech Industrial Development Zone	1633	319650
青岛高新技术产业开发区	Qingdao High-tech Industrial Development Zone	1124	203167
淄博高新技术产业开发区	Zibo High-tech Industrial Development Zone	633	170513
枣庄高新技术产业开发区	Zaozhuang High-tech Industrial Development Zone	172	16661
黄河三角洲农业高新技术产业示范区	Huanghesanjiaozhou Agricultural High-tech Industrial Development Zone	34	3620
烟台高新技术产业开发区	Yantai High-tech Industrial Development Zone	391	58402
潍坊高新技术产业开发区	Weifang High-tech Industrial Development Zone	646	223724
济宁高新技术产业开发区	Jining High-tech Industrial Development Zone	647	170217
泰安高新技术产业开发区	Taian High-tech Industrial Development Zone	362	59509
威海火炬高技术产业开发区	Weihai Torch High-tech Industrial Development Zone	334	125337
莱芜高新技术产业开发区	Laiwu High-tech Industrial Development Zone	190	28536
临沂高新技术产业开发区	Linyi High-tech Industrial Development Zone	419	61957
德州高新技术产业开发区	Dezhou High-tech Industrial Development Zone	232	19314
郑州高新技术产业开发区	Zhengzhou High-tech Industrial Development Zone	2994	213032
洛阳高新技术产业开发区	Luoyang High-tech Industrial Development Zone	1122	205829
平顶山高新技术产业开发区	Pingdingshan High-tech Industrial Development Zone	142	29138
安阳高新技术产业开发区	Anyang High-tech Industrial Development Zone	362	75893
新乡高新技术产业开发区	Xinxiang High-tech Industrial Development Zone	331	54985
焦作高新技术产业开发区	Jiaozuo High-tech Industrial Development Zone	157	27208
南阳高新技术产业开发区	Nanyang High-tech Industrial Development Zone	220	50300
武汉东湖新技术开发区	Wuhan Donghu New Technology Development Zone	3757	604500
黄石大冶湖高新技术产业开发区	Huangshi Dazhi High-tech Industrial Development Zone	529	75106
宜昌高新技术产业开发区	Yichang High-tech Industrial Development Zone	500	148314
襄阳高新技术产业开发区	Xiangyang High-tech Industrial Development Zone	910	196959
荆门高新技术产业开发区	Jingmen High-tech Industrial Development Zone	493	97645
孝感高新技术产业开发区	Xiaogan High-tech Industrial Development Zone	553	107539
荆州高新技术产业开发区	Jingzhou High-tech Industrial Development Zone	97	12732
黄冈高新技术产业开发区	Huanggang High-tech Industrial Development Zone	560	81907
咸宁高新技术产业开发区	Xianning High-tech Industrial Development Zone	465	81658
随州高新技术产业开发区	Suizhou High-tech Industrial Development Zone	344	55083
仙桃高新技术产业开发区	Xiantao High-tech Industrial Development Zone	392	69748
潜江高新技术产业开发区	Qianjiang High-tech Industrial Development Zone	60	12385

continued

(10 000 yuan)

营业收入 Business Revenue	#技术收入 Tech-related	#销售收入 Sales Revenue	总产值 Gross Output Value	净利润 Profits after Taxes	实缴税费 Taxes	出口额 Exports
8958725	49164	7674206	6572270	1146033	332086	1723228
6670794	137442	6015465	5778182	606834	258473	1340026
10099196	189411	8920539	9008733	811480	397915	1750154
10939120	21414	10130919	10156877	665458	296434	971365
73032150	15001069	53412829	48596243	6140007	5139900	11953833
15527801	260802	14415044	13518757	831594	532134	1338601
13981068	287537	12554191	7592717	870552	881650	284884
1961542	39225	1790587	881670	192536	46380	30545
14430010	1920606	11292857	10529553	546777	382618	483768
3902158	41364	3468397	3365191	120978	73842	229335
13430373	2356818	10335151	10687487	1015702	510571	1095979
37102012	2581142	28888857	31734327	2376360	1053480	10615257
9755932	28447	6665061	6823881	453457	258730	445669
3492469	3092	3436009	4039901	110074	45232	105908
8438365	129599	7991291	9787376	531373	312694	781117
8624473	38534	8347113	8343075	750236	289992	934935
5278141	413690	4809043	5127992	370262	130544	193572
40339828	1986811	36916148	36595247	2215953	2592476	3314182
9268492	381053	8779475	8477267	242028	213140	773087
3488894	234193	3213059	3404140	321706	67445	247840
16277437	140874	16016881	15186931	943891	459416	798214
6975638	73737	6429946	6263470	425619	266678	278894
3202450	45527	3072725	2156883	194516	80091	231279
5611782	17186	5538200	5508608	470250	149900	3244526
6185866	20555	6003559	6204613	482624	466758	156749
6808019	182542	6473980	6211591	549902	286253	297959
63022962	6735733	54598762	45029558	3280739	2790749	3164572
42529178	4372379	35779416	29795051	3067244	1783522	6572055
24946237	934177	22964485	22865868	1538415	2185631	2264210
2005895	138617	1320169	800528	112555	88233	192276
3361596	2545	2885836	2295989	5685	84568	4916
7355262	361718	5785118	5020978	535677	286276	717265
47950197	353342	44458075	35340258	2333141	1198623	3782777
28591262	114819	26692020	25760247	1396151	852566	1249675
8327925	599570	6173367	6621365	578236	277230	219727
17340116	675262	16344578	13766978	1948020	752623	2763131
6476195	32603	6174830	4208482	124433	124861	322109
8635298	60043	8531450	8757231	705831	337569	348529
2477960	2885	2316716	2368581	58634	86643	217416
30969606	3314781	23963757	12243126	1447486	858686	893806
27505576	515036	25983398	22760474	847235	814750	1155878
5785847	48272	3823008	3346777	253250	182220	235532
10213243	342592	9665567	9235314	566113	772946	258358
6654878	57905	6425153	6501265	1024659	269815	520404
2805972	100863	2590214	2232709	190546	84457	135066
3653996	340909	3070009	3026120	365662	158215	255114
124052313	42409425	65295535	44061735	4455264	4213862	10459243
10118397	302520	8876217	9092089	636226	378996	304034
20403102	800685	17683665	14912098	1272099	808230	1460031
33198026	1988378	29790586	31301211	2845995	1223873	642944
14402046	345163	13010288	14397150	1011447	465596	663368
16017827	169386	15718827	13152629	844674	698879	323111
1629356	43943	1452645	1584116	93680	28105	42661
8220473	283294	7371671	7836193	455504	353771	361571
11029873	349902	10455396	11802095	1042408	265020	398283
7221605	175581	6699443	9448673	442159	184333	495483
8068626	114567	7884820	8259391	569032	375595	1521888
4316379	97487	4193149	2794130	122467	59631	74530

5-5 续表 2

单位：万元

开发区	Development Area	企业数 (个) Number of Enterprises (unit)	期末从业人员 (人) Employed Persons (person)
长沙高新技术产业开发区	Changsha High-tech Industrial Development Zone	1961	318877
株洲高新技术产业开发区	Zhuzhou High-tech Industrial Development Zone	523	173512
湘潭高新技术产业开发区	Xiangtan High-tech Industrial Development Zone	373	91855
衡阳高新技术产业开发区	Hengyang High-tech Industrial Development Zone	239	52521
常德高新技术产业开发区	Changde High-tech Industrial Development Zone	450	48288
益阳高新技术产业开发区	Yiyang High-tech Industrial Development Zone	419	53542
郴州高新技术产业开发区	Chenzhou High-tech Industrial Development Zone	125	23850
怀化高新技术产业开发区	Huaihua High-tech Industrial Development Zone	193	15330
广州高新技术产业开发区	Guangzhou High-tech Industrial Development Zone	5707	753891
深圳高新技术产业开发区	Shenzhen High-tech Industrial Development Zone	7025	1194372
珠海高新技术产业开发区	Zhuhai High-tech Industrial Development Zone	1611	275350
汕头高新技术产业开发区	Shantou High-tech Industrial Development Zone	289	28352
佛山高新技术产业开发区	Foshan High-tech Industrial Development Zone	2365	362485
江门高新技术产业开发区	Jiangmen High-tech Industrial Development Zone	715	116632
湛江高新技术产业开发区	Zhanjiang High-tech Industrial Development Zone	120	32330
茂名高新技术产业开发区	Maoming High-tech Industrial Development Zone	159	23317
肇庆高新技术产业开发区	Zhaoqing High-tech Industrial Development Zone	295	56591
惠州仲恺高新技术产业开发区	Huizhou Zhongkai High-tech Industrial Development Zone	759	205547
源城高新技术产业开发区	Yuancheng High-tech Industrial Development Zone	155	53028
清远高新技术产业开发区	Qingyuan High-tech Industrial Development Zone	222	63863
东莞松山湖高新技术产业开发区	Dongguan Songshanhu High-tech Industrial Development Zone	908	146057
中山国家高新技术产业开发区	Zhongshan High-tech Industrial Development Zone	797	155887
南宁高新技术产业开发区	Nanning High-tech Industrial Development Zone	1136	187014
柳州高新技术产业开发区	Liuzhou High-tech Industrial Development Zone	729	137716
桂林国家高新技术产业开发区	Guilin High-tech Industrial Development Zone	738	110174
北海高新技术产业开发区	Beihai High-tech Industrial Development Zone	136	52079
海口国家高新技术产业开发区	Haikou High-tech Industrial Development Zone	355	40898
重庆高新技术产业开发区	Chongqing High-tech Industrial Development Zone	1591	281509
璧山高新技术产业开发区	Bishan High-tech Industrial Development Zone	347	69862
荣昌高新技术产业开发区	Rongchang High-tech Industrial Development Zone	295	57460
永川高新技术产业开发区	Yongchuan High-tech Industrial Development Zone	318	83674
成都高新技术产业开发区	Chengdu High-tech Industrial Development Zone	3208	466361
自贡高新技术产业开发区	Zigong High-tech Industrial Development Zone	346	49455
攀枝花高新技术产业开发区	Panzhihua High-tech Industrial Development Zone	159	21307
泸州高新技术产业开发区	Luzhou High-tech Industrial Development Zone	458	53560
德阳高新技术产业开发区	Deyang High-tech Industrial Development Zone	250	41142
绵阳国家高新技术产业开发区	Mianyang High-tech Industrial Development Zone	327	119213
内江高新技术产业开发区	Neijiang High-tech Industrial Development Zone	148	19626
乐山高新技术产业开发区	Leshan High-tech Industrial Development Zone	330	53859
贵阳国家高新技术产业开发区	Guiyang High-tech Industrial Development Zone	1030	207030
安顺高新技术产业开发区	Anshun High-tech Industrial Development Zone	173	26635
昆明国家高新技术产业开发区	Kunming High-tech Industrial Development Zone	463	95566
玉溪高新技术产业开发区	Yuxi High-tech Industrial Development Zone	114	28383
楚雄高新技术产业开发区	Chuxiong High-tech Industrial Development Zone	81	10436
西安高新技术产业开发区	Xi'an High-tech Industrial Development Zone	5148	520938
宝鸡高新技术产业开发区	Baoji High-tech Industrial Development Zone	793	160655
杨凌农业高新技术产业示范区	Yangling Agricultural High-tech Industries Demonstration Zone	227	26421
咸阳高新技术产业开发区	Xianyang High-tech Industrial Development Zone	115	31116
渭南国家高新技术产业开发区	Weinan High-tech Industrial Development Zone	154	23255
榆林高新科技产业园区	Yulin High-tech Industrial Development Zone	219	52197
安康高新技术产业开发区	Ankang High-tech Industrial Development Zone	243	30005
兰州高新技术产业开发区	Lanzhou High-tech Industrial Development Zone	698	125170
白银高新技术产业开发区	Baiyin High-tech Industrial Development Zone	221	61407
青海高新技术产业开发区	Qinghai High-tech Industrial Development Zone	115	12731
银川高产业开发区	Yinchuan High-tech Industrial Development Zone	153	15651
宁夏石嘴山高新技术产业开发区	Ningxia Shizuishan High-tech Industrial Development Zone	115	15601
乌鲁木齐高新技术产业开发区	Wulumuqi High-tech Industrial Development Zone	511	234931
昌吉高新技术产业开发区	Changji High-tech Industrial Development Zone	224	12963
石河子高新技术产业开发区	Shihezi High-tech Industrial Development Zone	42	19620

continued

(10 000 yuan)

营业收入 Business Revenue	#技术收入 Tech-related	#销售收入 Sales Revenue	总产值 Gross Output Value	净利润 Profits after Taxes	实缴税费 Taxes	出口额 Exports
51702008	6106258	38858836	32698591	4993301	2245153	3293789
28908290	304314	25510298	22471531	1346237	1034776	981156
15606071	1704531	13218353	14990440	965251	493769	770345
8113187	739021	6334425	5119596	272434	195601	1042269
6644525	25917	6141893	6356959	368334	177493	73697
8974233	763078	8117998	8579719	391138	317584	482091
2911620	75845	2767960	2296741	63045	63803	673923
1376145	83359	1222258	1143501	37644	47974	23461
128312182	23425698	94471281	76917797	10374433	5649720	11765337
206838558	47800439	142880776	135568839	24135919	7052051	41927353
31844780	1433648	28730356	23548490	4570361	1349270	7604974
2571232	182220	2273367	2066950	219801	95164	336831
52153406	3112917	46342194	44336554	3784931	1997636	8759963
12973245	106666	12363649	12595651	763950	488042	3583903
11190117	137653	10504329	10601112	1196181	735217	909251
3870065	57248	3542344	3464007	215485	133607	122640
6552055	156670	6258771	6320291	309225	276293	549116
24820028	2322291	21722820	22645464	1742204	842827	9047430
5304601	95811	4761295	5303878	238338	162980	914056
8375252	213814	7410431	6779039	591573	249490	807484
58983062	534742	54024797	50716925	1839964	1358082	11105912
17613557	292390	15209571	15011913	1183344	605674	5452064
28380250	5968737	20263848	12759292	1089487	681790	4076768
27522190	3388186	21642496	21216030	550230	852306	1010829
10504853	922340	8390922	8839638	828787	574863	909121
10481593	297564	9999871	7561413	1138131	210394	1656881
9483336	1892469	3770971	3670921	243786	630894	149512
42103257	4011669	36030165	36596133	1892872	1010108	11596293
5837090	206724	5487084	5841423	404934	178125	732097
6031145	59599	5828945	6016442	577203	366389	383275
11652059	642810	10778376	11128891	1140096	730410	493341
90420845	20143501	62931590	61186558	8571538	3764151	27017186
6762323	86075	6263322	6665111	363087	243318	309227
5053762	46980	4679545	5037784	445778	170264	57690
8138215	250357	7341438	6077911	548597	284767	260706
6153336	38547	5999111	5692891	257832	168297	83386
16402520	225608	15905209	8469942	184510	334808	1964189
2974001	178257	2550233	3049817	246790	109071	155165
7908244	39705	7324063	7825982	336160	198419	343158
26903354	3830423	18789405	11509976	1440506	954243	492843
2516347	47858	2403318	3096444	80983	80746	51749
24926898	815927	16285337	14961898	1709874	930279	283628
9762855	5532	8841297	10064850	930372	5046618	33767
1953337	15470	1918365	2011920	32057	29103	6327
85143537	19524369	54874161	61278841	8033298	6682356	13219522
22938130	179618	21208267	23022650	969093	1265493	506381
2581573	444567	1726905	1419539	217687	81934	67220
6345510	298092	5750015	6331766	223288	928636	918795
4893033	26504	3064369	3749754	356049	161503	207413
11144317	147790	9445331	8070515	1665878	1429082	15178
5020536	1064364	2216012	2084374	879576	205017	84148
20265901	1700046	10393320	9251825	862583	1761622	192545
9816320	95910	9534665	5475348	191990	318449	57076
657837	52115	519424	536839	45125	42185	4746
1283118	59411	885955	763802	-17519	37044	16288
1669265	15737	1435951	1350273	100847	61103	65749
36067490	2109957	7212716	4823291	1732623	1177256	71459
2585783	68872	1684461	1386859	137989	64663	145053
5573299	14058	4043823	3781527	332749	185603	13811

六、企业创新活动

Innovation Activities of Enterprises

6-1 规模(限额)以上企业创新活动总体情况(2020年)
Enterprises above Designated Size with Innovation(2020)

项 目	Item	开展创新活动企业数(个) Number of Innovation-active Enterprises (unit)	#实现创新企业 Innovators	#同时实现四种创新企业 Enterprises with All 4 Kinds of Innovation	在全部企业中占比(%) Of Total(%) 开展创新活动企业 Innovation-active Enterprises	实现创新企业 Innovators	同时实现四种创新企业 Enterprises with All 4 Kinds of Innovation
总 计	**Total**	**379409**	**359904**	**74297**	**43.3**	**41.1**	**8.5**
一、按规模分	**by Size of Enterprises**						
大型企业	Large-sized Industrial Enterprises	16323	15690	4699	73.5	70.6	21.2
中型企业	Medium-sized Industrial Enterprises	70324	67656	14491	49.8	47.9	10.3
小型企业	Small -sized Industrial Enterprises	264294	249485	52248	46.2	43.6	9.1
微型企业	Micro-sized Industrial Enterprises	28468	27073	2859	20.3	19.3	2.0
二、按登记注册类型分	**by Status of Registration**						
内资企业	Domestic Funded	346491	329012	68249	42.7	40.5	8.4
国有企业	State-owned Enterprises	3887	3678	465	36.1	34.2	4.3
集体企业	Collective-owned Enterprises	797	761	87	21.4	20.4	2.3
股份合作企业	Cooperative Enterprises	615	580	109	35.9	33.9	6.4
联营企业	Joint Ownership Enterprises	126	115	24	37.8	34.5	7.2
有限责任公司	Limited Liability Corporations	68106	64685	12688	45.2	43.0	8.4
股份有限公司	Share-holding Corporations Ltd.	11366	10871	3555	69.2	66.2	21.6
私营企业	Private Enterprises	261519	248251	51309	41.6	39.5	8.2
其他企业	Other Enterprises	75	71	12	29.8	28.2	4.8
港、澳、台商投资企业	Enterprises with Funds from Hong Kong, Macau and Taiwan	15133	14242	3009	51.8	48.7	10.3
外商投资企业	Foreign Funded Enterprises	17785	16650	3039	51.7	48.4	8.8
三、按行业分	**by Industrial Sector**						
采矿业	Mining	3188	2905	177	29.9	27.3	1.7
制造业	Manufacturing	229747	216169	56397	61.5	57.9	15.1
电力、热力、燃气及水生产和供应业	Production and Supply of Electricity,Heat, Gas and Water	5150	4707	148	33.9	31.0	1.0
建筑业	Construction	17260	16743	2014	29.5	28.6	3.4
批发和零售业	Wholesale and Retail Trades	70721	70019	7091	25.4	25.2	2.5
交通运输、仓储和邮政业	Transport,Storage and Post	8293	8052	648	20.3	19.7	1.6
信息传输、软件和信息技术服务业	Information Transmission,Software and Information Technology	18419	16548	4351	74.9	67.3	17.7
租赁和商务服务业	Leasing and Business Services	11389	10899	1065	25.8	24.7	2.4
科学研究和技术服务业	Scientific Research and Technical Services	13305	12034	2200	53.8	48.7	8.9
水利、环境和公共设施管理业	Management of Water Conservancy, Environment and Public Facilities	1937	1828	206	34.1	32.1	3.6
四、按地区分	**by Region**						
东部地区	Eastern Region	240832	228348	46916	45.5	43.1	8.9
中部地区	Middle Region	77979	73118	16906	43.7	41.0	9.5
西部地区	Western Region	49822	48186	8878	37.4	36.2	6.7
东北地区	Northeast Region	10776	10252	1597	31.3	29.8	4.6

注：按规模分小型企业和微型企业仅包括规模(限额)以上小型企业和微型企业。6-1至6-7各表同。

Note: The classification of small enterprises and micro enterprises by size only includes small enterprises and micro enterprises above size. The tables 6-1 to 6-7 are the same.

6-1 续表 continued

项　目	Item	开展创新活动企业数(个) Number of Innovation-active Enterprises (unit)	#实现创新企　业 Innovators	#同时实现四种创新企　业 Enterprises with All 4 Kinds of Innovation	在全部企业中占比(%) Of Total(%) 开展创新活动企业 Innovation-active Enterprises	实现创新企　业 Innovators	同时实现四种创新企　业 Enterprises with All 4 Kinds of Innovation
北　京	Beijing	12368	10711	1368	42.8	37.1	4.7
天　津	Tianjin	5923	5592	886	34.0	32.1	5.1
河　北	Hebei	9875	9522	1774	39.6	38.1	7.1
山　西	Shanxi	4201	4034	557	32.3	31.0	4.3
内蒙古	Inner Mongolia	2032	1986	172	28.6	27.9	2.4
辽　宁	Liaoning	6021	5670	916	31.6	29.8	4.8
吉　林	Jilin	2130	2053	318	30.6	29.5	4.6
黑龙江	Heilongjiang	2625	2529	363	31.1	30.0	4.3
上　海	Shanghai	14259	13449	2174	36.9	34.8	5.6
江　苏	Jiangsu	49274	47299	8927	48.9	46.9	8.9
浙　江	Zhejiang	44716	42255	10003	51.4	48.6	11.5
安　徽	Anhui	16701	15626	4174	50.8	47.6	12.7
福　建	Fujian	17897	17394	3359	40.7	39.5	7.6
江　西	Jiangxi	10662	10536	3007	42.3	41.8	11.9
山　东	Shandong	27419	26533	5767	43.8	42.4	9.2
河　南	Henan	15494	15114	3153	37.0	36.1	7.5
湖　北	Hubei	14047	13214	3092	45.0	42.3	9.9
湖　南	Hunan	16874	14594	2923	49.1	42.5	8.5
广　东	Guangdong	58335	54864	12553	47.3	44.5	10.2
广　西	Guangxi	4750	4526	721	31.7	30.2	4.8
海　南	Hainan	766	729	105	32.7	31.1	4.5
重　庆	Chongqing	7354	6986	1799	42.8	40.7	10.5
四　川	Sichuan	13747	13287	2564	41.4	40.0	7.7
贵　州	Guizhou	4182	4100	799	39.4	38.6	7.5
云　南	Yunnan	4281	4188	803	39.6	38.7	7.4
西　藏	Tibet	271	257	35	37.8	35.9	4.9
陕　西	Shaanxi	7229	7027	1229	37.8	36.7	6.4
甘　肃	Gansu	1960	1903	289	36.4	35.4	5.4
青　海	Qinghai	519	517	78	33.6	33.5	5.1
宁　夏	Ningxia	1051	1046	184	42.2	42.0	7.4
新　疆	Xinjiang	2446	2363	205	24.3	23.5	2.0

6-2 规模(限额)以上企业产品和
Enterprises above Designated Size

项　目	Item	开展产品或工艺创新活动企业数(个) Number of Product or Process Innovationactive Enterprises (unit)	#实现产品或工艺创新企业 Product or Process Innovators
总　计	**Total**	**278548**	**247489**
一、按规模分	**by Size of Enterprises**		
大型企业	Large-sized Industrial Enterprises	14132	13098
中型企业	Medium-sized Industrial Enterprises	50427	45649
小型企业	Small-sized Industrial Enterprises	200573	177602
微型企业	Micro-sized Industrial Enterprises	13416	11140
二、按登记注册类型分	**by Status of Registration**		
内资企业	Domestic Funded	250836	222752
国有企业	State-owned Enterprises	2436	2103
集体企业	Collective-owned Enterprises	392	337
股份合作企业	Cooperative Enterprises	458	407
联营企业	Joint Ownership Enterprises	83	70
有限责任公司	Limited Liability Corporations	49183	43318
股份有限公司	Share-holding Corporations Ltd.	9890	9042
私营企业	Private Enterprises	188350	167436
其他企业	Other Enterprises	44	39
港、澳、台商投资企业	Enterprises with Funds from Hong Kong, Macau and Taiwan	12783	11424
外商投资企业	Foreign Funded Enterprises	14929	13313
三、按行业分	**by Industrial Sector**		
采矿业	Mining	2212	1801
制造业	Manufacturing	202509	182930
电力、热力、燃气及水生产和供应业	Production and Supply of Electricity,Heat, Gas and Water	3352	2724
建筑业	Construction	9315	8245
批发和零售业	Wholesale and Retail Trades	23671	21368
交通运输、仓储和邮政业	Transport,Storage and Post	3435	2983
信息传输、软件和信息技术服务业	Information Transmission,Software and Information Technology	16804	13565
租赁和商务服务业	Leasing and Business Services	4961	3963
科学研究和技术服务业	Scientific Research and Technical Services	11188	9008
水利、环境和公共设施管理业	Management of Water Conservancy, Environment and Public Facilities	1101	902
四、按地区分	**by Region**		
东部地区	Eastern Region	184207	164508
中部地区	Middle Region	56368	48909
西部地区	Western Region	31269	28270
东北地区	Northeast Region	6704	5802

工艺创新分布情况(2020年)
with Product or Process Innovation(2020)

#实现产品创新企业 Product Innovators	#实现工艺创新企业 Process Innovators	在全部企业中占比(%) Of Total(%)			
		开展产品或工艺创新活动企业 Product or Process Innovation-active Enterprises	#实现产品或工艺创新企业 Product or Process Innovators	#实现产品创新企业 Product Innovators	#实现工艺创新企业 Process Innovators
181299	**205084**	**31.8**	**28.3**	**20.7**	**23.4**
9851	11603	63.6	59.0	44.3	52.2
33655	38293	35.7	32.3	23.8	27.1
130951	145972	35.1	31.0	22.9	25.5
6842	9216	9.6	7.9	4.9	6.6
162697	185006	30.9	27.4	20.0	22.8
1245	1779	22.6	19.5	11.6	16.5
207	285	10.5	9.0	5.6	7.6
326	326	26.8	23.8	19.1	19.1
45	61	24.9	21.0	13.5	18.3
29983	36492	32.7	28.8	19.9	24.2
7339	7536	60.2	55.1	44.7	45.9
123527	138495	30.0	26.6	19.7	22.0
25	32	17.5	15.5	9.9	12.7
8666	9409	43.7	39.1	29.6	32.2
9936	10669	43.4	38.7	28.9	31.0
523	1715	20.8	16.9	4.9	16.1
139968	152972	54.2	49.0	37.5	41.0
539	2599	22.1	17.9	3.5	17.1
4342	7768	15.9	14.1	7.4	13.3
13569	17144	8.5	7.7	4.9	6.2
1460	2573	8.4	7.3	3.6	6.3
11306	9571	68.4	55.2	46.0	38.9
2644	2966	11.2	9.0	6.0	6.7
6406	7021	45.3	36.4	25.9	28.4
542	755	19.4	15.9	9.5	13.3
123158	133945	34.8	31.0	23.2	25.3
35146	42111	31.6	27.4	19.7	23.6
19030	24156	23.5	21.2	14.3	18.1
3965	4872	19.5	16.8	11.5	14.1

6-2 续表

项　目	Item	开展产品或工艺创新活动企业数（个）Number of Product or Process Innovationactive Enterprises (unit)	#实现产品或工艺创新企业 Product or Process Innovators
北　京	Beijing	9303	6659
天　津	Tianjin	3977	3355
河　北	Hebei	6946	6354
山　西	Shanxi	2640	2367
内蒙古	Inner Mongolia	1069	969
辽　宁	Liaoning	3974	3385
吉　林	Jilin	1278	1139
黑龙江	Heilongjiang	1452	1278
上　海	Shanghai	10131	8735
江　苏	Jiangsu	38104	34955
浙　江	Zhejiang	37848	34572
安　徽	Anhui	12367	10748
福　建	Fujian	11965	11133
江　西	Jiangxi	8149	7885
山　东	Shandong	19815	18409
河　南	Henan	9374	8672
湖　北	Hubei	10351	9116
湖　南	Hunan	13487	10121
广　东	Guangdong	45718	40013
广　西	Guangxi	2806	2434
海　南	Hainan	400	323
重　庆	Chongqing	5395	4828
四　川	Sichuan	8887	8020
贵　州	Guizhou	2638	2488
云　南	Yunnan	2724	2527
西　藏	Tibet	127	99
陕　西	Shaanxi	4289	3869
甘　肃	Gansu	1148	1038
青　海	Qinghai	315	303
宁　夏	Ningxia	770	751
新　疆	Xinjiang	1101	944

continued

#实现产品创新企业 Product Innovators	#实现工艺创新企业 Process Innovators	在全部企业中占比(%) Of Total(%) 开展产品或工艺创新活动企业 Product or Process Innovation-active Enterprises	#实现产品或工艺创新企业 Product or Process Innovators	#实现产品创新企业 Product Innovators	#实现工艺创新企业 Process Innovators
4829	4822	32.2	23.1	16.7	16.7
2373	2780	22.9	19.3	13.6	16.0
4206	5395	27.8	25.4	16.8	21.6
1312	2055	20.3	18.2	10.1	15.8
444	850	15.0	13.6	6.2	11.9
2339	2886	20.9	17.8	12.3	15.2
794	920	18.4	16.4	11.4	13.2
832	1066	17.2	15.1	9.9	12.6
6274	6814	26.2	22.6	16.2	17.6
25687	28605	37.8	34.7	25.5	28.4
28033	27503	43.5	39.8	32.2	31.6
8367	9239	37.6	32.7	25.5	28.1
7942	9158	27.2	25.3	18.1	20.8
6465	6837	32.3	31.3	25.7	27.1
12343	15915	31.7	29.4	19.7	25.4
6074	7480	22.4	20.7	14.5	17.9
6802	7675	33.2	29.2	21.8	24.6
6126	8825	39.3	29.5	17.8	25.7
31266	32679	37.1	32.4	25.4	26.5
1579	2093	18.7	16.2	10.5	14.0
205	274	17.1	13.8	8.8	11.7
3886	4069	31.4	28.1	22.6	23.7
5573	6803	26.8	24.2	16.8	20.5
1612	2186	24.8	23.4	15.2	20.6
1641	2174	25.2	23.3	15.2	20.1
60	82	17.7	13.8	8.4	11.5
2544	3308	22.4	20.2	13.3	17.3
600	879	21.3	19.3	11.1	16.3
174	255	20.4	19.6	11.3	16.5
426	658	30.9	30.2	17.1	26.4
491	799	10.9	9.4	4.9	7.9

6-3 规模(限额)以上企业产品或

Innovation Activities for Product or Process Innovation

项 目	Item	开展产品或工艺创新活动企业数(个) Number of Product or Process Innovation-active Enterprises (unit)	内部研发 In-house R&D
总 计	**Total**	**278548**	**62.6**
一、按规模分	**by Size of Enterprises**		
大型企业	Large-sized Industrial Enterprises	14132	69.8
中型企业	Medium-sized Industrial Enterprises	50427	62.6
小型企业	Small-sized Industrial Enterprises	200573	63.4
微型企业	Micro-sized Industrial Enterprises	13416	43.9
二、按登记注册类型分	**by Status of Registration**		
内资企业	Domestic Funded	250836	62.4
国有企业	State-owned Enterprises	2436	51.6
集体企业	Collective-owned Enterprises	392	44.4
股份合作企业	Cooperative Enterprises	458	61.8
联营企业	Joint Ownership Enterprises	83	50.6
有限责任公司	Limited Liability Corporations	49183	58.1
股份有限公司	Share-holding Corporations Ltd.	9890	70.8
私营企业	Private Enterprises	188350	63.2
其他企业	Other Enterprises	44	63.6
港、澳、台商投资企业	Enterprises with Funds from Hong Kong, Macau and Taiwan	12783	66.1
外商投资企业	Foreign Funded Enterprises	14929	64.1
三、按行业分	**by Industrial Sector**		
采矿业	Mining	2212	58.3
制造业	Manufacturing	202509	71.0
电力、热力、燃气及水生产和供应业	Production and Supply of Electricity,Heat, Gas and Water	3352	49.6
建筑业	Construction	9315	46.2
批发和零售业	Wholesale and Retail Trades	23671	44.8
交通运输、仓储和邮政业	Transport,Storage and Post	3435	14.6
信息传输、软件和信息技术服务业	Information Transmission,Software and Information Technology	16804	30.8
租赁和商务服务业	Leasing and Business Services	4961	16.8
科学研究和技术服务业	Scientific Research and Technical Services	11188	53.1
水利、环境和公共设施管理业	Management of Water Conservancy, Environment and Public Facilities	1101	39.5
四、按地区分	**by Region**		
东部地区	Eastern Region	184207	64.0
中部地区	Middle Region	56368	64.2
西部地区	Western Region	31269	54.5
东北地区	Northeast Region	6704	50.1

注：内部研发和外部研发数据不包括批发和零售业。

Note: Statistics on In-house R&D and External R&D do not cover the sector of wholesale and Retail Trades.

工艺创新活动类型(2020年)
in Enterprises above Designated Size(2020)

在开展产品或工艺创新活动企业中，有下列活动形式的企业占比(%) Of Product or Process Innovation-active Enterprises(%)						
外部研发 External R&D	获得机器设备和软件 Acquisition of Machinery, Equipment and Software	从外部获取相关技术 Acquisition of Other External Knowledge	相关培训 Training for Innovative Activities	市场推介 Market Introduction of Innovations	相关设计 Design	其他创新活动 Other Innovation Activities
8.7	**52.7**	**1.2**	**36.1**	**17.1**	**17.1**	**22.9**
24.5	53.6	9.1	53.7	25.9	19.4	35.2
12.9	47.8	4.2	42.6	20.3	17.5	26.2
6.7	54.8	1.8	33.7	15.8	17.1	21.4
5.9	39.2	1.6	29.0	14.5	13.1	19.3
8.6	52.4	2.5	35.7	17.1	16.9	22.3
17.5	41.9	5.0	43.8	17.2	10.3	28.5
5.6	42.9	1.0	36.5	12.8	10.5	20.4
5.2	51.1	1.1	27.3	14.8	14.6	16.8
7.2	41.0	6.3	45.8	22.9	14.5	19.3
12.8	50.4	3.9	41.8	19.3	15.8	27.5
21.4	59.0	5.4	48.6	28.2	22.9	31.8
6.7	52.7	2.0	33.3	15.9	17.0	20.4
22.7	47.7	6.7	29.5	13.6	18.2	27.3
8.3	60.0	2.6	38.5	16.9	19.3	26.9
9.9	58.6	4.2	40.7	17.4	18.6	29.9
15.8	52.0	1.1	27.9	5.2	3.1	18.0
7.7	62.9	1.6	34.9	16.5	19.4	22.5
10.6	51.3	1.5	29.4	3.3	1.9	20.2
11.5	32.4	11.2	47.5	21.8	6.4	28.1
14.1	21.4	8.6	41.4	25.2	18.8	22.8
3.8	28.6	8.4	36.0	12.9	5.8	24.7
9.8	20.0	8.3	35.5	18.0	9.6	23.6
3.7	18.4	7.4	37.0	18.3	8.9	23.0
12.0	26.5	11.5	40.2	12.8	7.7	26.0
6.8	28.6	10.5	35.2	14.1	7.3	24.4
8.3	53.0	3.6	35.7	16.9	17.8	23.7
8.8	56.3	3.0	34.5	15.8	14.8	19.4
10.4	45.8	4.0	40.4	20.3	17.7	23.9
9.6	47.5	3.5	38.6	17.9	15.1	25.7

6-3 续表

项 目	Item	开展产品或工艺创新活动企业数（个）Number of Product or Process Innovation-active Enterprises (unit)	内部研发 In-house R&D
北 京	Beijing	9303	38.3
天 津	Tianjin	3977	51.3
河 北	Hebei	6946	51.4
山 西	Shanxi	2640	42.0
内蒙古	Inner Mongolia	1069	45.7
辽 宁	Liaoning	3974	57.7
吉 林	Jilin	1278	36.1
黑龙江	Heilongjiang	1452	41.5
上 海	Shanghai	10131	45.2
江 苏	Jiangsu	38104	75.9
浙 江	Zhejiang	37848	68.7
安 徽	Anhui	12367	62.3
福 建	Fujian	11965	61.4
江 西	Jiangxi	8149	68.8
山 东	Shandong	19815	67.7
河 南	Henan	9374	66.7
湖 北	Hubei	10351	62.5
湖 南	Hunan	13487	67.0
广 东	Guangdong	45718	61.9
广 西	Guangxi	2806	40.2
海 南	Hainan	400	34.8
重 庆	Chongqing	5395	63.6
四 川	Sichuan	8887	61.4
贵 州	Guizhou	2638	57.4
云 南	Yunnan	2724	58.2
西 藏	Tibet	127	22.8
陕 西	Shaanxi	4289	45.9
甘 肃	Gansu	1148	48.1
青 海	Qinghai	315	35.6
宁 夏	Ningxia	770	61.9
新 疆	Xinjiang	1101	28.5

continued

在开展产品或工艺创新活动企业中，有下列活动形式的企业占比(%) Of Product or Process Innovation-active Enterprises(%)						
外部研发 External R&D	获得机器设备和软件 Acquisition of Machinery, Equipment and Software	从外部获取相关技术 Acquisition of Other External Knowledge	相关培训 Training for Innovative Activities	市场推介 Market Introduction of Innovations	相关设计 Design	其他创新活动 Other Innovation Activities
11.7	32.0	6.7	36.7	17.9	12.9	26.6
9.0	39.4	3.7	41.7	18.0	16.1	28.4
6.5	51.9	2.5	32.5	15.5	13.6	19.5
10.3	57.7	3.6	38.4	15.9	11.0	25.1
12.6	48.2	3.3	38.4	16.5	12.3	23.2
9.6	40.5	3.3	40.4	18.2	14.6	27.7
9.9	65.6	3.2	36.4	16.1	14.8	24.6
9.4	51.0	4.4	35.7	18.5	16.9	21.2
9.8	39.7	6.5	42.9	21.2	18.3	30.1
9.2	50.4	3.1	36.4	14.8	14.7	22.9
7.5	58.2	2.2	26.3	12.4	16.4	17.9
11.7	59.9	3.8	42.5	19.1	18.9	24.3
8.4	37.4	3.3	32.3	15.3	17.5	19.7
5.2	72.1	2.5	33.9	15.2	14.7	18.0
8.6	42.8	3.0	33.6	15.5	14.8	19.4
8.7	25.8	3.2	35.4	17.2	15.2	19.0
9.7	67.7	3.0	34.1	15.2	14.8	19.6
7.6	55.8	2.3	26.4	12.6	11.5	14.9
7.1	67.8	4.3	43.0	22.3	24.5	30.3
7.1	58.0	5.0	42.9	22.0	18.7	28.7
14.5	43.0	6.0	36.5	20.3	17.0	27.0
9.1	43.9	3.4	38.2	18.2	18.9	22.7
11.6	48.5	3.9	39.1	20.3	17.5	23.0
11.3	40.9	4.4	36.4	18.5	16.3	22.7
10.4	40.2	3.7	44.3	22.7	20.2	24.4
9.4	35.4	6.3	40.9	29.9	20.5	22.0
10.9	43.2	4.4	44.7	22.2	19.3	25.0
12.3	39.2	4.5	38.9	22.0	14.5	21.5
8.3	48.3	4.8	40.3	15.9	13.3	24.8
9.5	46.5	4.0	43.2	19.0	14.9	24.3
10.1	42.3	4.8	41.3	19.3	13.5	24.4

6-4 规模以上工业企业创
Innovation Expenditure of Industrial

项　目	Item	创新费用支出合计（亿元） Total Core Innovation Expenditure (100 Million Yuan)	1.内部研发经费支出 In-house R&D
总　计	**Total**	**24671.5**	**15271.3**
一、按规模分	**by Size of Enterprises**		
大型企业	Large-sized Industrial Enterprises	12899.8	7163.7
中型企业	Medium-sized Industrial Enterprises	5305.5	3608.6
小型企业	Small -sized Industrial Enterprises	6228.6	4378.1
微型企业	Micro-sized Industrial Enterprises	237.8	121.0
二、按登记注册类型分	**by Status of Registration**		
内资企业	Domestic Funded	19888.6	12272.7
国有企业	State-owned Enterprises	326.1	157.3
集体企业	Collective-owned Enterprises	9.1	6.8
股份合作企业	Cooperative Enterprises	11.9	8.4
联营企业	Joint Ownership Enterprises	3.2	2.8
有限责任公司	Limited Liability Corporations	7435.9	4262.5
股份有限公司	Share-holding Corporations Ltd.	3634.5	2169.3
私营企业	Private Enterprises	8447.6	5647.0
其他企业	Other Enterprises	20.7	18.7
港、澳、台商投资企业	Enterprises with Funds from Hong Kong, Macau and Taiwan	1841.5	1256.2
外商投资企业	Foreign Funded Enterprises	2941.3	1742.4
三、按行业分	**by Industrial Sector**		
采矿业	Mining	539.8	294.8
煤炭开采和洗选业	Mining and Washing of Coal	255.7	120.1
石油和天然气开采业	Extraction of Petroleum and Natural Gas	138.3	80.1
黑色金属矿采选业	Mining of Ferrous Metal Ores	29.4	18.3
有色金属矿采选业	Mining of Non-ferrous Metal Ores	42.1	22.6
非金属矿采选业	Mining and Processing of Nonmetal Ores	29.3	20.3
开采专业及辅助性活动	Mining Support Service Activities	45.0	33.4
制造业	Manufacturing	23614.4	14783.8
农副食品加工业	Processing of Food from Agricultural Products	393.4	276.6
食品制造业	Manufacture of Foods	278.6	157.3
酒、饮料和精制茶制造业	Manufacture of Liquor, Beverages and Refined Tea	153.6	89.7
烟草制品业	Manufacture of Tobacco	131.2	28.0
纺织业	Manufacture of Textile	362.5	231.4
纺织服装、服饰业	Manufacture of Textile, Apparel and Accessories	132.1	105.8
皮革、毛皮、羽毛及其制品和制鞋业	Manufacture of Leather, Fur, Feather and Related Products and Shoes	108.1	90.3

新费用支出情况(2020年)

Enterprises above Designated Size(2020)

所占比重(%) As Percentage of Total (%)	2.外部研发经费支出 External R&D	所占比重(%) As Percentage of Total (%)	3.获得机器设备和软件经费支出 Acquisition of Machinery, Equipment and Software	所占比重(%) As Percentage of Total (%)	4.从外部获取相关技术经费支出 Acquisition of Other External Knowledge	所占比重(%) As Percentage of Total (%)
61.9	**1008.5**	**4.1**	**7475.0**	**30.3**	**916.7**	**3.7**
55.5	676.1	5.2	4310.4	33.4	749.6	5.8
68.0	193.4	3.6	1399.2	26.4	104.3	2.0
70.3	131.4	2.1	1678.1	26.9	41.0	0.7
50.9	7.6	3.2	87.4	36.8	21.8	9.2
61.7	791.3	4.0	6201.4	31.2	623.2	3.1
48.2	23.6	7.2	135.4	41.5	9.8	3.0
74.7	0.3	3.3	2.0	22.0		
70.6	0.1	0.8	3.4	28.6		
87.5			0.4	12.5		
57.3	353.8	4.8	2662.5	35.8	157.1	2.1
59.7	153.1	4.2	1230.2	33.8	81.9	2.3
66.8	259.9	3.1	2166.8	25.7	373.9	4.4
90.3	0.5	2.4	1.0	4.8	0.5	2.4
68.2	59.6	3.2	494.7	26.9	31.0	1.7
59.2	157.6	5.4	778.8	26.5	262.5	8.9
54.6	30.4	5.6	211.3	39.1	3.3	0.6
47.0	14.8	5.8	118.4	46.3	2.4	0.9
57.9	11.2	8.1	46.4	33.6	0.6	0.4
62.2	1.1	3.7	9.9	33.7	0.1	0.3
53.7	1.3	3.1	18.1	43.0	0.1	0.2
69.3	0.5	1.7	8.4	28.7	0.1	0.3
74.2	1.5	3.3	10.1	22.4		
62.6	932.9	4.0	6991.7	29.6	906.0	3.8
70.3	4.4	1.1	110.5	28.1	1.9	0.5
56.5	7.4	2.7	98.8	35.5	15.1	5.4
58.4	3.5	2.3	58.0	37.8	2.4	1.6
21.3	3.8	2.9	90.0	68.6	9.4	7.2
63.8	3.3	0.9	124.4	34.3	3.4	0.9
80.1	1.5	1.1	24.1	18.2	0.7	0.5
83.5	0.8	0.7	16.9	15.6	0.1	0.1

6-4 续表 1

项　目	Item	创新费用支出合计（亿元） Total Core Innovation Expenditure (100 Million Yuan)	1.内部研发经费支出 In-house R&D
木材加工和木、竹、藤、棕、草制品业	Processing of Timbers and Manufacture of Wood,Bamboo, Rattan, Palm and Straw	88.8	67.3
家具制造业	Manufacture of Furniture	125.6	90.7
造纸和纸制品业	Manufacture of Paper and Paper Products	232.2	136.6
印刷和记录媒介复制业	Printing,Reproduction of Recording Media	137.4	93.6
文教、工美、体育和娱乐用品制造业	Manufacture of Artworks, and Articles for Culture, Education, Sports and Recreation	156.7	101.5
石油、煤炭及其他燃料加工业	Processing of Petroleum ,Coking and Processing of Nucleus Fuel	435.6	189.6
化学原料和化学制品制造业	Manufacture of Chemical Raw Material and Chemical Products	1318.4	797.2
医药制造业	Manufacture of Medicines	1162.2	784.6
化学纤维制造业	Manufacture of Chemical Fiber	161.9	132.4
橡胶和塑料制品业	Manufacture of Rubber and Plastic	646.1	444.8
非金属矿物制品业	Manufacture of Non-metallic Mineral Products	822.7	513.1
黑色金属冶炼和压延加工业	Manufacture and Processing of Ferrous Metals	1992.9	799.3
有色金属冶炼和压延加工业	Manufacture and Processing of Non-ferrous Metals	718.0	418.8
金属制品业	Manufacture of Metal Products	765.2	561.9
通用设备制造业	Manufacture of General Purpose Machinery	1311.0	977.9
专用设备制造业	Manufacture of Special Purpose Machinery	1263.2	966.0
汽车制造业	Manufacture of Motor Vehicles	2344.6	1363.4
铁路、船舶、航空航天和其他运输设备制造业	Manufacture of Railway, Ships, Aerospace and Other Transport Equipment	865.9	485.2
电气机械和器材制造业	Manufacture of Electrical Machinery and Equipment	2111.1	1567.1
计算机、通信和其他电子设备制造业	Manufacture of Computer, Communication and Other Electronic Equipment	4841.0	2915.2
仪器仪表制造业	Manufacture of Measuring Instrument and Meter	391.8	293.7
其他制造业	Other Manufacturing	85.8	48.1
废弃资源综合利用业	Waste Recycling and Recovery	52.8	38.4
金属制品、机械和设备修理业	Repaire Service of Metal Products, Machinery and Equipment	24.8	18.7
电力、热力、燃气及水生产和供应业	Production and Distribution of Electricity, Gas and Water	517.3	192.7
电力、热力生产和供应业	Production and Supply of Electric Power and Heat Power	430.8	151.8
燃气生产和供应业	Production and Distribution of Gas	41.1	23.6
水的生产和供应业	Production and Distribution of Water	45.1	17.2
四、按地区分	**by Region**		
东部地区	Eastern Region	16000.9	9968.4
中部地区	Middle Region	4765.2	3102.7
西部地区	Western Region	2986.6	1709.7
东北地区	Northeast Region	918.9	490.4

continued

所占比重 (%) As Percentage of Total (%)	2.外部研发经费支出 External R&D	所占比重 (%) As Percentage of Total (%)	3.获得机器设备和软件经费支出 Acquisition of Machinery, Equipment and Software	所占比重 (%) As Percentage of Total (%)	4.从外部获取相关技术经费支出 Acquisition of Other External Knowledge	所占比重 (%) As Percentage of Total (%)
75.8	0.3	0.3	21.0	23.6	0.2	0.2
72.2	1.9	1.5	32.6	26.0	0.4	0.3
58.8	0.6	0.3	94.3	40.6	0.7	0.3
68.1	1.0	0.7	41.6	30.3	1.2	0.9
64.8	1.8	1.1	51.6	32.9	1.8	1.1
43.5	4.7	1.1	235.0	53.9	6.3	1.4
60.5	27.4	2.1	480.4	36.4	13.4	1.0
67.5	121.9	10.5	225.6	19.4	30.1	2.6
81.8	0.9	0.6	27.7	17.1	0.9	0.6
68.8	9.8	1.5	179.6	27.8	11.9	1.8
62.4	5.8	0.7	295.4	35.9	8.4	1.0
40.1	11.6	0.6	1130.0	56.7	52.0	2.6
58.3	5.2	0.7	288.1	40.1	5.9	0.8
73.4	5.6	0.7	191.0	25.0	6.7	0.9
74.6	33.0	2.5	274.1	20.9	26.0	2.0
76.5	31.9	2.5	251.1	19.9	14.2	1.1
58.2	155.9	6.6	600.9	25.6	224.4	9.6
56.0	92.3	10.7	232.7	26.9	55.7	6.4
74.2	38.8	1.8	457.0	21.6	48.2	2.3
60.2	341.4	7.1	1224.9	25.3	359.5	7.4
75.0	11.9	3.0	82.4	21.0	3.8	1.0
56.1	3.2	3.7	33.5	39.0	1.0	1.2
72.7	1.1	2.1	13.2	25.0	0.1	0.2
75.4	0.2	0.8	5.8	23.4	0.1	0.4
37.3	45.2	8.7	272.0	52.6	7.4	1.4
35.2	44.5	10.3	227.2	52.7	7.3	1.7
57.4	0.4	1.0	17.1	41.6		
38.1	0.3	0.7	27.6	61.2		
62.3	727.7	4.5	4566.3	28.5	738.5	4.6
65.1	136.0	2.9	1478.1	31.0	48.4	1.0
57.2	99.9	3.3	1117.9	37.4	59.1	2.0
53.4	44.9	4.9	313.0	34.1	70.6	7.7

6-4 续表 2

项　目	Item	创新费用支出合计（亿元） Total Core Innovation Expenditure (100 Million Yuan)	1.内部研发经费支出 In-house R&D
北　京	Beijing	550.4	297.4
天　津	Tianjin	327.6	228.8
河　北	Hebei	740.7	485.5
山　西	Shanxi	317.0	156.2
内蒙古	Inner Mongolia	205.6	129.4
辽　宁	Liaoning	542.4	335.3
吉　林	Jilin	227.1	77.6
黑龙江	Heilongjiang	149.4	77.5
上　海	Shanghai	1217.0	635.0
江　苏	Jiangsu	3308.0	2381.7
浙　江	Zhejiang	2042.8	1395.9
安　徽	Anhui	1080.8	639.4
福　建	Fujian	863.9	666.9
江　西	Jiangxi	580.2	346.0
山　东	Shandong	1891.6	1365.6
河　南	Henan	839.8	685.6
湖　北	Hubei	964.6	611.0
湖　南	Hunan	982.8	664.5
广　东	Guangdong	5033.9	2500.0
广　西	Guangxi	382.9	113.3
海　南	Hainan	25.4	11.7
重　庆	Chongqing	528.2	372.6
四　川	Sichuan	689.5	427.6
贵　州	Guizhou	171.4	105.4
云　南	Yunnan	243.7	145.1
西　藏	Tibet	2.3	0.9
陕　西	Shaanxi	423.0	268.4
甘　肃	Gansu	116.3	52.1
青　海	Qinghai	24.8	10.4
宁　夏	Ningxia	92.9	45.3
新　疆	Xinjiang	106.3	39.2

continued

所占比重 (%) As Percentage of Total (%)	2.外部研发经费支出 External R&D	所占比重 (%) As Percentage of Total (%)	3.获得机器设备和软件经费支出 Acquisition of Machinery, Equipment and Software	所占比重 (%) As Percentage of Total (%)	4.从外部获取相关技术经费支出 Acquisition of Other External Knowledge	所占比重 (%) As Percentage of Total (%)
54.0	39.9	7.2	174.1	31.6	39.0	7.1
69.8	14.1	4.3	75.8	23.1	8.9	2.7
65.5	19.0	2.6	227.6	30.7	8.6	1.2
49.3	11.2	3.5	146.9	46.3	2.7	0.9
62.9	7.3	3.6	63.6	30.9	5.3	2.6
61.8	16.0	3.0	163.6	30.2	27.5	5.1
34.2	23.9	10.5	84.4	37.2	41.2	18.1
51.9	5.0	3.3	65.0	43.5	1.9	1.3
52.2	69.9	5.7	384.5	31.6	127.6	10.5
72.0	108.9	3.3	780.2	23.6	37.2	1.1
68.3	67.1	3.3	548.2	26.8	31.6	1.5
59.2	36.0	3.3	391.5	36.2	13.9	1.3
77.2	15.8	1.8	164.8	19.1	16.4	1.9
59.6	11.2	1.9	214.9	37.0	8.1	1.4
72.2	75.5	4.0	426.3	22.5	24.2	1.3
81.6	18.1	2.2	127.8	15.2	8.3	1.0
63.3	35.1	3.6	310.8	32.2	7.7	0.8
67.6	24.3	2.5	286.2	29.1	7.8	0.8
49.7	314.4	6.2	1774.5	35.3	445.0	8.8
29.6	6.0	1.6	260.8	68.1	2.8	0.7
46.1	3.0	11.8	10.5	41.3	0.2	0.8
70.5	13.9	2.6	122.5	23.2	19.2	3.6
62.0	25.1	3.6	226.2	32.8	10.6	1.5
61.5	7.9	4.6	56.6	33.0	1.5	0.9
59.5	5.4	2.2	84.9	34.8	8.3	3.4
39.1	0.1	4.3	1.3	56.5		
63.5	24.9	5.9	126.8	30.0	2.9	0.7
44.8	3.6	3.1	60.4	51.9	0.2	0.2
41.9	0.9	3.6	13.3	53.6	0.2	0.8
48.8	1.4	1.5	44.4	47.8	1.8	1.9
36.9	3.4	3.2	57.3	53.9	6.4	6.0

6-5 规模(限额)以上企业产品或
Cooperation for Product or Process Innovation

项　目	Item	开展创新合作的企业数 (个) Enterprises with Cooperation for Product or Process Innovation (unit)	创新合作企业占全部企业的比重 (%) Of Total (%)	集团内其他企业 Other Enterprises within the Enterprise Group	高等学校 Universities
总　计	**Total**	**187696**	**21.4**	**28.5**	**28.0**
一、按规模分	**by Size of Enterprises**				
大型企业	Large-sized Industrial Enterprises	11648	52.4	61.1	48.5
中型企业	Medium-sized Industrial Enterprises	36799	26.0	40.7	32.2
小型企业	Small-sized Industrial Enterprises	130692	22.8	22.4	25.7
微型企业	Micro-sized Industrial Enterprises	8557	6.1	26.2	17.3
二、按登记注册类型分	**by Status of Registration**				
内资企业	Domestic Funded	168971	20.8	26.5	28.5
国有企业	State-owned Enterprises	1848	17.2	52.5	39.4
集体企业	Collective-owned Enterprises	252	6.8	25.8	19.0
股份合作企业	Cooperative Enterprises	276	16.1	19.2	22.1
联营企业	Joint Ownership Enterprises	53	15.9	50.9	34.0
有限责任公司	Limited Liability Corporations	35415	23.5	46.7	34.4
股份有限公司	Share-holding Corporations Ltd.	7698	46.9	39.3	49.4
私营企业	Private Enterprises	123403	19.6	19.5	25.3
其他企业	Other Enterprises	26	10.3	38.5	50.0
港、澳、台商投资企业	Enterprises with Funds from Hong Kong, Macau and Taiwan	8418	28.8	40.4	25.1
外商投资企业	Foreign Funded Enterprises	10307	30.0	52.6	23.2
三、按行业分	**by Industrial Sector**				
采矿业	Mining	1490	14.0	37.6	34.5
制造业	Manufacturing	134865	36.1	25.0	28.9
电力、热力、燃气及水生产和供应业	Production and Supply of Electricity,Heat, Gas and Water	2227	14.7	52.0	23.5
建筑业	Construction	6885	11.8	38.2	37.3
批发和零售业	Wholesale and Retail Trades	17322	6.2	32.2	14.6
交通运输、仓储和邮政业	Transport,Storage and Post	2373	5.8	41.6	13.9
信息传输、软件和信息技术服务业	Information Transmission,Software and Information Technology	11088	45.1	41.2	27.6
租赁和商务服务业	Leasing and Business Services	3170	7.2	39.2	18.3
科学研究和技术服务业	Scientific Research and Technical Services	7538	30.5	38.9	43.9
水利、环境和公共设施管理业	Management of Water Conservancy, Environment and Public Facilities	738	13.0	35.0	35.9
四、按地区分	**by Region**				
东部地区	Eastern Region	121229	22.9	27.9	26.4
中部地区	Middle Region	38807	21.7	27.8	31.1
西部地区	Western Region	23231	17.4	32.0	29.9
东北地区	Northeast Region	4429	12.9	33.6	36.4

工艺创新合作开展情况(2020年)
in Enterprises above Designated Size(2020)

在创新合作企业中，与下列伙伴开展合作的企业占比(%) Share of Enterprises Cooperate with These Partners in Enterprises with Cooperation for Innovation(%)								
研究机构 Public Research institutes	政府部门 Government Departments	行业协会 Industry Associations	供应商 Suppliers	客户 Clients or Customers	竞争对手或同行业企业 Competitors or Other Enterprises in this Sector	市场咨询机构 Consultants	风险投资机构 Venture Capital Institutes	其他合作对象 Others
15.6	**10.1**	**19.2**	**38.7**	**44.3**	**15.4**	**13.2**	**0.7**	**15.9**
29.7	14.2	21.7	34.3	31.0	13.8	13.4	0.7	10.9
18.1	11.3	19.6	36.3	38.8	14.3	13.9	0.8	14.5
13.9	9.3	18.9	39.9	47.1	15.8	13.1	0.6	16.4
11.3	12.1	18.6	37.2	44.2	17.4	12.4	1.1	22.7
16.0	10.6	19.8	38.5	44.3	15.7	13.2	0.7	16.3
26.8	19.2	20.0	33.3	26.1	12.7	11.1	0.5	14.4
15.9	17.5	24.2	39.7	38.9	12.7	7.9	0.4	21.0
13.0	10.1	19.6	31.9	45.3	14.9	10.9	0.4	17.0
22.6	26.4	15.1	22.6	28.3	22.6	17.0	1.9	18.9
20.5	12.2	18.2	35.2	35.6	14.2	12.0	0.7	14.7
28.7	13.7	21.6	32.8	37.6	14.6	13.2	0.8	12.6
13.7	9.8	20.2	39.9	47.5	16.3	13.7	0.7	17.1
19.2	11.5	11.5	26.9	30.8	11.5	7.7		15.4
13.0	6.3	15.4	41.2	46.3	13.5	14.2	0.7	13.0
11.0	5.5	12.0	40.4	44.3	12.1	12.2	0.5	11.7
30.9	9.7	12.1	39.0	16.8	10.0	7.7	0.9	15.2
15.8	8.0	18.3	40.7	46.7	14.6	12.3	0.5	13.9
22.2	10.6	12.3	43.9	10.8	7.3	11.5	0.9	15.5
19.7	15.7	33.1	38.5	23.5	15.2	17.2	0.7	20.6
9.8	12.1	19.7	40.0	49.0	18.9	15.8	1.4	24.4
10.2	14.2	18.9	33.9	31.1	15.2	15.1	1.2	23.6
12.4	20.6	18.0	25.6	45.3	22.3	14.1	1.5	19.9
10.3	18.5	22.0	25.7	40.7	16.8	21.3	1.9	22.8
23.9	18.6	25.1	25.0	32.1	15.6	16.1	1.1	16.9
22.2	21.8	26.8	28.0	24.4	12.7	18.3	1.4	19.5
14.2	8.9	18.6	39.7	46.7	15.9	14.2	0.7	15.7
17.6	11.3	21.6	36.2	39.9	14.1	11.1	0.7	15.9
18.5	14.6	19.1	38.8	40.7	16.0	12.1	0.8	17.5
20.2	10.7	14.4	32.7	37.3	11.7	10.3	0.5	14.3

6-5 续表

项 目	Item	开展创新合作的企业数 (个) Enterprises with Cooperation for Product or Process Innovation (unit)	创新合作企业占全部企业的比重 (%) Of Total (%)	集团内其他企业 Other Enterprises within the Enterprise Group	高等学校 Universities
北 京	Beijing	5442	18.9	41.9	29.2
天 津	Tianjin	2518	14.5	39.4	28.3
河 北	Hebei	4457	17.9	25.0	28.7
山 西	Shanxi	1848	14.2	29.6	35.8
内蒙古	Inner Mongolia	800	11.2	40.0	33.5
辽 宁	Liaoning	2543	13.4	34.8	37.6
吉 林	Jilin	917	13.2	31.5	38.3
黑龙江	Heilongjiang	969	11.5	32.6	31.5
上 海	Shanghai	6744	17.4	44.0	27.7
江 苏	Jiangsu	25373	25.2	28.3	33.2
浙 江	Zhejiang	24890	28.6	19.2	20.8
安 徽	Anhui	8551	26.0	24.1	41.4
福 建	Fujian	8421	19.1	26.2	22.4
江 西	Jiangxi	5753	22.8	28.7	22.3
山 东	Shandong	13850	22.1	30.2	30.4
河 南	Henan	6855	16.4	28.7	29.5
湖 北	Hubei	7378	23.6	28.6	31.8
湖 南	Hunan	8422	24.5	29.3	26.2
广 东	Guangdong	29238	23.7	27.3	23.0
广 西	Guangxi	2019	13.5	34.4	27.8
海 南	Hainan	296	12.6	47.3	24.3
重 庆	Chongqing	3986	23.2	31.4	24.8
四 川	Sichuan	6721	20.3	29.2	31.1
贵 州	Guizhou	1988	18.7	32.8	27.0
云 南	Yunnan	1996	18.4	33.8	29.6
西 藏	Tibet	98	13.7	34.7	22.4
陕 西	Shaanxi	3129	16.4	29.5	34.6
甘 肃	Gansu	857	15.9	33.5	31.4
青 海	Qinghai	248	16.1	43.1	31.5
宁 夏	Ningxia	591	23.8	33.2	38.7
新 疆	Xinjiang	798	7.9	41.6	29.6

continued

在创新合作企业中，与下列伙伴开展合作的企业占比(%) Share of Enterprises Cooperate with These Partners in Enterprises with Cooperation for Innovation(%)								
研究机构 Public Research Institutes	政府部门 Government Departments	行业协会 Industry Associations	供应商 Suppliers	客户 Clients or Customers	竞争对手或同行业企业 Competitors or Other Enterprises in this Sector	市场咨询机构 Consultants	风险投资机构 Venture Capital Institutes	其他合作对象 Others
20.0	14.0	18.8	31.5	41.3	16.4	13.5	1.0	14.1
14.5	9.4	15.9	39.6	42.5	14.3	13.0	0.6	12.0
17.8	11.0	18.2	36.2	38.5	12.8	9.6	0.4	15.1
20.7	9.8	13.3	34.8	29.5	12.4	9.2	0.3	16.8
22.9	14.6	13.0	32.5	24.3	12.9	11.1	0.4	16.3
18.6	8.5	14.9	32.1	39.3	11.4	11.0	0.4	12.2
22.6	13.4	14.1	32.5	35.4	10.4	7.3	0.8	14.7
22.3	13.7	13.5	34.3	33.6	13.8	11.2	0.4	19.4
14.1	9.6	19.0	40.5	44.8	16.2	15.9	1.1	14.8
15.3	9.0	18.4	37.0	44.0	14.4	12.0	0.7	13.9
11.0	7.6	18.1	38.1	51.5	15.8	16.3	0.4	15.5
19.9	10.4	21.3	37.6	43.2	14.0	14.3	0.6	15.6
14.3	9.5	19.5	39.3	44.6	15.7	12.6	0.7	19.9
16.6	12.9	20.4	37.3	40.7	14.2	12.6	0.7	18.5
18.2	10.7	18.4	35.6	40.6	12.5	10.8	0.5	14.5
17.7	9.8	20.3	35.8	38.0	14.7	10.8	0.6	13.5
16.0	11.8	21.5	36.4	42.5	14.6	9.3	0.9	16.9
16.9	12.0	25.5	34.6	37.4	13.5	9.2	0.6	15.4
12.3	7.6	19.3	47.4	51.8	19.3	17.1	1.0	17.7
15.9	15.5	17.0	41.3	40.7	16.0	14.3	0.8	20.9
22.0	12.2	16.6	29.1	32.4	18.9	16.9	0.7	27.4
14.6	12.3	21.2	42.1	48.0	16.5	11.4	0.6	15.5
17.2	13.0	21.9	36.6	41.2	16.6	11.6	0.8	16.7
20.3	16.1	15.8	42.4	35.7	14.7	13.0	0.9	22.1
21.1	16.3	17.2	42.2	42.0	16.0	14.7	0.7	18.6
21.4	28.6	13.3	29.6	41.8	18.4	12.2	1.0	25.5
20.1	14.8	19.5	36.8	42.7	15.9	10.7	0.9	17.1
24.4	18.6	17.9	40.6	35.9	15.9	11.2	1.2	17.7
27.4	26.2	13.3	28.6	27.8	14.5	12.5	0.4	10.9
23.9	17.1	12.5	33.2	30.1	16.9	15.4	0.5	14.2
20.8	16.7	17.3	37.3	33.3	14.7	11.3	0.8	18.7

6-6 规模(限额)以上企业组织和

Enterprises above Designated Size with

项　目	Item	实现组织或营销创新企业数(个) Number of Organizational or Marketing Innovators (unit)
总　计	**Total**	**282960**
一、按规模分	**by Size of Enterprises**	
大型企业	Large-sized Industrial Enterprises	12459
中型企业	Medium-sized Industrial Enterprises	55259
小型企业	Small -sized Industrial Enterprises	191608
微型企业	Micro-sized Industrial Enterprises	23634
二、按登记注册类型分	**by Status of Registration**	
内资企业	Domestic Funded	261558
国有企业	State-owned Enterprises	3020
集体企业	Collective-owned Enterprises	652
股份合作企业	Cooperative Enterprises	408
联营企业	Joint Ownership Enterprises	100
有限责任公司	Limited Liability Corporations	52711
股份有限公司	Share-holding Corporations Ltd.	8751
私营企业	Private Enterprises	195855
其他企业	Other Enterprises	61
港、澳、台商投资企业	Enterprises with Funds from Hong Kong, Macau and Taiwan	10065
外商投资企业	Foreign Funded Enterprises	11337
三、按行业分	**by Industrial Sector**	
采矿业	Mining	2089
制造业	Manufacturing	155458
电力、热力、燃气及水生产和供应业	Production and Supply of Electricity,Heat, Gas and Water	3435
建筑业	Construction	14595
批发和零售业	Wholesale and Retail Trades	66607
交通运输、仓储和邮政业	Transport,Storage and Post	7214
信息传输、软件和信息技术服务业	Information Transmission,Software and Information Technology	13038
租赁和商务服务业	Leasing and Business Services	9929
科学研究和技术服务业	Scientific Research and Technical Services	9047
水利、环境和公共设施管理业	Management of Water Conservancy, Environment and Public Facilities	1548
四、按地区分	**by Region**	
东部地区	Eastern Region	173460
中部地区	Middle Region	59441
西部地区	Western Region	41476
东北地区	Northeast Region	8583

营销创新情况(2020年)
Organizational or Marketing Innovation(2020)

#实现组织创新企业 Organizational Innovators	#实现营销创新企业 Marketing Innovators	在全部企业中占比(%) Of Total(%) 实现组织或营销创新企业 Organizational or Marketing Innovators	#实现组织创新企业 Organizational Innovators	#实现营销创新企业 Marketing Innovators
223824	**208682**	**32.3**	**25.6**	**23.8**
10726	8618	56.1	48.3	38.8
44903	38950	39.1	31.8	27.6
150168	144303	33.5	26.2	25.2
18027	16811	16.8	12.8	12.0
207571	193312	32.2	25.6	23.8
2610	1648	28.1	24.3	15.3
521	402	17.5	14.0	10.8
319	306	23.8	18.6	17.9
81	74	30.0	24.3	22.2
43534	35502	35.0	28.9	23.6
7373	6665	53.3	44.9	40.6
153083	148668	31.2	24.4	23.6
50	47	24.2	19.8	18.7
7618	7448	34.4	26.1	25.5
8635	7922	33.0	25.1	23.0
1842	1087	19.6	17.3	10.2
122376	122833	41.6	32.8	32.9
3095	1378	22.6	20.4	9.1
13706	6128	24.9	23.4	10.5
47680	52229	23.9	17.1	18.8
6387	3535	17.7	15.7	8.7
11169	9451	53.0	45.4	38.4
8167	6128	22.5	18.5	13.9
8079	5049	36.6	32.7	20.4
1323	864	27.2	23.3	15.2
135231	127268	32.7	25.5	24.0
48178	46115	33.3	27.0	25.8
33837	29276	31.1	25.4	22.0
6578	6023	24.9	19.1	17.5

6-6 续表

项目	Item	实现组织或营销创新企业数(个) Number of Organizational or Marketing Innovators (unit)
北京	Beijing	8368
天津	Tianjin	4514
河北	Hebei	7492
山西	Shanxi	3266
内蒙古	Inner Mongolia	1688
辽宁	Liaoning	4631
吉林	Jilin	1736
黑龙江	Heilongjiang	2216
上海	Shanghai	10607
江苏	Jiangsu	33909
浙江	Zhejiang	29804
安徽	Anhui	12917
福建	Fujian	13694
江西	Jiangxi	8314
山东	Shandong	20768
河南	Henan	13033
湖北	Hubei	10503
湖南	Hunan	11408
广东	Guangdong	43640
广西	Guangxi	3976
海南	Hainan	664
重庆	Chongqing	5838
四川	Sichuan	11301
贵州	Guizhou	3493
云南	Yunnan	3646
西藏	Tibet	245
陕西	Shaanxi	6218
甘肃	Gansu	1674
青海	Qinghai	450
宁夏	Ningxia	813
新疆	Xinjiang	2134

continued

		在全部企业中占比(%) Of Total(%)		
#实现组织创新企业 Organizational Innovators	#实现营销创新企业 Marketing Innovators	实现组织或营销创新企业 Organizational or Marketing Innovators	#实现组织创新企业 Organizational Innovators	#实现营销创新企业 Marketing Innovators
6456	5420	29.0	22.4	18.8
3606	2892	25.9	20.7	16.6
5968	5411	30.0	23.9	21.7
2705	2143	25.1	20.8	16.5
1321	1067	23.7	18.6	15.0
3550	3219	24.3	18.6	16.9
1354	1220	25.0	19.5	17.6
1674	1584	26.3	19.8	18.8
8101	7383	27.4	20.9	19.1
26786	24397	33.6	26.6	24.2
22885	22758	34.3	26.3	26.2
10383	10106	39.3	31.6	30.8
10661	10099	31.1	24.2	23.0
6737	6650	33.0	26.7	26.4
17018	15390	33.2	27.2	24.6
10559	10145	31.1	25.2	24.2
8555	7977	33.6	27.4	25.6
9239	9094	33.2	26.9	26.5
33217	33065	35.4	26.9	26.8
3167	2776	26.5	21.1	18.5
533	453	28.4	22.8	19.3
4837	4257	34.0	28.1	24.8
9118	8047	34.1	27.5	24.3
2929	2547	32.9	27.6	24.0
2990	2645	33.7	27.6	24.4
196	166	34.2	27.4	23.2
5117	4421	32.5	26.8	23.1
1385	1198	31.1	25.7	22.3
366	291	29.1	23.7	18.8
678	555	32.7	27.3	22.3
1733	1306	21.2	17.2	13.0

6-7 规模(限额)以上企业创新
Innovation Strategic Objectives in

项　目	Item	制定创新战略目标的企业数(个) Number of Enterprises with Innovation Strategic Objectives (unit)	制定创新战略目标企业占全部企业的比重(%) Of Total (%)
总　计	**Total**	**456793**	**53.4**
#有创新活动的企业	Innovation-active Enterprises	299888	79.1
#有技术创新活动的企业	Technological Innovation-active Enterprises	233721	83.9
一、按规模分	**by Size of Enterprises**		
大型企业	Large-sized Industrial Enterprises	18075	81.8
中型企业	Medium-sized Industrial Enterprises	87104	62.0
小型企业	Small-sized Industrial Enterprises	308796	54.1
微型企业	Micro-sized Industrial Enterprises	42818	35.1
二、按登记注册类型分	**by Status of Registration**		
内资企业	Domestic Funded	418725	52.8
国有企业	State-owned Enterprises	5848	55.4
集体企业	Collective-owned Enterprises	1282	35.8
股份合作企业	Cooperative Enterprises	690	41.2
联营企业	Joint Ownership Enterprises	159	48.6
有限责任公司	Limited Liability Corporations	87501	59.3
股份有限公司	Share-holding Corporations Ltd.	12456	77.0
私营企业	Private Enterprises	310687	50.7
其他企业	Other Enterprises	102	44.7
港、澳、台商投资企业	Enterprises with Funds from Hong Kong, Macau and Taiwan	17027	59.7
外商投资企业	Foreign Funded Enterprises	21041	62.3
三、按行业分	**by Industrial Sector**		
采矿业	Mining	4233	41.7
制造业	Manufacturing	235315	64.4
电力、热力、燃气及水生产和供应业	Production and Supply of Electricity,Heat, Gas and Water	7649	50.8
建筑业	Construction	28038	48.4
批发和零售业	Wholesale and Retail Trades	108081	40.1
交通运输、仓储和邮政业	Transport,Storage and Post	16092	40.3
信息传输、软件和信息技术服务业	Information Transmission,Software and Information Technology	18722	77.5
租赁和商务服务业	Leasing and Business Services	19800	46.2
科学研究和技术服务业	Scientific Research and Technical Services	16005	65.4
水利、环境和公共设施管理业	Management of Water Conservancy, Environment and Public Facilities	2858	51.6

战略目标制定情况(2020年)
Enterprises above Designated Size(2020)

在制定创新战略目标企业中，制定下列目标的企业占比(%) Share of Enterprises with these Objectives(%)					
保持本领域的国际领先地位 Maintain International Leading Level	赶超同行业国际领先企业 Try to Catch up with International Leading Level	赶超同行业国内领先企业 Try to Catch up with National Leading Level	增加创新投入，提升企业竞争力 Increase Input and Improve Competitiveness	保持现有的技术水平和生产经营状况 Maintain the Current Level	其他目标 Other Objectives
4.2	**5.3**	**20.9**	**50.3**	**18.9**	**0.4**
4.7	6.4	23.0	54.1	11.6	0.2
5.1	6.9	23.2	56.1	8.4	0.2
9.8	10.5	26.3	45.5	7.5	0.4
5.1	6.3	23.6	48.7	15.9	0.4
3.8	5.0	20.4	51.6	19.0	0.3
3.5	3.9	16.9	45.9	29.1	0.6
3.5	5.0	21.1	50.9	19.2	0.4
3.2	4.0	18.0	51.5	22.6	0.7
2.2	1.8	11.2	46.2	38.3	0.3
2.8	3.2	17.7	48.6	27.4	0.4
6.9	4.4	18.2	49.7	18.9	1.9
4.0	5.5	23.2	49.8	17.0	0.5
6.1	8.8	25.7	50.2	8.9	0.3
3.2	4.7	20.4	51.2	20.1	0.3
6.9	3.9	22.5	40.2	26.5	
9.1	9.2	19.6	46.4	15.3	0.4
15.6	9.9	17.8	41.4	14.9	0.5
1.9	2.7	12.7	52.2	30.1	0.5
4.8	6.5	21.6	53.0	13.9	0.2
4.2	4.8	21.8	43.6	24.7	1.0
1.9	2.3	14.0	53.6	27.9	0.4
3.6	4.1	20.5	44.4	26.6	0.7
3.2	4.3	21.0	42.8	27.8	0.9
5.2	5.6	23.1	56.1	9.7	0.3
4.3	4.4	21.9	46.9	21.9	0.7
4.6	5.1	22.9	51.5	15.4	0.3
2.5	3.8	19.7	53.3	20.3	0.4

6-7 续表

项 目	Item	制定创新战略目标的企业数(个) Number of Enterprises with Innovation Strategic Objectives (unit)	制定创新战略目标企业占全部企业的比重(%) Of Total (%)
四、按地区分	**by Region**		
东部地区	Eastern Region	281134	54.2
中部地区	Middle Region	93577	54.1
西部地区	Western Region	66406	51.1
东北地区	Northeast Region	15676	46.7
北 京	Beijing	15883	56.4
天 津	Tianjin	8346	49.0
河 北	Hebei	12897	52.6
山 西	Shanxi	6572	51.4
内蒙古	Inner Mongolia	3165	45.6
辽 宁	Liaoning	8672	46.8
吉 林	Jilin	3315	48.8
黑龙江	Heilongjiang	3689	44.7
上 海	Shanghai	20087	53.1
江 苏	Jiangsu	55515	56.0
浙 江	Zhejiang	47019	54.7
安 徽	Anhui	19770	61.6
福 建	Fujian	18878	44.8
江 西	Jiangxi	12514	51.6
山 东	Shandong	34787	56.3
河 南	Henan	20333	50.4
湖 北	Hubei	16954	55.5
湖 南	Hunan	17434	52.8
广 东	Guangdong	66591	55.5
广 西	Guangxi	6990	47.7
海 南	Hainan	1131	49.5
重 庆	Chongqing	8801	52.9
四 川	Sichuan	17234	52.8
贵 州	Guizhou	4966	48.5
云 南	Yunnan	5720	54.3
西 藏	Tibet	373	52.9
陕 西	Shaanxi	9762	52.4
甘 肃	Gansu	2910	54.8
青 海	Qinghai	777	51.3
宁 夏	Ningxia	1378	56.3
新 疆	Xinjiang	4330	44.1

continued

在制定创新战略目标企业中，制定下列目标的企业占比(%) Share of Enterprises with these Objectives(%)					
保持本领域的国际领先地位 Maintain International Leading Level	赶超同行业国际领先企业 Try to Catch up with International Leading Level	赶超同行业国内领先企业 Try to Catch up with National Leading Level	增加创新投入，提升企业竞争力 Increase Input and Improve Competitiveness	保持现有的技术水平和生产经营状况 Maintain the Current Level	其他目标 Other Objectives
4.8	5.9	21.4	49.8	17.7	0.4
3.1	4.5	20.5	51.9	19.7	0.3
3.0	4.3	19.3	51.7	21.2	0.5
5.2	5.4	20.4	43.8	24.7	0.5
5.5	5.7	22.3	46.6	19.5	0.4
5.4	5.2	21.8	44.8	22.2	0.5
4.0	5.3	22.2	49.0	19.1	0.3
2.4	3.4	17.6	49.7	26.2	0.7
3.3	4.8	19.0	46.0	26.3	0.6
6.1	5.8	20.5	43.5	23.7	0.4
4.5	4.6	19.6	46.2	24.7	0.3
3.7	5.3	20.8	42.4	27.1	0.8
8.8	7.8	23.2	42.0	17.8	0.4
4.9	5.9	21.5	50.0	17.5	0.3
4.0	6.0	20.8	53.0	15.9	0.3
3.0	4.5	20.7	55.5	16.1	0.3
4.3	5.4	19.6	49.8	20.6	0.4
3.7	5.3	22.1	51.6	16.9	0.3
4.5	5.6	22.3	48.2	18.9	0.5
3.3	4.3	18.7	50.1	23.3	0.3
3.1	4.6	22.2	49.7	20.0	0.3
3.1	4.3	20.4	53.2	18.8	0.3
4.5	5.7	20.9	52.0	16.5	0.4
2.9	3.7	18.7	52.8	21.4	0.5
3.9	4.8	20.2	50.7	19.5	1.0
3.4	4.5	20.4	52.6	18.7	0.5
2.8	4.5	20.0	51.8	20.4	0.5
3.2	4.6	17.1	53.9	20.7	0.6
3.2	3.7	16.3	55.6	20.6	0.5
2.7	5.1	20.6	45.3	24.4	1.9
2.8	4.5	20.7	50.3	21.3	0.5
2.2	4.0	18.2	53.7	21.2	0.7
3.9	2.7	19.6	49.6	23.3	1.0
2.8	3.9	20.4	55.2	16.9	0.8
2.9	3.4	19.0	45.9	28.0	0.7

七、国家科技计划

National Program for Science and Technology Development

7-1 国家主要科技计划基本情况
Appropriation for S&T by Central Government in the Main Programs of S&T

单位：万元

项　目	Item	2016	2017	2018	2019	2020
国家自然科学基金	National Natural Science Fund	2680331	2986659	3070270	2808086	2830251
国家重点研发计划	National Key R&D Program of China	1035418	1987692	2429937	2954185	2898108
中央引导地方科技发展基金	Central Guidance Science and Technology Development Fund	142000	127840	127840	20000	200000
国家(重点)实验室引导专项	National (Key) Laboratory Guidance Project	20000	30000	70000	70000	50000
国家重点实验室	National Key Laboratory	417000	465900	569000	559000	455200

注：表中各项国家主要科技计划及相关内容依据“十四五”国家科技计划体系。
Note: In the table, the main program plans of S&T and its related contents base on "the Fourteen Five" National S&T Programs.

7-2 国家自然科学基金资助项目经费
Project Funding Approved by the National Natural Science Foundation of China

单位：万元 (10 000 yuan)

项　目	Item	2016	2017	2018	2019	2020
总　计	**Total**	**2680331**	**2986659**	**3070270**	**2808086**	**2830251**
面上项目	General Programs	1212115	1272818	1329327	1112699	1112994
重点项目	Key Programs	203864	236141	244122	221840	216527
重大项目	Major Program	41665	77678	81182	88596	79139
重大研究计划	Major Research Plan	83989	99292	103684	100150	87400
联合基金项目	Program of Joint Funds with other Institutions	133213	146034	165976	185090	238750
国家杰出青年科学基金(包括外籍)	Projects of National Distinguished Young Scientists (including Foreign)	77640	77640	78040	116120	116920
优秀青年科学基金	Excellent Young Scientists Fund	60000	59850	60000	77990	75000
青年科学基金项目*	Young Scientists Fund	370892	476326	497600	420795	435608
地区科学基金项目*	Regional Fund	130101	130694	131722	110486	110738
海外及港澳学者合作研究基金项目	Programs of Joint Research for Oversea Scientists	6300	6800	5980	3920	
创新研究群体项目	Programs of Innovation Research Teams	67560	49920	50265	44580	36010
国家重大科研仪器设备研制专项	Special Fund for Research on National Major Research Instruments and Facilities	93933	104531	95951	78341	94495
应急管理项目	Management Program for Emergency	34566	39510	27710	41063	47710
数学天元基金	Tianyuan Fund of Mathematics	2500	2500	3500	3500	4500
国际合作研究项目	International Cooperation Research Projects	93826	112447	99243	25000	82620
外国青年学者研究基金项目	Research Foundation Projects for Young Scholars of Foreign	3543	5313	5319	4500	4500
国际合作与交流	International Cooperation and Exchange	7580	7246	7112	71416	10340
基础科学中心项目	Programs of Basic Science Centres	57043	81919	83537	102000	77000

注：“青年科学基金项目”和“地区科学基金项目”自2007年开始从原“面上项目”中分出。
Note: Date of "Youth Scientists Fund" and "Regional Fund" seperated from "General Programs" in 2007.

7-3 分部门国家自然科学基金资助项目经费(2020年)
Project Funding Approved by the National Natural Science Foundation of China by Sectors (2020)

单位：万元 (10 000 yuan)

项目	Item	合计 Total	高等学校 Higher Education	#教育部所属院校 Subordinated Directly to Ministry of Education	科研机构 Research Institution	#中国科学院 China Academy of Sciences	其他 Others
总计	**Total**	**2830251**	**2297450**	**1234400**	**495752**	**323776**	**37049**
面上项目	General Programs	1112994	943037	508185	157875	95602	12082
重点项目	Key Programs	216527	177755	112181	36973	30218	1799
重大项目	Major Program	79139	61308	49231	16031	12440	1800
重大研究计划项目	Major Research Plan	87400	64974	48141	21906	13215	520
国际(地区)合作研究项目	International Cooperation Research Projects	82620	63212	45444	19408	16064	
青年科学基金项目	Young Scientists Fund	435608	369496	154752	60192	30344	5920
地区科学基金项目	Regional Fund	110738	100489		6374		3875
优秀青年科学基金项目	Excellent Young Scientists Fund	75000	57720	36840	17040	14520	240
国家杰出青年科学基金项目	Projects of National Distinguished Young Scientists	116920	86600	62160	29120	25520	1200
创新研究群体项目	Programs of Innovation Research Teams	36010	29340	24670	6670	6670	
国家重大科研仪器研制项目	Special Fund for Research on National Major Research Instruments and Facilities	94495	75451	43747	19044	17652	
联合基金项目	Program of Joint Funds with other Institutions	238750	174030	84708	61671	34243	3049
国际(地区)合作交流项目	International Cooperation and Exchange	10340	3758	2390	829	663	5753
应急管理项目	Management Program for Emergency	47710	29426	21906	17473	13640	811
外国青年学者研究基金项目	Research Foundation Projects for Young Scholars of Foreign	4500	3719	2138	781	681	
数学天元基金	Tianyuan Fund of Mathematics	4500	4135	2906	365	305	
基础科学中心项目	Programs of Basic Science Centres	77000	53000	35000	24000	12000	

7-4 全国创业风险投资基本情况
Basic Statistics on National VC Capital

项　目	Item	2016	2017	2018	2019	2020
一、机构数（个）	**No. of VC Firms (unit)**	**2045**	**2296**	**2800**	**2994**	**3290**
二、管理资本总额（亿元）	**VC Capital under Management (100 Million Yuan)**	**8277.1**	**8872.5**	**9179.0**	**9989.1**	**11157.5**
三、投资强度（万元/项）	**Avg. VC Deals Size (10 000 yuan/unit)**	**1842.0**	**3145.8**	**1924.0**	**1232.3**	**2326.3**
四、累计投资	**Cumulative Investment**					
1.累计投资项目数（项）	No. of Cumulative Deals(unit)	19296	20674	22396	25411	28145
#累计投资高新技术企业(项目)数	In Hi-tech Deals	8490	8851	9279	10200	11235
2.累计投资金额（亿元）	Cumulative Capital (100 Million Yuan)	3765.2	4110.2	4769.0	5635.8	6271.8
#累计投资高新技术企业(项目)额	In Hi-tech Deals	1566.8	1627.3	1757.2	1944.1	2160.7
五、投资轮次（%）	**Investment Rounds (%)**					
首轮投资	First	69.0	72.7	70.9	70.3	64.2
后续投资	Follows-on	31.0	27.3	29.1	29.7	35.8
六、投资阶段	**Investment Stages**					
1.按投资项目分（%）	By Investment Deal (%)					
种子期	Seed	19.6	17.8	24.1	22.2	18.5
起步期	Startup	38.9	39.5	40.3	39.5	32.0
成长(扩张)期	Expansion	35.0	36.2	29.4	32.0	42.4
成熟(过渡)期	Maturity	5.7	5.9	5.4	6.0	6.7
重建期	Turn Around	0.8	0.6	0.8	0.3	0.4
2.按投资金额分（%）	By Investment Amt. (%)					
种子期	Seed	4.3	4.5	10.9	15.6	9.2
起步期	Startup	30.3	20.8	33.0	34.8	24.2
成长(扩张)期	Expansion	38.5	44.7	44.6	35.7	55.0
成熟(过渡)期	Maturity	26.3	29.8	10.4	13.7	11.4
重建期	Turn Around	0.6	0.2	1.1	0.2	0.2
七、退出方式（%）	**Exit (%)**					
上市	IPO	15.5	13.7	16.2	16.8	19.2
收购	Acquisition	31.0	32.7	33.0	27.4	25.8
回购	Buyback	37.5	34.8	39.2	42.3	39.8
清算	Liquidation	6.5	8.9	9.9	11.0	11.0
其他	Others	9.5	9.9	1.7	2.5	4.2

八、科技活动成果

Results of Science and Technology Activities

8-1 国内专利申请数
Domestic Patent Applications

单位：件 (piece)

地区	Region	1995	2000	2005	2010	2014	2015	2016	2017	2018	2019	2020
全国	**National Total**	**69535**	**140339**	**383157**	**1109428**	**2210616**	**2639446**	**3305225**	**3536333**	**4146772**	**4195104**	**5016030**
北京	Beijing	6362	10344	22572	57296	138111	156312	189129	185928	211212	226113	254165
天津	Tianjin	1648	2789	11657	25973	63422	79963	106514	86996	99038	96045	111514
河北	Hebei	2707	3848	6401	12295	30000	44060	54838	61288	83785	101274	125608
山西	Shanxi	917	1475	1985	7927	15687	14948	20031	20697	27106	31705	40302
内蒙古	Inner Mongolia	647	1138	1455	2912	6359	8876	10672	11701	16426	21069	26224
辽宁	Liaoning	4449	7151	15672	34216	37860	42153	52603	49871	65686	69732	86527
吉林	Jilin	1389	2501	4101	6445	11933	14800	18922	20450	27034	31052	34438
黑龙江	Heilongjiang	2569	3106	6050	10269	31856	34611	35293	30958	34582	37313	43252
上海	Shanghai	2456	11337	32741	71196	81664	100006	119937	131740	150233	173586	210293
江苏	Jiangsu	4078	8211	34811	235873	421907	428337	512429	514402	600306	594249	719452
浙江	Zhejiang	4042	10316	43221	120742	261435	307264	393147	377115	455590	435883	507050
安徽	Anhui	1026	1877	3516	47128	99160	127709	172552	175872	207428	166871	202298
福建	Fujian	1979	4211	9460	21994	58075	83146	130376	128079	166610	153133	174867
江西	Jiangxi	1008	1557	2815	6307	25594	36936	60494	70591	86001	91474	109738
山东	Shandong	4624	10019	28835	80856	158619	193220	212911	204859	231585	263211	337280
河南	Henan	2386	3823	8981	25149	62434	74373	94669	119240	154381	144010	178585
湖北	Hubei	2004	3486	11534	31311	59050	74240	95157	110234	124535	141321	163613
湖南	Hunan	2628	4117	8763	22381	44194	54501	67779	77934	94503	106113	128573
广东	Guangdong	7729	21123	72220	152907	278358	355939	505667	627834	793819	807700	967204
广西	Guangxi	1231	1762	2379	5117	32298	43696	59239	56988	44224	41900	51712
海南	Hainan	183	502	498	1019	2416	3127	3658	4564	6451	9302	14360
重庆	Chongqing	318	1780	6260	22825	55298	82791	59518	64648	72121	67271	83826
四川	Sichuan	2868	4496	10567	40230	91167	110746	142522	167484	152987	131529	160036
贵州	Guizhou	562	986	2226	4414	22467	18295	25315	34610	44508	44328	49200
云南	Yunnan	959	1710	2556	5645	13343	17603	23709	28695	36515	35212	45153
西藏	Tibet	11	28	102	162	248	309	712	1097	1469	2304	2296
陕西	Shaanxi	1721	2080	4166	22949	56235	74904	69611	98935	76512	92087	99236
甘肃	Gansu	546	798	1759	3558	12020	14584	20276	24448	27882	27637	30732
青海	Qinghai	100	174	216	602	1534	2590	3284	3181	4439	5017	6736
宁夏	Ningxia	169	341	516	739	3532	4394	6149	8575	9860	9275	12172
新疆	Xinjiang	609	1088	1851	3560	10210	12250	14105	14260	14647	14771	18843
香港	Hong Kong	655	1374	2645	2980	3242	3319	4552	3907	5122	3748	3275
澳门	Macao		13	27	32	84	213	221	206	298	363	150
台湾	Taiwan	4955	10778	20599	22419	20804	19231	19234	18946	19877	18506	17320

注：本年鉴中有关专利申请受理与授权的数据口径为由我国专利机构受理与授权的专利，不包括我国在外国申请专利及被授权的数据。

Note: The data in this year book about the acceptance and authorization of patent applications are the patents accepted and authorized by china's patent institutions, excluding the data of china's patent applications and authorization in foreign countries.

8-2 国内专利授权数
Domestic Patent Granted

单位：件 (piece)

地区	Region	1995	2000	2005	2010	2014	2015	2016	2017	2018	2019	2020
全国	**National Total**	**41881**	**95236**	**171619**	**740620**	**1209402**	**1596977**	**1628881**	**1720828**	**2335411**	**2474406**	**3520901**
北京	Beijing	4025	5905	10100	33511	74661	94031	100578	106948	123496	131716	162824
天津	Tianjin	1034	1611	3045	11006	26351	37342	39734	41675	54680	57799	75434
河北	Hebei	1580	2812	3585	10061	20132	30130	31826	35348	51894	57809	92196
山西	Shanxi	569	968	1220	4752	8371	10020	10062	11311	15060	16598	27296
内蒙古	Inner Mongolia	415	775	845	2096	4031	5522	5846	6271	9625	11059	17958
辽宁	Liaoning	2745	4842	6195	17093	19525	25182	25104	26495	35149	40037	60185
吉林	Jilin	824	1650	2023	4343	6696	8878	9995	11090	13885	15579	23951
黑龙江	Heilongjiang	1403	2252	2906	6780	15412	18943	18046	18221	19435	19989	28475
上海	Shanghai	1436	4050	12603	48215	50488	60623	64230	72806	92460	100587	139780
江苏	Jiangsu	2413	6432	13580	138382	200032	250290	231033	227187	306996	314395	499167
浙江	Zhejiang	2131	7495	19056	114643	188544	234983	221456	213805	284621	285342	391700
安徽	Anhui	574	1482	1939	16012	48380	59039	60983	58213	79747	82524	119696
福建	Fujian	933	3003	5147	18063	37857	61621	67142	68304	102622	98955	145928
江西	Jiangxi	509	1072	1361	4349	13831	24161	31472	33029	52819	59140	80239
山东	Shandong	2861	6962	10743	51490	72818	98101	98093	100522	132382	146481	238778
河南	Henan	1145	2766	3748	16539	33366	47766	49145	55407	82318	86247	122809
湖北	Hubei	1017	2198	3860	17362	28290	38781	41822	46369	64106	73940	110102
湖南	Hunan	1515	2555	3659	13873	26637	34075	34050	37916	48957	54685	78723
广东	Guangdong	4611	15799	36894	119343	179953	241176	259032	332652	478082	527390	709725
广西	Guangxi	665	1191	1225	3647	9664	13573	14858	15270	20551	22687	34470
海南	Hainan	108	320	200	714	1597	2061	1939	2133	3292	4423	8578
重庆	Chongqing	305	1158	3591	12080	24312	38914	42738	34780	45688	43872	55377
四川	Sichuan	1714	3218	4606	32212	47120	64953	62445	64006	87372	82066	108386
贵州	Guizhou	274	710	925	3086	10107	14115	10425	12559	19456	24729	34971
云南	Yunnan	569	1217	1381	3823	8124	11658	12032	14230	20340	22324	28943
西藏	Tibet	2	17	44	124	146	198	245	420	755	1020	1702
陕西	Shaanxi	1085	1462	1894	10034	22820	33350	48455	34554	41479	44101	60524
甘肃	Gansu	257	493	547	1868	5097	6912	7975	9672	13958	14894	20991
青海	Qinghai	65	117	79	264	619	1217	1357	1580	2668	3046	4693
宁夏	Ningxia	111	224	214	1081	1424	1865	2677	4244	5658	5555	7710
新疆	Xinjiang	312	717	921	2562	5238	8761	7116	8094	9658	8652	12763
香港	Hong Kong	633	1285	1669	2601	2867	2940	2970	2888	3142	3437	3147
澳门	Macao		13	3	34	55	142	179	139	125	234	173
台湾	Taiwan	4041	8465	11811	18577	14837	15654	13821	12690	12935	13094	13507

8-3 国内有效专利数
Domestic Patent in Force

单位：件 (piece)

地区	Region	2011	2012	2013	2014	2015	2016	2017	2018	2019	2020
全国	**National Total**	**2303015**	**3005023**	**3635929**	**4032362**	**4792356**	**5527183**	**6324215**	**7517791**	**8812070**	**11236868**
北京	Beijing	131255	170516	219243	274667	344916	417666	494941	569929	653053	768090
天津	Tianjin	38690	52338	68540	83628	103775	124443	144706	168879	198946	245540
河北	Hebei	33813	43358	54781	66529	86360	105490	128291	159964	195377	266025
山西	Shanxi	14764	19561	25037	29077	34009	38702	44848	52849	61654	80997
内蒙古	Inner Mongolia	7162	8996	11421	13734	16799	20007	23846	29496	36257	49902
辽宁	Liaoning	54320	64019	74134	80089	90970	101657	113693	130112	152424	196225
吉林	Jilin	15594	18818	21926	24668	29046	34101	39892	46224	54066	70382
黑龙江	Heilongjiang	29042	44570	55316	56451	58789	61245	65756	68588	74739	90310
上海	Shanghai	149202	173513	194496	218156	251157	285877	329442	383928	443510	542526
江苏	Jiangsu	371322	537180	616779	594186	674053	740215	809379	954415	1103925	1483781
浙江	Zhejiang	331703	449957	552681	597051	668889	732438	785190	901447	1023110	1276423
安徽	Anhui	60400	88326	119704	135785	162177	188240	212785	256482	302010	385211
福建	Fujian	58969	81267	107246	126232	162451	197393	226325	278470	321070	417745
江西	Jiangxi	14237	19663	26037	34458	51824	73745	94531	119286	148851	199256
山东	Shandong	139884	177511	206983	226424	270920	312937	351351	410240	485852	662211
河南	Henan	50785	67824	84420	99590	126381	148862	174998	215598	255966	336969
湖北	Hubei	50906	64719	82392	96682	119345	143802	169585	202961	244552	322443
湖南	Hunan	43108	59428	75530	88779	107088	122584	142224	165460	194971	249721
广东	Guangdong	400571	490159	586592	670131	802493	940138	1165677	1473835	1803875	2296261
广西	Guangxi	13149	16822	22038	28303	37215	45928	54582	65627	78250	102867
海南	Hainan	2442	3108	3948	5059	6416	7366	8442	10277	13403	21275
重庆	Chongqing	41070	53383	66208	73780	94975	116201	121604	140064	158176	187340
四川	Sichuan	74455	94938	119531	135209	169203	193737	215601	259008	292273	358830
贵州	Guizhou	11240	15931	21835	27965	34909	37562	43048	55444	70498	94160
云南	Yunnan	13683	17483	21837	26736	34045	40583	50223	62470	74896	93374
西藏	Tibet	390	462	527	588	724	989	1474	2027	2779	4090
陕西	Shaanxi	31544	41447	55310	66573	86053	116270	119892	127921	146699	184056
甘肃	Gansu	6728	9260	12459	15077	18580	22593	28222	34903	40976	53774
青海	Qinghai	1195	1502	1588	1946	2975	3962	5107	6958	8947	12420
宁夏	Ningxia	2133	2493	3277	4221	5317	7220	10288	14032	16941	21889
新疆	Xinjiang	8603	10571	13594	16466	21681	24531	28064	31853	33473	40942
香港	Hong Kong	10913	11326	11825	13578	14608	15815	16426	16262	16898	16955
澳门	Macao	95	104	176	236	360	511	563	636	789	838
台湾	Taiwan	89648	94470	98518	100308	103853	104373	103219	102146	102864	104040

8-4 国内、外三种专利申请数
Three Kinds of Patent Applications

单位：件 (piece)

项　目	Item	1995	2000	2005	2010	2015	2016	2017	2018	2019	2020
合　计	**Total**	**83045**	**170682**	**476264**	**1222286**	**2798500**	**3464824**	**3697845**	**4323112**	**4380468**	**5194154**
1.发　明	Inventions	21636	51747	173327	391177	1101864	1338503	1381594	1542002	1400661	1497159
国　内	Domestic	10018	25346	93485	293066	968251	1204981	1245709	1393815	1243568	1344817
职　务	Official	2993	12609	62270	223754	776117	982971	1043770	1202100	1136072	1214004
高等院校	Universities and Colleges	574	1942	14643	48294	133645	173049	179879	226628	244673	226090
科研单位	Research Institutions	865	2228	6726	18254	44545	55076	53308	57959	63043	69564
企　业	Industrial and Mineral Enterprises	1086	8316	40196	154581	582512	735533	788194	896648	807813	898925
机关团体	Government Agencies and Organizations	468	123	705	2625	15415	19313	22389	20865	20543	19425
非职务	Non-official	7025	12737	31215	69312	192134	222010	201939	191715	107496	130813
国　外	Foreign	11618	26401	79842	98111	133613	133522	135885	148187	157093	152342
职　务	Official	11045	25334	77575	95517	130838	130699	132883	145359	154192	149672
非职务	Non-official	573	1067	2267	2594	2775	2823	3002	2828	2901	2670
2.实用新型	Utility Models	43741	68815	139566	409836	1127577	1475977	1687593	2072311	2268190	2926633
国　内	Domestic	43429	68461	138085	407238	1119714	1468295	1679807	2063860	2259765	2918874
职　务	Official	8727	17792	46879	242479	858743	1135997	1348590	1699015	1884452	2391961
高等院校	Universities and Colleges	771	965	3843	18223	89077	124155	135481	153193	156505	169208
科研单位	Research Institutions	1376	1616	2661	7474	18830	21535	22089	23676	24621	27789
企　业	Industrial and Mineral Enterprises	4739	14912	39649	212081	730865	964644	1158372	1476090	1646655	2133461
机关团体	Government Agencies and Organizations	1841	299	726	4701	19971	25663	32648	46056	56671	61503
非职务	Non-official	34702	50669	91206	164759	260971	332298	331217	364845	375313	526913
国　外	Foreign	312	354	1481	2598	7863	7682	7786	8451	8425	7759
职　务	Official	190	259	1171	2248	7323	7013	7198	7909	7856	7280
非职务	Non-official	122	95	310	350	540	669	588	542	569	479
3.外观设计	Designs	17668	50120	163371	421273	569059	650344	628658	708799	711617	770362
国　内	Domestic	15433	46532	151587	409124	551481	631949	610817	689097	691771	752339
职　务	Official	8193	22974	49733	192337	268214	325655	339869	403909	400106	441339
高等院校	Universities and Colleges	18	17	1435	12815	12440	17310	20825	27507	29349	24144
科研单位	Research Institutions	104	278	359	1234	1101	1663	1183	1390	1401	1618
企　业	Industrial and Mineral Enterprises	6031	22634	47552	173338	252374	304160	315201	372217	366197	413128
机关团体	Government Agencies and Organizations	2040	45	387	4950	2299	2522	2660	2795	3159	2449
非职务	Non-official	7240	23558	101854	216787	283267	306294	270948	285188	291665	311000
国　外	Foreign	2235	3588	11784	12149	17578	18395	17841	19702	19846	18023
职　务	Official	2013	3432	11230	11535	16637	17248	16899	18682	18756	17059
非职务	Non-official	222	156	554	614	941	1147	942	1020	1090	964

8-5 国内、外三种专利授权数

Three Kinds of Patent Granted

单位：件 (piece)

项 目	Item	1995	2000	2005	2010	2015	2016	2017	2018	2019	2020
合 计	**Total**	**45064**	**105345**	**214003**	**814825**	**1718192**	**1753763**	**1836434**	**2447460**	**2591607**	**3639268**
1.发 明	Inventions	3393	12683	53305	135110	359316	404208	420144	432147	452804	530127
国 内	Domestic	1530	6177	20705	79767	263436	302136	326970	345959	360919	440691
职 务	Official	932	2824	14761	66149	238818	276007	303577	322776	344361	423767
高等院校	Universities and Colleges	258	652	4453	19036	57196	62311	75693	74893	91188	118675
科研单位	Research Institutions	304	910	2423	6557	19243	20109	22369	20508	26798	31349
企 业	Industrial and Mineral Enterprises	205	1016	7712	40049	158620	189564	200804	222287	222439	268366
机关团体	Government Agencies and Organizations	165	246	173	507	3759	4023	4711	5088	3936	5377
非职务	Non-official	598	3353	5944	13618	24618	26129	23393	23183	16558	16924
国 外	Foreign	1863	6506	32600	55343	95880	102072	93174	86188	91885	89436
职 务	Official	1748	6222	31555	54169	94325	100466	91817	85021	90647	88230
非职务	Non-official	115	284	1045	1174	1555	1606	1357	1167	1238	1206
2.实用新型	Utility Models	30471	54743	79349	344472	876217	903420	973294	1479062	1582274	2377223
国 内	Domestic	30195	54407	78137	342256	868734	897035	967416	1471759	1574205	2368651
职 务	Official	6766	15519	29191	209275	687372	734885	825126	1284510	1400989	2061438
高等院校	Universities and Colleges	623	868	2391	16002	68827	77166	83497	103671	106453	162615
科研单位	Research Institutions	1025	1529	1599	7074	13680	13908	14617	18773	20967	26134
企 业	Industrial and Mineral Enterprises	2627	12821	24743	183289	592771	631299	713043	1143867	1234065	1822840
机关团体	Government Agencies and Organizations	2491	301	458	2910	12094	12512	13969	18199	39504	49849
非职务	Non-official	23429	38888	48946	132981	181362	162150	142290	187249	173216	307213
国 外	Foreign	276	336	1212	2216	7483	6385	5878	7303	8069	8572
职 务	Official	154	261	1011	1903	7030	5962	5434	6835	7617	7979
非职务	Non-official	122	75	201	313	453	423	444	468	452	593
3.外观设计	Designs	11200	37919	81349	335243	482659	446135	442996	536251	556529	731918
国 内	Domestic	9523	34652	72777	318597	464807	429710	426442	517693	539282	711559
职 务	Official	5344	17789	27566	146407	249538	221633	235520	306829	324245	422394
高等院校	Universities and Colleges	10	28	555	8115	10311	10283	11231	15436	20050	22381
科研单位	Research Institutions	156	248	170	637	728	903	819	1046	1121	1493
企 业	Industrial and Mineral Enterprises	2554	17482	26658	135680	237326	209495	222582	288903	300602	395975
机关团体	Government Agencies and Organizations	2624	31	183	1975	1173	952	888	1444	2472	2545
非职务	Non-official	4179	16863	45211	172190	215269	208077	190922	210864	215037	289165
国 外	Foreign	1677	3267	8572	16646	17852	16425	16554	18558	17247	20359
职 务	Official	1402	3108	8254	15851	16878	15566	15575	17708	16297	19337
非职务	Non-official	275	159	318	795	974	859	979	850	950	1022

8-6 国内、外三种专利有效数
Three Kinds of Patent in Force

单位：件 (piece)

项 目	Item	2013	2014	2015	2016	2017	2018	2019	2020
合 计	**Total**	**4195139**	**4642506**	**5477625**	**6285238**	**7147608**	**8380588**	**9722494**	**12192897**
1.发 明	Inventions	1033908	1196497	1472374	1772203	2085367	2366314	2670784	3057844
国 内	Domestic	586493	708690	921757	1158203	1413911	1662269	1926122	2279123
职 务	Official	519589	638148	839551	1066375	1313439	1559116	1829918	2183807
高等院校	Universities and Colleges	116337	136613	173683	210553	258399	297879	348254	442523
科研单位	Research Institutions	46734	56274	70403	84411	100274	112263	127268	165253
企 业	Industrial and Mineral Enterprises	351500	438221	585404	758354	938336	1129594	1332170	1556937
机关团体	Government Agencies and Organizations	5018	7040	10061	13057	16430	19380	22226	19094
非职务	Non-official	66904	70542	82206	91828	100472	103153	96204	95316
国 外	Foreign	447415	487807	550617	614000	671456	704045	744662	778721
职 务	Official	439619	479685	541889	604689	661755	694501	735607	769353
非职务	Non-official	7796	8122	8728	9311	9701	9544	9055	9368
2.实用新型	Utility Models	1936789	2291326	2732554	3154485	3603187	4403658	5262039	6947697
国 内	Domestic	1917122	2265224	2700833	3118410	3563389	4359926	5214362	6895886
职 务	Official	1461587	1828413	2238950	2640791	3110502	3889415	4738230	6252689
高等院校	Universities and Colleges	84984	103344	135785	170863	194581	214377	240671	360477
科研单位	Research Institutions	33400	39225	44899	51130	56795	63782	71012	99097
企 业	Industrial and Mineral Enterprises	1329876	1669822	2034725	2388230	2823828	3569078	4360694	5701368
机关团体	Government Agencies and Organizations	13327	16022	23541	30568	35298	42178	65853	91747
非职务	Non-official	455535	436811	461883	477619	452887	470511	476132	643197
国 外	Foreign	19667	26102	31721	36075	39798	43732	47677	51811
职 务	Official	18124	24378	29881	34176	37836	41708	45602	49477
非职务	Non-official	1543	1724	1840	1899	1962	2024	2075	2334
3.外观设计	Designs	1224442	1154683	1272697	1358550	1459054	1610616	1789671	2187356
国 内	Domestic	1132314	1058448	1169766	1250570	1346915	1495596	1671586	2061859
职 务	Official	672339	626252	680400	729868	806344	933255	1071335	1324970
高等院校	Universities and Colleges	19289	16284	18486	21003	23347	25697	33203	44321
科研单位	Research Institutions	3395	2744	2532	2821	2953	3362	3800	5058
企 业	Industrial and Mineral Enterprises	646281	605410	657156	703506	777397	901112	1030038	1270163
机关团体	Government Agencies and Organizations	3374	1814	2226	2538	2647	3084	4294	5428
非职务	Non-official	459975	432196	489366	520702	540571	562341	600251	736889
国 外	Foreign	92128	96235	102931	107980	112139	115020	118085	125497
职 务	Official	89259	93063	99292	104117	107952	110785	113781	120869
非职务	Non-official	2869	3172	3639	3863	4187	4235	4304	4628

8-7 国内三种专利申请数按地区分布(2020年)
Three Kinds of Domestic Patent Applications by Region (2020)

单位：件 (piece)

地区	Region	合计 Total	发明 Invention	实用新型 Utility Model	外观设计 Design
全国	**National Total**	**5016030**	**1344817**	**2918874**	**752339**
北京	Beijing	254165	145035	84579	24551
天津	Tianjin	111514	22057	83825	5632
河北	Hebei	125608	22131	85163	18314
山西	Shanxi	40302	9472	28030	2800
内蒙古	Inner Mongolia	26224	5381	18747	2096
辽宁	Liaoning	86527	21830	58230	6467
吉林	Jilin	34438	11113	20552	2773
黑龙江	Heilongjiang	43252	13163	26058	4031
上海	Shanghai	210293	81042	104791	24460
江苏	Jiangsu	719452	177995	489165	52292
浙江	Zhejiang	507050	129708	267768	109574
安徽	Anhui	202298	69663	117727	14908
福建	Fujian	174867	32929	105867	36071
江西	Jiangxi	109738	20285	64034	25419
山东	Shandong	337280	74420	233626	29234
河南	Henan	178585	32609	126789	19187
湖北	Hubei	163613	47767	102936	12910
湖南	Hunan	128573	48530	60879	19164
广东	Guangdong	967204	215926	470055	281223
广西	Guangxi	51712	12854	30786	8072
海南	Hainan	14360	2618	10704	1038
重庆	Chongqing	83826	22273	53616	7937
四川	Sichuan	160036	41417	97251	21368
贵州	Guizhou	49200	10693	33180	5327
云南	Yunnan	45153	9753	31684	3716
西藏	Tibet	2296	477	1366	453
陕西	Shaanxi	99236	38262	54902	6072
甘肃	Gansu	30732	5684	22490	2558
青海	Qinghai	6736	1417	4970	349
宁夏	Ningxia	12172	2574	9006	592
新疆	Xinjiang	18843	3776	13968	1099
香港	Hong Kong	3275	1121	850	1304
澳门	Macao	150	76	52	22
台湾	Taiwan	17320	10766	5228	1326

8-8 国内三种专利授权数按地区分布(2020年)
Three Kinds of Domestic Patent Granted by Region (2020)

单位：件 (piece)

地　区	Region	合　计 Total	发　明 Invention	实用新型 Utility Model	外观设计 Design
全　国	**National Total**	**3520901**	**440691**	**2368651**	**711559**
北　京	Beijing	162824	63266	75336	24222
天　津	Tianjin	75434	5262	64221	5951
河　北	Hebei	92196	6365	68466	17365
山　西	Shanxi	27296	2987	21933	2376
内蒙古	Inner Mongolia	17958	1162	14423	2373
辽　宁	Liaoning	60185	7936	46681	5568
吉　林	Jilin	23951	3969	17363	2619
黑龙江	Heilongjiang	28475	4598	20211	3666
上　海	Shanghai	139780	24208	92249	23323
江　苏	Jiangsu	499167	45975	405885	47307
浙　江	Zhejiang	391700	49888	231693	110119
安　徽	Anhui	119696	21432	84609	13655
福　建	Fujian	145928	10250	99956	35722
江　西	Jiangxi	80239	4407	51326	24506
山　东	Shandong	238778	26745	184564	27469
河　南	Henan	122809	9183	95894	17732
湖　北	Hubei	110102	17555	80229	12318
湖　南	Hunan	78723	11537	49052	18134
广　东	Guangdong	709725	70695	380882	258148
广　西	Guangxi	34470	3521	23061	7888
海　南	Hainan	8578	721	7027	830
重　庆	Chongqing	55377	7637	40021	7719
四　川	Sichuan	108386	14187	73927	20272
贵　州	Guizhou	34971	2268	27714	4989
云　南	Yunnan	28943	2458	23095	3390
西　藏	Tibet	1702	96	1049	557
陕　西	Shaanxi	60524	12122	42227	6175
甘　肃	Gansu	20991	1446	17503	2042
青　海	Qinghai	4693	333	4050	310
宁　夏	Ningxia	7710	703	6477	530
新　疆	Xinjiang	12763	859	10805	1099
香　港	Hong Kong	3147	630	953	1564
澳　门	Macao	173	31	120	22
台　湾	Taiwan	13507	6259	5649	1599

8-9 国内三种专利有效数按地区分布(2020年)
Three Kinds of Domestic Patent in Force by Region (2020)

单位：件 (piece)

地区	Region	合计 Total	发明 Invention	实用新型 Utility Model	外观设计 Design
全国	**National Total**	**11236868**	**2279123**	**6895886**	**2061859**
北京	Beijing	768090	335575	340086	92429
天津	Tianjin	245540	38152	189936	17452
河北	Hebei	266025	34147	183267	48611
山西	Shanxi	80997	16471	57553	6973
内蒙古	Inner Mongolia	49902	6943	36714	6245
辽宁	Liaoning	196225	47788	131833	16604
吉林	Jilin	70382	17260	45570	7552
黑龙江	Heilongjiang	90310	27336	53491	9483
上海	Shanghai	542526	145604	320272	76650
江苏	Jiangsu	1483781	291648	1053773	138360
浙江	Zhejiang	1276423	199572	735073	341778
安徽	Anhui	385211	98186	246346	40679
福建	Fujian	417745	50756	265172	101817
江西	Jiangxi	199256	16989	128457	53810
山东	Shandong	662211	124512	455859	81840
河南	Henan	336969	43547	246313	47109
湖北	Hubei	322443	73548	212957	35938
湖南	Hunan	249721	56285	145696	47740
广东	Guangdong	2296261	350501	1235185	710575
广西	Guangxi	102867	24776	59510	18581
海南	Hainan	21275	4274	14332	2669
重庆	Chongqing	187340	35353	124806	27181
四川	Sichuan	358830	70421	227165	61244
贵州	Guizhou	94160	12558	69322	12280
云南	Yunnan	93374	15575	67215	10584
西藏	Tibet	4090	766	2109	1215
陕西	Shaanxi	184056	54646	111940	17470
甘肃	Gansu	53774	8310	40094	5370
青海	Qinghai	12420	1848	9478	1094
宁夏	Ningxia	21889	3691	16817	1381
新疆	Xinjiang	40942	5684	29938	5320
香港	Hong Kong	16955	5194	4598	7163
澳门	Macao	838	114	354	370
台湾	Taiwan	104040	61093	34655	8292

8-10 按国别(地区)分国外三种专利申请受理

Three Kinds of Foreign Patent Applications Accepted by Country (Area)

单位：件 (piece)

国 家 (地区)	Country (Area)	合 计 Total	发 明 Invention	实用新型 Utility Model	外观设计 Design
总 计	**Total**	**178124**	**152342**	**7759**	**18023**
安道尔	Andorra	3	3		
阿根廷	Argentina	7	7		
奥地利	Austria	1055	958	28	69
澳大利亚	Australia	1077	729	88	260
巴哈马	Bahamas	2	2		
巴巴多斯	Barbados	307	208	1	98
比利时	Belgium	831	713	41	77
伯利兹	Belize	1	1		
百慕大群岛	Bermuda	53	52		1
巴 西	Brazil	185	125	22	38
保加利亚	Bulgaria	15	13	1	1
加拿大	Canada	1284	1061	84	139
开曼群岛	Cayman Islands	3354	3114	71	169
智 利	Chile	29	28	1	
哥伦比亚	Colombia				
克罗地亚	Croatia	8	3		5
古 巴	Cuba	8	8		
塞浦路斯	Cyprus	51	18	4	29
捷 克	Czech Republic	100	59	11	30
朝 鲜	Korea DPR	2		2	
丹 麦	Denmark	1211	975	33	203
埃 及	Egypt	6	5		1
芬 兰	Finland	1164	955	54	155
法 国	France	6113	4887	400	826
德 国	Germany	18496	16115	802	1579
直布罗陀	Gibraltar	3	3		
希 腊	Greece	32	27	1	4
匈牙利	Hungary	34	31		3
冰 岛	Iceland	14	12	1	1
印 度	India	361	302	14	45
印度尼西亚	Indonesia	22	7	9	6
伊 朗	Iran	10	6		4
爱尔兰	Ireland	565	511	16	38
以色列	Israel	1186	1053	30	103
意大利	Italy	2510	1742	196	572
日 本	Japan	53368	47862	2082	3424
哈萨克斯坦	Kazakhstan	3	1	1	1
吉尔吉斯斯坦	kyrgyzstan	1		1	
拉托维亚	Latvia	11	3		8

8-10 续表 continued

单位：件 (piece)

国家（地区）	Country (Area)	合计 Total	发明 Invention	实用新型 Utility Model	外观设计 Design
列支敦士登	Liechtenstein	203	177	7	19
卢森堡	Luxembourg	327	236	8	83
马来西亚	Malaysia	174	79	25	70
马耳他	Malta	34	29	1	4
毛里求斯	Mauritius	3	3		
墨西哥	Mexico	45	35	2	8
摩纳哥	Monaco	103	10		93
荷　兰	Netherlands	3620	3116	185	319
新西兰	New Zealand	270	173	19	78
挪　威	Norway	325	296	2	27
巴拿马	Panama	16	15		1
菲律宾	Philippines	9	5	3	1
波　兰	Poland	113	90	5	18
葡萄牙	Portugal	53	46	1	6
韩　国	Korea Rep.	20458	16725	801	2932
罗马尼亚	Romania	7	4	2	1
俄罗斯联邦	Russian Federation	266	202	18	46
萨摩亚	Samoa	26	22	3	1
沙特阿拉伯	Saudi Arabia	369	356	2	11
塞舌尔	Seychelles	40	22	10	8
新加坡	Singapore	2009	1318	550	141
斯洛伐克	Slovakia	14	13		1
斯洛文尼亚	Slovenia	41	30	1	10
南　非	South Africa	63	46	4	13
西班牙	Spain	565	406	22	137
瑞　典	Sweden	2766	2340	120	306
瑞　士	Switzerland	4659	3732	178	749
泰　国	Thailand	131	76	13	42
突尼斯	Tunis	2	1		1
土耳其	Turkey	137	95	8	34
乌克兰	Ukraine	27	9	7	11
越　南	Viet Nam	20	6	4	10
爱沙尼亚	Estonia	27	16	8	3
英　国	United Kingdom	3649	2850	136	663
美　国	United States of America	43589	37880	1545	4164
维尔京群岛	Virgin Islands, British	178	80	31	67
其　他	Others	304	204	44	56

8-11 按国别(地区)分国外三种专利授权
Three Kinds of Foreign Patent Granted by Country (Area)

单位：件 (piece)

国 家 (地区)	Country (Area)	合 计 Total	发 明 Invention	实用新型 Utility Model	外观设计 Design
总 计	**Total**	**118367**	**89436**	**8572**	**20359**
安道尔	Andorra	3	3		
阿根廷	Argentina	4	2	1	1
奥地利	Austria	765	668	36	61
澳大利亚	Australia	691	319	72	300
巴哈马	Bahamas	4	3	1	
巴巴多斯	Barbados	164	99	3	62
比利时	Belgium	543	416	50	77
伯利兹	Belize				
百慕大群岛	Bermuda	64	60	4	
巴 西	Brazil	101	55	15	31
保加利亚	Bulgaria	8	7		1
加拿大	Canada	792	575	71	146
开曼群岛	Cayman Islands	3285	2723	173	389
智 利	Chile	8	8		
哥伦比亚	Colombia	13	4	2	7
克罗地亚	Croatia	5	2		3
古 巴	Cuba				
塞浦路斯	Cyprus	26	9		17
捷 克	Czech Republic	81	36	9	36
朝 鲜	Korea DPR				
丹 麦	Denmark	952	696	41	215
埃 及	Egypt	2	1	1	
芬 兰	Finland	747	553	53	141
法 国	France	4333	2949	406	978
德 国	Germany	12157	9397	876	1884
直布罗陀	Gibraltar	1	1		
希 腊	Greece	28	20		8
匈牙利	Hungary	29	17	5	7
冰 岛	Iceland	9	6	1	2
印 度	India	203	131	16	56
印度尼西亚	Indonesia	18		7	11
伊 朗	Iran	3	2	1	
爱尔兰	Ireland	309	255	11	43
以色列	Israel	580	422	43	115
意大利	Italy	2137	1171	168	798
日 本	Japan	35483	28955	2461	4067
哈萨克斯坦	Kazakhstan	5	4		1
吉尔吉斯斯坦	kyrgyzstan	1		1	
拉托维亚	Latvia	3	1	1	1

8-11 续表 continued

单位：件 (piece)

国 家(地区)	Country (Area)	合 计 Total	发 明 Invention	实用新型 Utility Model	外观设计 Design
列支敦士登	Liechtenstein	121	93	5	23
卢森堡	Luxembourg	373	204	20	149
马来西亚	Malaysia	132	25	29	78
马耳他	Malta	11	10	1	
毛里求斯	Mauritius	4	4		
墨西哥	Mexico	34	21	1	12
摩纳哥	Monaco	57	5		52
荷 兰	Netherlands	2537	1957	168	412
新西兰	New Zealand	166	82	19	65
挪 威	Norway	171	129	11	31
巴拿马	Panama	2			2
菲律宾	Philippines	8	4	3	1
波 兰	Poland	66	33	5	28
葡萄牙	Portugal	34	30		4
韩 国	Korea Rep.	13133	9311	969	2853
罗马尼亚	Romania	6	2	3	1
俄罗斯联邦	Russian Federation	141	71	23	47
萨摩亚	Samoa	20	12	8	
沙特阿拉伯	Saudi Arabia	92	74	1	17
塞舌尔	Seychelles	21	6	6	9
新加坡	Singapore	1766	1048	581	137
斯洛伐克	Slovakia	13	9	3	1
斯洛文尼亚	Slovenia	26	13	3	10
南 非	South Africa	45	26	4	15
西班牙	Spain	440	223	39	178
瑞 典	Sweden	1890	1450	89	351
瑞 士	Switzerland	3364	2353	131	880
泰 国	Thailand	100	38	14	48
突尼斯	Tunis				
土耳其	Turkey	66	37	7	22
乌克兰	Ukraine	14	2	4	8
越 南	Viet Nam	17	4	6	7
爱沙尼亚	Estonia	19	4	6	9
英 国	United Kingdom	2152	1380	149	623
美 国	United States of America	27470	21084	1660	4726
维尔京群岛	Virgin Islands, British	166	76	43	47
其 他	Others	133	46	32	55

8-12 按国别(地区)分国外三种专利有效数

Three Kinds of Foreign Patent in Force by Country (Area)

单位：件 (piece)

国家(地区)	Country (Area)	合计 Total	发明 Invention	实用新型 Utility Model	外观设计 Design
总计	**Total**	**956029**	**778721**	**51811**	**125497**
安道尔	Andorra	10	9	1	
阿根廷	Argentina	47	35	6	6
奥地利	Austria	5914	5195	268	451
澳大利亚	Australia	4788	2920	354	1514
巴哈马	Bahamas	84	79	1	4
巴巴多斯	Barbados	921	613	31	277
比利时	Belgium	4608	3927	181	500
伯利兹	Belize	22	7	13	2
百慕大群岛	Bermuda	530	412	54	64
巴　西	Brazil	796	487	86	223
保加利亚	Bulgaria	46	34	5	7
加拿大	Canada	7067	5886	301	880
开曼群岛	Cayman Islands	10084	7331	529	2224
智　利	Chile	77	74	2	1
哥伦比亚	Colombia	37	20	3	14
克罗地亚	Croatia	15	11		4
古　巴	Cuba	56	56		
塞浦路斯	Cyprus	158	76	8	74
捷　克	Czech Republic	683	213	57	413
朝　鲜	Korea DPR	6	2	4	
丹　麦	Denmark	6410	5071	243	1096
埃　及	Egypt	10	4	4	2
芬　兰	Finland	7731	6701	406	624
法　国	France	33890	26331	2047	5512
德　国	Germany	98876	81127	5287	12462
直布罗陀	Gibraltar	24	22	2	
希　腊	Greece	144	119	1	24
匈牙利	Hungary	200	158	18	24
冰　岛	Iceland	77	72	2	3
印　度	India	1268	972	68	228
印度尼西亚	Indonesia	84	23	10	51
伊　朗	Iran	10	2	6	2
爱尔兰	Ireland	2789	2423	130	236
以色列	Israel	3505	2775	213	517
意大利	Italy	14609	9690	771	4148
日　本	Japan	336236	286474	17648	32114
哈萨克斯坦	Kazakhstan	13	10	2	1
吉尔吉斯斯坦	kyrgyzstan	2		1	1
拉托维亚	Latvia	22	15	3	4

8-12 续表 continued

单位：件 (piece)

国 家(地区)	Country (Area)	合 计 Total	发 明 Invention	实用新型 Utility Model	外观设计 Design
列支敦士登	Liechtenstein	924	686	14	224
卢森堡	Luxembourg	1911	1322	88	501
马来西亚	Malaysia	638	272	140	226
马耳他	Malta	158	137	6	15
毛里求斯	Mauritius	111	108		3
墨西哥	Mexico	386	255	8	123
摩纳哥	Monaco	101	27	2	72
荷 兰	Netherlands	22170	19015	661	2494
新西兰	New Zealand	1041	605	64	372
挪 威	Norway	1518	1295	39	184
巴拿马	Panama	41	37		4
菲律宾	Philippines	89	55	26	8
波 兰	Poland	387	244	27	116
葡萄牙	Portugal	167	127	3	37
韩 国	Korea Rep.	85664	65872	4384	15408
罗马尼亚	Romania	11	5	3	3
俄罗斯联邦	Russian Federation	890	530	137	223
萨摩亚	Samoa	290	208	66	16
沙特阿拉伯	Saudi Arabia	726	541	4	181
塞舌尔	Seychelles	138	46	46	46
新加坡	Singapore	8803	5306	2595	902
斯洛伐克	Slovakia	74	46	4	24
斯洛文尼亚	Slovenia	191	129	4	58
南 非	South Africa	460	373	16	71
西班牙	Spain	2636	1580	146	910
瑞 典	Sweden	14749	11854	439	2456
瑞 士	Switzerland	27518	20719	1454	5345
泰 国	Thailand	430	152	53	225
突尼斯	Tunis	3	3		
土耳其	Turkey	388	195	32	161
乌克兰	Ukraine	62	28	9	25
越 南	Viet Nam	72	11	10	51
爱沙尼亚	Estonia	68	23	11	34
英 国	United Kingdom	16094	11258	782	4054
美 国	United States of America	222975	185117	11399	26459
维尔京群岛	Virgin Islands, British	1683	886	268	529
其 他	Others	613	278	105	230

8-13 按国际专利标准分类的专利申请受理、授权和有效数(2020年)
Patent Applications Accepted, Granted and in Force by International Patent Classification (2020)

单位：件 (piece)

项目	Item	申请 Application	授权 Granted	有效 in Force
合计	**Total**	**4439767**	**2907350**	**10005541**
A部(人类生活需要)	**Section A: Human Necessities**	**670746**	**425159**	**1261036**
农、林、牧、渔	Agriculture, Forestry, Animal Husbandry and Fishery	124149	80736	232603
烘烤、食用面团	Baking and Edible Doughs	5628	3383	11045
屠宰、加工	Butchering and Meat Treatment	3367	2455	6798
食品、食物及处理	Foods and Foodstuffs and their Treatment	37356	16697	72234
烟类及用品	Tobacco, Cigars and Cigarettes	8034	5533	22306
服装	Clothing	23705	12758	35592
帽类制品	Headwear	3040	1800	4889
鞋类	Footwear	7832	6006	19577
男用服饰用品、珠宝	Haberdashery and Jewelry	4327	3516	12874
手携及旅行用品	Hand or Traveling Articles	14514	12392	36247
刷类用品	Brushware	2496	1932	5984
家具、家庭日用品或设备	Furniture, Domestic Articles, and Appliance	120800	92576	264804
医学、兽医学、卫生学	Medical or Veterinary Science and Hygiene	269645	154268	445899
救生、消防	Life-saving and Fire-fighting	13044	8267	24189
运动、游戏、娱乐活动	Sports, Games and Recreation	30041	22837	65928
本部其他类目中不包括的技术主题	Subject Matter not Otherwise Provided for in this Section	2768	3	67
B部(作业、运输)	**Section B: Industrial and Transportation**	**1385664**	**959136**	**2927718**
物理或化学的方法功能装置	Physical or Chemical Processes or Apparatus	176708	121442	358987
破碎、研磨、粉碎	Crushing,Pulverizing or Disintegrating	40784	25549	66067
分选、分离	Separation of Solid Materials, Electrostatic Separation	6636	4989	17851
离心装置、离心机	Centrifugal Apparatus or Machines	3539	2509	8224
喷射、雾化	Spraying or Atomizing in General	37487	25040	73631
机械振动的产生和传递	Generating or Transmission of Mechanical Vibrations	436	364	1488
固体分离、分选	Separating Solids from Solids Wastes	29839	19621	49655
清洁	Cleaning	44950	28837	72606
固体废料的处理	Disposal of Solid Waste	7793	4468	13329
金属加工、冲裁	Mechanical Metal-working and Stamping	64312	47160	150585
铸造、粉末冶金	Casting and Powder Metallurgy	21547	14910	58720
机床、其他金属加工	Machine Tools	149440	104775	326423
磨削、抛光	Grinding and Polishing	52783	34693	90801
简单工具	Hand tools, Portable Power Tools and Workshop Equipment	61515	42887	122945
手工切割工具、切断	Hand Cutting Tools, Cutting and Servering	31671	22892	59665
木材加工、保存、钉钉机	Wood Preservation and Nailing or Stapling Machines	13840	9119	24811
加工水泥、粘土和石料	Cement, Clay or Stone	31879	21660	56650
塑料制品的加工	Working of Plastics	77807	54685	163882
压力机	Presses	8605	6147	17276
纸品制作、纸的加工	Paper Making and Processing Paper	9175	6225	17049
叠层产品	Layered Products	20470	12641	47717
印刷、打字机、印刷机	Pringting, Lining Machines, and Typewriters	69	6	18
装订、图册、文件夹	Bookbinding, Albums, and Files	21645	16561	57971
绘图具、办公附属用品	Writing or Drawing Appliances	4836	4093	9825
装饰艺术	Decorative Arts	6668	5550	12670

注：1.本表只包含发明和实用新型专利。
2.分类指专利分类部门对每一件发明专利申请或实用新型专利申请的技术主题进行分类，给出完整的代表发明或实用新型的发明情报的分类号。

8-13 续表 1 continued

单位：件 (piece)

项　目	Item	申　请 Application	授　权 Granted	有　效 in Force
一般车辆	Vehicles in General	5347	4602	12454
铁　路	Railways	80339	55299	220532
无轨陆用车牌	Land Vehicles other than Rails	9381	6673	26526
船舶、船只，有关的设备	Ships and Related Equipment	41579	30476	105495
飞行器、航空、宇宙航行	Aircraft and Aviation	11426	7865	28079
输送、包装、存储、搬运	Conveying aand Packing Inflammatory Material	15740	9970	34075
卷扬、提升、牵引	Hoistng, Lifting, and Hauling	238642	167033	481929
液体的储运	Opening or Closing Bottles, Jars or Similar Containers	49756	34168	117736
鞍具、室内装璜	Saddlery and Upholstery	8074	5653	18398
微观结构技术	Micro-Structural Technology	236	197	666
超微技术	Nano-Technology	644	348	2519
C部(化学、冶金)	**Section C: Chemistry and Metallurgy**	**277322**	**157004**	**747722**
无机化学	Inorganic Chemistry	12730	7308	41747
水、废污水、泥浆的处理	Treatment of Water, Waste Water, Sewage or Sludge	62010	40238	130473
玻璃、矿棉和渣棉	Glass, Mineral or Slag Wool	8807	5274	25131
水泥、陶瓷等、隔音材料	Cements, Concrete, Artificial Stone,Ceramics, Refractories	12366	4839	27643
肥料及制造	Fertilizers and Related Products	5683	2020	11548
炸药、火柴	Explosives and Matches	667	368	1942
有机化学	Organic Chemistry	29108	15612	98281
有机高分子化合物	Organic Macromolecular Compounds	27354	12163	85976
杂料、涂料、抛光剂等	Dyes, Paints, Polishes, Resins, and Adhesives	20378	8861	51219
石油、煤气及炼焦工业	Petroleum, Gas or Coke Industries,Inert Gases	9533	6206	34782
动植物油、脂类	Animal or Vegetable Oils, Fats	4667	2224	9431
生化、酒、醋、酶、遗传工程	Biochemistry, Beer, Spirits, Wine, Microbiology	37539	21461	87055
糖或淀粉工业	Sugar Industry	293	185	790
大小原皮、毛皮、皮革	Skins, Hides, Pelts, Leather	1536	1069	3188
黑色冶金	Metallurgy of Iron	10392	7168	30488
冶金学、合金或有色合金	Metallurgy, Ferrous or Non-ferrous Alloys	10898	6734	39144
金属加工涂料、防腐防绣	Coating Metallic Materials	12402	8089	36195
电解电泳方法及设备	Electrolytic or Electrophoretic Processes	8478	5711	24330
晶体生长	Crystal Growth	2366	1440	8124
组合技术	Combinatorial Technology	115	34	235
D部(纺织、造纸)	**Section D: Textiles and Papers Making**	**64052**	**43002**	**153855**
线、纤维、纺纱	Natural or Artificial Threads or Fibres, Spinning	9154	6424	26208
纺纱、整经或络经	Yarn, Mechanical Finishing of Yarns or Ropes	2789	1984	6509
织　造	Weaving	3973	2854	10723
编带、花边、针织、整理	Braiding, Lacce-making, Knitting	6041	4029	15585
缝纫、绣花、簇绒	Sewing, Embroidering, Tufting	5574	4822	16284
织物等的处理、洗涤	Treatment of Textiles, Laundering	30361	18880	59807
绳、除电缆外的缆绳	Ropes, Cables other than Electric	839	615	2449
造纸、纤维素的生产	Paper-making, Production of Cellulose	5321	3394	16290
E部(固定建筑物)	**Section E: Fixed Constructions**	**329057**	**225633**	**691301**
道路、铁路和桥梁的建筑	Construction od Roads, Railways, or Bridges	53749	35106	97544
水利工程、基础、运土	Hydraulic Engineering, Foundations, Soil-shifting	47693	31386	95163

a) Invention and Utility Model only.
b) Classification refers to the patent classification department classify technology theme of every piece of invention and utility model and give each complete classification number.

8-13 续表 2 continued

单位：件 (piece)

项　目	Item	申　请 Application	授　权 Granted	有　效 in Force
给水、排水	Water Supply, Sewerage	22058	15093	44210
建筑物	Building	120533	81976	240086
锁、钥匙、门窗、保险箱	Locks, Keys, Windows or Door Fittings,Safes	18725	15529	55371
一般门、窗、百叶窗、梯子	Doors, Windows, Shutters, or Roller Blinds in General,Ladders	23765	18438	54763
钻进、采矿	Well Drilling, Mining	42534	28105	104164
F部(机械工程)	**Section F: Mechanical Engineering**	**462991**	**328178**	**1184544**
一般机器、发动机、蒸汽机	Machines or Engines in General,Engines Plants in General, Steam Engines	11136	8140	40777
内燃机等	Combustion Engines	12411	9751	51129
液力机械和其他发动机	Machines or Engines for Liquids	7875	5114	20826
液体变容机械、泵	Prositive-displacement Machines for Liquids	36129	26411	101557
液压调节器、液压技术	Fluid-pressure Ajustors,Hydraulic or Pneumatics in General	8669	6242	25770
工程元件或部件	Engineering Elements of Units	162615	110605	373793
气体或液体的储藏或分配	Storing or Distributing of Gases or Liquids	8367	5365	18441
照　明	Lighting	47143	36918	134962
蒸汽的产生	Steam Generation	4170	2829	11437
燃烧设备、燃烧技术	Combustion Apparatus,Combustion Processes	16869	11940	45996
采暖、炉灶、通风	Heating, Ranges, Ventilation	63138	45473	166649
制冷气体的液化和固化	Refrigeration or Cooling, Heat Pump System	20701	14605	57541
干　燥	Drying	29583	20524	51221
炉、窑、灶、罐	Furnaces, Kins, Ovens	13488	9765	32830
一般热交换	Heat Exchanges in General	13983	9970	35463
武　器	Weapons	3672	2550	8651
弹药、爆破	Ammunition, Blasting Caps	3042	1976	7501
G部(物理)	**Section G: Physics**	**725263**	**405539**	**1499358**
测量、测试	Measurements,Testing	290078	196740	676371
光学技术	Optics	35292	25182	116964
照相术、电影术、电刻术	Photograpphy,Cinematography, Electrography	10115	7369	41852
测时技术	Horology	2612	2137	8216
控制、调节技术	Controlling, Regulating	28260	17645	87761
计算、推算、计数技术	Computing, Calculating, Counting	240708	80143	318627
核算装置	Checking Devices	18850	11173	45166
信号装置	Signaling	21405	12601	48545
教育、密码、显示、广告等	Education, Cryptography, Advertising, Seals	52416	41480	108514
乐器、声学	Musical Instruments, Acoustics	10046	5120	16774
信息的储存	Information Storage	4458	2848	18271
仪器的零部件	Instrument Details	335	259	1067
核物理、核工程	Nuclear Physics, Nuclear Engineering	8520	1515	3300
本部其他类目中不包括的技术主题	Subject Matter not Otherwise Provided for in this Section	2168	1327	7930
H部(电学)	**Section H: Electricity**	**524672**	**363699**	**1540007**
基本电器元件	Basic Electric Elements	188091	129438	580128
电力的发电、变电或配电	Generation, Conversion, or Distribution of Electric Power	136619	94818	363337
基本电子电路	Basic Electronic Circuitry	10018	5381	33585
电信技术	Telecommunication Technique	136786	90560	428590
其他类不包括的电技术	Electric Technique not Otherwise Provided for in this section	53158	43502	134367

8-14 国防专利申请数
National Defense Patent Applications

单位：件 (piece)

地 区	Region	2000	2005	2010	2013	2014	2015	2016	2017	2018	2019	2020
全 国	**National Total**	**264**	**1587**	**6264**	**10578**	**4962**	**12749**	**13028**	**12283**	**14045**	**15521**	**20102**
东部地区	Eastern Region	138	757	3576	5748	2841	6621	6855	6487	6934	7626	10520
中部地区	Middle Region	36	271	1020	1611	620	2064	1880	1930	1084	2520	3081
西部地区	Western Region	49	408	1383	2628	1200	3373	3645	3202	2940	4429	5487
东北地区	Northeast Region	41	151	285	591	301	691	648	664	863	946	1014
北 京	Beijing	91	408	2323	3765	1849	4227	4167	3968	4502	4880	6678
天 津	Tianjin	1	10	66	154	17	282	281	290	254	316	519
河 北	Hebei	16	47	128	219	94	268	213	207	303	217	275
山 西	Shanxi	8	28	167	204	77	414	304	404	516	402	544
内蒙古	Inner Mongolia	2	2	93	152	71	192	145	222	139	224	226
辽 宁	Liaoning	22	97	144	357	182	468	413	459	442	598	640
吉 林	Jilin	12	27	51	65	39	70	57	41	56	94	58
黑龙江	Heilongjiang	7	27	90	169	80	153	178	164	250	254	316
上 海	Shanghai	7	108	347	500	263	495	520	554	557	479	910
江 苏	Jiangsu	15	113	512	789	440	852	1157	982	1357	1346	1416
浙 江	Zhejiang	2	27	25	94	55	135	117	170	240	108	244
安 徽	Anhui	5	32	56	97	42	133	121	154	204	109	237
福 建	Fujian		9	13	17	4	8	6	6	9	26	18
江 西	Jiangxi	1	9	64	61	21	121	107	54	80	155	106
山 东	Shandong	4	30	145	191	81	279	268	202	352	161	394
河 南	Henan	4	48	227	426	91	524	621	555	389	815	927
湖 北	Hubei	5	96	352	511	243	581	568	605	677	843	867
湖 南	Hunan	13	58	154	312	146	291	159	158	314	196	400
广 东	Guangdong	2	4	17	19	37	74	125	108	66	92	63
广 西	Guangxi			18	28	8	39	17	20	33	18	27
海 南	Hainan		1			1	1	1			1	3
重 庆	Chongqing	7	24	81	156	95	161	234	182	297	281	316
四 川	Sichuan	9	76	244	501	220	636	881	660	773	1081	1383
贵 州	Guizhou		27	62	149	42	108	127	112	96	211	174
云 南	Yunnan	1	76	48	100	22	149	143	92	103	155	201
西 藏	Tibet											
陕 西	Shaanxi	22	190	758	1435	689	2009	2006	1794	1944	2316	2935
甘 肃	Gansu	7	9	71	66	30	67	87	105	80	126	185
青 海	Qinghai							2		2		
宁 夏	Ningxia				11					2	13	7
新 疆	Xinjiang	1	4	8	30	23	12	3	15	8	4	33

8-15 国防专利授权数
National Defense Patent Granted

单位：件 (piece)

地　区	Region	2000	2005	2010	2013	2014	2015	2016	2017	2018	2019	2020
全　国	**National Total**	**134**	**294**	**1664**	**6027**	**10108**	**10786**	**6830**	**7243**	**5748**	**6188**	**6627**
东部地区	Eastern Region	55	156	839	3486	5534	6186	3784	3904	2873	3223	3401
中部地区	Middle Region	33	40	293	1032	1752	1610	1029	1076	481	958	1039
西部地区	Western Region	30	64	394	1254	2365	2471	1681	1871	1277	1735	1873
东北地区	Northeast Region	16	34	138	255	457	519	336	392	348	272	314
北　京	Beijing	33	94	602	2407	3572	4087	2526	2495	1915	2144	1990
天　津	Tianjin	1	1	20	62	205	176	75	133	191	86	173
河　北	Hebei	3	19	20	102	158	252	119	141	130	73	116
山　西	Shanxi	1	4	37	183	298	199	143	148	186	159	199
内蒙古	Inner Mongolia	1		12	48	145	114	70	81	70	95	113
辽　宁	Liaoning	12	11	72	110	249	348	213	267	149	172	215
吉　林	Jilin	3	18	34	67	67	45	46	40	33	22	25
黑龙江	Heilongjiang	1	5	32	78	141	126	77	85	66	78	74
上　海	Shanghai	2	7	42	242	534	576	314	297	249	218	288
江　苏	Jiangsu	10	22	102	507	733	747	522	559	421	484	581
浙　江	Zhejiang	1	2	21	38	73	82	65	86	74	56	82
安　徽	Anhui	7	13	19	104	111	77	56	64	56	69	49
福　建	Fujian			1	3	12	9	8	3	2	4	5
江　西	Jiangxi	1	1	9	35	82	53	57	56	52	14	51
山　东	Shandong	4	8	24	103	217	224	126	149	97	101	120
河　南	Henan	6	13	54	198	412	351	209	319	191	291	336
湖　北	Hubei	5	5	108	383	628	649	378	317	314	379	312
湖　南	Hunan	13	4	66	129	221	281	186	172	119	46	92
广　东	Guangdong	1	3	7	22	29	33	27	41	29	57	46
广　西	Guangxi		1	1	30	18	30	18	13	22	6	10
海　南	Hainan					1		2		1		
重　庆	Chongqing		4	13	53	147	136	62	101	59	97	91
四　川	Sichuan	8	16	76	220	444	493	346	340	307	336	430
贵　州	Guizhou			13	62	90	114	37	50	35	67	56
云　南	Yunnan	1	4	39	53	140	91	72	74	76	74	56
西　藏	Tibet											
陕　西	Shaanxi	18	35	220	741	1281	1420	978	1164	870	1010	1073
甘　肃	Gansu	2	3	19	40	89	57	63	33	30	46	44
青　海	Qinghai											
宁　夏	Ningxia					1		10	1			
新　疆	Xinjiang		1	1	7	10	16	25	14	4	4	

8-16　国防有效专利数
National Defense Patent in Force

单位：件　　(piece)

地　区	Region	2000	2005	2010	2013	2014	2015	2016	2017	2018	2019	2020
全　国	**National Total**	**679**	**1267**	**4010**	**15126**	**24336**	**34575**	**40812**	**40964**	**43634**	**48264**	**52675**
东部地区	Eastern Region	327	594	1914	7971	13133	19094	22585	22914	22993	26629	29656
中部地区	Middle Region	122	209	711	2715	4373	5871	6811	6794	3297	7425	8320
西部地区	Western Region	160	333	1042	3638	5656	7962	9466	9628	8921	12433	12762
东北地区	Northeast Region	70	131	343	802	1174	1648	1950	1628	2436	1777	1937
北　京	Beijing	177	354	1322	5506	8845	12819	15164	15443	16450	18247	19776
天　津	Tianjin	2	8	39	182	386	561	631	735	886	989	1082
河　北	Hebei	12	51	46	228	376	618	731	748	816	777	941
山　西	Shanxi	21	33	87	340	633	803	942	946	974	1061	1147
内蒙古	Inner Mongolia	15	15	40	148	290	400	432	482	533	634	733
辽　宁	Liaoning	50	79	225	450	638	969	1156	1078	1129	1186	1306
吉　林	Jilin	10	32	43	120	179	223	262	181	173	171	179
黑龙江	Heilongjiang	10	20	75	232	357	456	532	369	389	420	452
上　海	Shanghai	9	23	114	601	1083	1604	1854	1775	1874	2011	2189
江　苏	Jiangsu	103	119	270	1072	1748	2473	2968	2996	3228	3455	3999
浙　江	Zhejiang	7	9	45	124	189	267	332	354	403	387	610
安　徽	Anhui	12	22	71	230	336	401	446	430	479	490	565
福　建	Fujian	1	1	2	5	17	26	34	31	32	34	38
江　西	Jiangxi	3	6	19	97	179	232	284	341	389	399	451
山　东	Shandong	11	19	59	209	416	621	737	695	655	540	795
河　南	Henan	29	55	155	609	1008	1348	1537	1519	1683	2172	2085
湖　北	Hubei	19	31	214	1046	1624	2228	2579	2545	2480	2884	2870
湖　南	Hunan	38	62	165	393	593	859	1023	1013	1097	419	1202
广　东	Guangdong	5	10	17	44	72	104	131	135	135	187	224
广　西	Guangxi		1	2	34	52	82	100	92	113	109	110
海　南	Hainan					1	1	3	2	3	2	2
重　庆	Chongqing	7	17	53	152	276	389	440	371	375	407	401
四　川	Sichuan	37	69	198	691	1101	1561	1882	1943	2164	2503	2836
贵　州	Guizhou	4	2	24	177	249	363	395	394	417	458	488
云　南	Yunnan	6	10	73	190	240	322	383	410	466	495	536
西　藏	Tibet											
陕　西	Shaanxi	82	201	598	2110	3222	4546	5437	5568	5918	7429	7228
甘　肃	Gansu	6	13	44	108	188	245	308	288	295	328	369
青　海	Qinghai											
宁　夏	Ningxia					1	1	11	12	11	11	11
新　疆	Xinjiang	3	5	10	28	37	53	78	68	67	59	50

8-17 按申请人分国防专利申请、授权和有效数
National Defense Patent Applications Accepted,Granted and in Force by Type of Applicant

单位：件 (piece)

年 份 Year	合 计 Total	大专院校 Universities and Colleges	科研单位 Research Institutions	企 业 Industrial and Enterprises	机关团体 Government Agencies and Organizations	个 人 Individual
一、申请量 Applications						
2000	264	65	118	41	15	25
2005	1587	437	761	333	39	17
2006	2945	564	1746	590	34	11
2007	3814	756	2277	730	49	2
2008	4754	1122	2724	835	66	7
2009	5574	1228	3195	1059	90	2
2010	6264	1224	3688	1195	155	2
2011	6787	973	4357	1263	182	12
2012	8558	1222	5525	1445	361	5
2013	10578	1437	7053	1688	394	6
2014	4962	923	3090	756	192	1
2015	12749	1557	8631	2207	352	2
2016	13028	1423	9088	2197	315	5
2017	12283	1413	8350	2222	295	3
2018	14045	1510	9629	2582	322	2
2019	15521	1584	10695	2997	236	9
2020	20102	1478	14484	3539	595	6
二、授权量 Granted						
2000	134	46	57	18	10	3
2005	294	120	116	42	12	4
2006	213	72	100	35	5	1
2007	314	131	134	41	7	1
2008	653	244	286	97	24	2
2009	954	332	405	182	32	3
2010	1664	510	857	267	23	7
2011	3514	808	2035	619	44	8
2012	4142	933	2345	767	81	16
2013	6027	1173	3607	1080	165	2
2014	10108	1465	6443	1935	260	5
2015	10786	1506	7257	1662	354	7
2016	6830	904	4646	1066	210	4
2017	7243	868	4984	1175	216	
2018	5748	715	3964	944	125	
2019	6188	868	4216	979	123	2
2020	6627	739	4653	1108	127	
三、有效量 in Force						
2000	679	189	286	110	53	41
2005	1267	360	583	224	52	48
2006	1349	380	618	250	53	48
2007	1542	455	711	278	50	48
2008	2031	612	935	370	65	49
2009	2807	844	1281	542	88	52
2010	4010	1097	1991	773	97	52
2011	6992	1611	3862	1346	122	51
2012	10340	2073	5986	2052	169	60
2013	15126	2626	9168	2989	285	58
2014	24336	3886	15049	4808	536	57
2015	34575	5295	21995	6336	888	61
2016	40812	6129	26312	7217	1090	64
2017	40964	4649	28090	7371	833	21
2018	43634	4777	30063	8010	767	17
2019	48264	5224	33770	8738	514	18
2020	52675	5369	37023	9491	774	18

8-18 国外主要检索工具收录我国论文总数及在世界上的位置
Number of Chinese Paper Taken by Major Foreign Referencing Systems and Precedence in the World

项 目 Item	1995	2000	2005	2010	2013	2014	2015	2016	2017	2018	2019
收录论文数(篇) Number of Papers Taken(piece)											
《Science Citation Index》	13134	30499	68226	143769	232070	264522	296847	324189	361220	418213	495875
《Engineering Index》	8109	13163	54362	119374	163688	172914	218666	226495	227985	267734	287650
《Conference Proceedings Citation Index-Science》	5152	6016	30786	37780	68501	56642	41657	78236	73626	68376	58498
位 次 Precedence											
《Science Citation Index》	15	8	5	2	2	2	2	2	2	2	2
《Engineering Index》	7	3	2	1	1	1	1	1	2	1	1
《Conference Proceedings Citation Index-Science》	10	8	5	2	2	2	2	2	1	2	2

注：为便于国际比较，本表数据统一使用各检索系统直接检索结果，未经逐一核对。
Note: For international comparison,data in this table refer to retrieval results using the retrieval systems without ticking off.

8-19 国外主要检索工具收录的我国科技人员在国内外期刊上发表论文数
Number of Papers by Chinese Scientists and Technicians Published in Domestic and Foreign Periodicals and Taken by Major Foreign Referencing System

单位：篇 (piece)

项 目	Item	1995	2000	2005	2010	2014	2015	2016	2017	2018	2019
《Science Citation Index》收录合计	**Taken by SCI**	**7980**	**22608**	**63150**	**121026**	**235139**	**265469**	**290647**	**323878**	**376354**	**450215**
国内发表	Published in Domestic Periodicals	1087	9208	16669	25934	24089	23407	21789	21331	21480	22568
比重(%)	As % of Total	14	41	26.4	21.4	10.2	8.8	7.5	6.6	5.7	5.0
国外发表	Published in Foreign Periodicals	6893	13400	46481	95092	211050	242062	268858	302547	354874	427647
比重(%)	As % of Total	86	59	73.6	78.6	89.8	91.2	92.5	93.4	94.3	95.0
《Engineering Index》收录合计	**Taken by 《Engineering Index》**	**6791**	**13991**	**60301**	**119374**	**163799**	**204332**	**213385**	**214226**	**249948**	**271240**
国内发表	Published in Domestic Periodicals	3038	8293	35262	56578	54866	61873	55263	47545	48630	53574
比重(%)	As % of Total	45	59	58.5	47.4	33.5	30.3	25.9	22.2	19.5	19.8
国外发表	Published in Foreign Periodicals	3753	5698	25039	62796	108933	142459	158122	166681	201318	217666
比重(%)	As % of Total	55	41	41.5	52.6	66.5	69.7	74.1	77.8	80.5	80.2

注：表8-19至表8-23数据为逐一核对的第一作者单位在中国的论文数。
Note: Data from table 8-19 to 8-23 is the checked number of papers whose frist author belong to China.

8-20 国外主要检索工具收录我国科技论文按学科分布(2019年)

Chinese Scientific Papers Taken by Major Foreign Referencing System by Discipline (2019)

学科	Discipline	篇数(篇) Pieces(piece)			位次 Precedence		
		SCI	EI	CPCI-S	SCI	EI	CPCI-S
合计	**Total**	**450215**	**271240**	**51207**			
数学	Mathematics	11064	6929	176	14	14	19
力学	Mechanics	4629	5380	49	20	16	25
信息、系统科学	Information, Systems Science	1309	873	37	31	22	27
物理学	Physics	36842	18338	3503	4	6	5
化学	Chemistry	61656	16680	1840	1	8	8
天文学	Astronomy	2155	642	31	24	23	29
地学	Earth Science	17549	15941	1468	8	9	9
生物学	Biology	49850	30181	751	2	1	12
预防医学与卫生学	Protective Medicine	5894		38	16	33	26
基础医学	Basic Medicine	25740	453	3497	7	26	6
药学	Pharmacy	16727		145	11	33	21
临床医学	Clinic Medicine	47683		5084	3	33	3
中医学	Traditional Chinese Medicine	1168			33	33	36
军事医学与特种医学	Special Medicine	793			37	33	36
农学	Agriculture	5467	266	33	18	29	28
林学	Forestry	1402			30	33	36
畜牧、兽医科学	Livestock, Veterinary Medicine	2351			23	33	36
水产学	Aquatic	1856			26	33	36
测绘科学技术	Surveying & Mapping	1	3378	4	40	18	33
材料科学	Material Science	34891	22024	1466	5	4	10
工程与技术基础学科	Engineering & Basic Technology Science	2366	1662	3153	22	20	7
矿山工程技术	Mining	858	1374	6	36	21	31
能源科学技术	Energy	12222	17786	3620	12	7	4
冶金、金属学	Metallurgy, Metallography	1841	13359	6	27	11	31
机械、仪表	Machinery, Instrument	6251	11146	792	15	12	11
动力与电气	Power & Electrical Engineering	987	19420	51	35	5	24
核科学技术	Nuclear Technology	1860	322	669	25	28	13
电子、通讯与自动控制	Electronics,Communication & Automation	29619	22260	9463	6	3	2
计算技术	Computer	17098	14305	13489	10	10	1
化工	Chemical Engineering	11133	500	104	13	24	22
轻工、纺织	Light Industry & Textile Industry	1506	473	1	29	25	35
食品	Food	4923	74	70	19	31	23
土木建筑	Civil Construction	5649	26361	166	17	2	20
水利	Water Conservancy	2615	20	18	21	32	30
交通运输	Transportaiton	1273	6675	293	32	15	16
航空航天	Aviation and Aerospace	1675	3413	300	28	17	15
环境	Environment	17462	8138	466	9	13	14
安全科学技术	Security	277	373	217	39	27	17
管理	Management Science	1030	2354	3	34	19	34
其他	Others	543	140	198	38	30	18

8-21 国外主要检索工具收录我国科技论文按地区分布(2019年)
Chinese Scientific Papers Taken by Major Foreign Referencing System by Region (2019)

地 区	Region	篇 数(篇) Pieces(piece)			位 次 Precedence		
		SCI	EI	CPCI-S	SCI	EI	CPCI-S
全 国	**National Total**	**450215**	**271240**	**51207**			
北 京	Beijing	66310	46622	12009	1	1	1
天 津	Tianjin	13127	8020	1598	12	13	10
河 北	Hebei	5968	4075	615	19	19	19
山 西	Shanxi	5099	3380	239	22	20	24
内蒙古	Inner Mongolia	1718	981	215	27	27	26
辽 宁	Liaoning	16070	11343	1395	11	9	12
吉 林	Jilin	10902	6377	645	16	15	18
黑龙江	Heilongjiang	11730	9131	1368	14	12	13
上 海	Shanghai	35349	20198	4767	3	3	2
江 苏	Jiangsu	47225	29642	4320	2	2	3
浙 江	Zhejiang	23033	12185	2275	8	8	8
安 徽	Anhui	11946	7626	1448	13	14	11
福 建	Fujian	9457	4993	741	18	18	17
江 西	Jiangxi	5711	3335	358	21	22	21
山 东	Shandong	25117	11011	1855	5	10	9
河 南	Henan	11364	5942	802	15	17	16
湖 北	Hubei	24219	15471	2525	7	5	7
湖 南	Hunan	16345	10687	1173	10	11	14
广 东	Guangdong	32633	13606	3911	4	6	4
广 西	Guangxi	4063	1951	331	24	24	23
海 南	Hainan	1319	412	101	28	28	28
重 庆	Chongqing	10070	6113	979	17	16	15
四 川	Sichuan	20505	12217	2620	9	7	6
贵 州	Guizhou	2598	1066	220	25	25	25
云 南	Yunnan	4584	2007	390	23	23	20
西 藏	Tibet	79	20	8	31	31	31
陕 西	Shaanxi	24440	17967	3685	6	4	5
甘 肃	Gansu	5785	3338	346	20	21	22
青 海	Qinghai	503	200	47	30	30	30
宁 夏	Ningxia	719	327	66	29	29	29
新 疆	Xinjiang	2227	997	155	26	26	27

8-22 2003-2019年《SCI》收录的我国科技论文的10年滚动被引用情况
Citation Impact of Chinese Scientific Papers in 10 Year over Lapping Taken in SCI

单位：篇 (piece)

项 目	Item	2003-2012	2004-2013	2005-2014	2006-2015	2007-2016	2008-2017	2009-2018	2010-2019
收录论文数（A）	Number of Papers Taken by SCI	935439	1102007	1089964	1599251	1830098	1941591	2606423	3019068
被引用次数（B）	Citations times	6147148	8180753	8614382	14249025	18190895	21196243	28452349	36057149
论文影响（B/A）	Impact	6.57	7.42	7.90	8.91	10.06	10.92	10.92	11.94

8-23 中文科技期刊刊登的科技论文篇数按机构类型分类(2019年)
Scientific Papers Published in Chinese Science and Technology Periodicals by Type of Institutions (2019)

单位：篇 (piece)

项 目	Item	合 计 Total	高等院校 Universities	研究机构 Research Institutes	企 业 Enterprises	医 院 Hospital	其 他 Others
总 计	**Total**	**447830**	**297030**	**52123**	**27966**	**55263**	**15448**
基础学科	Basic Disciplines	43734	29737	8560	1671	194	3572
数 学	Mathematics	4091	3965	74	24	2	26
力 学	Mechanics	1946	1655	225	40	3	23
信息、系统	Information, System Science	327	298	17	5	1	6
物 理	Physics	4161	3301	755	46	2	57
化 学	Chemistry	8456	6064	1321	493	25	553
天 文	Astronomy	408	203	185	4		16
地 学	Earth Sciences	14145	6660	3968	919	4	2594
生 物	Biological Sciences	10200	7591	2015	140	157	297
医药卫生	Medical Care	179221	110161	9857	1109	54687	3407
农林牧渔	Agriculture, Forestry, Animal Husbandry and Fishery	33851	20711	10357	812	19	1952
工业技术	Manufacturing Technology	173331	121811	21528	24025	221	5746
其 他	Others	17693	14610	1821	349	142	771

8-24 重大科技成果
Major Research Results of Science and Technology

单位：项 (item)

项 目	Item	2000	2005	2010	2015	2016	2017	2018	2019	2020
合 计	**Total**	**32858**	**32359**	**42108**	**55284**	**58779**	**59792**	**65720**	**68562**	**76521**
按成果类别分组	**by Type of Results**									
基础理论	Elementary Theory	2368	2129	3288	5115	5565	6535	6497	7009	7678
应用技术	Applied Technology	28843	28559	37029	48363	51728	51677	57618	59903	67108
软科学	Soft Science	1647	1671	1791	1806	1486	1580	1605	1650	1735
按完成单位类型分组	**by Type of Performing Institutes**									
研究机构	Research Institutions	7859	6140	7141	9061	8879	8708	9588	9158	9513
高等院校	Universities	6508	7469	8536	10235	10780	10621	11863	10567	11782
企 业	Enterprises	10586	11525	16704	23650	23896	25126	36555	35511	40642
其 他	Others	7905	7225	9727	12338	15224	15337	7714	13326	14584
应用技术成果按行业分组	**by Industries**									
农林牧渔业	Farming, Forestry, Animal Husbandry and Fishery	4147	5123	5868	6970	7831	7973.8	8510	7754	9355
采矿业	Mining	600	1004	1568	1251	1244	1384.9	1472	1345	1256
制造业	Manufacturing	5334	5054	7526	12366	13958	14170	21931	22436	26941
电力、热力、煤气及水的生产和供应业	Production and Distribution of Electricity,Gas and Water	1279	1274	2647	2702	2826	2831.9	3122	2738	2553
建筑业	Construction	1189	1334	1376	1703	1908	1891.4	2629	2781	2818
批发和零售业	Wholesale and Retail Trade	152	109	146	96	100	77.516	131	214	201
交通运输、仓储和邮政业	Traffic,Transport, Storage and Post	1963	1641	1704	1693	1674	1669.2	1866	1841	1777
金融业	Finance	244	175	82	229	317	392.75	322	326	117
房地产业	Real Estate	176	72	52	76	47	72.348	66	94	120
科学研究和技术服务业	Scientific Research, Technical Service			4571	6651	6957	7177.9	8820	5146	5645
水利、环境和公共设施管理业	Management of Water Conservancy, Environment and Public Establishment	580	655	1077	1296	1448	1343.6	1742	1942	1946
居民服务、修理和其他服务业	Resident Services and Other Services	404	407	187	164	276	253.22	184	242	315
卫生和社会工作	Sanitation and Social Works	6009	5834	7622	9541	9310	8335.5	9122	7484	7515
文化、体育和娱乐业	Culture, Sports and Entertainment	456	253	342	183	285	211.88	361	277	349
公共管理、社会保障和社会组织	Public Management and Social Organization	501	649	423	568	547	614.96	559	613	600
其 他	Others	3655	741	1838	2874	3000	3276.3	3232	4670	5600

8-25 国家级科技奖励
National Science and Technology Awards

单位：项 (item)

项 目	Item	2000	2005	2010	2012	2013	2014	2015	2016	2017	2018	2019	2020
合 计	**Total**	**292**	**321**	**356**	**337**	**323**	**327**	**302**	**287**	**280**	**285**	**308**	**275**
一、国家科学技术进步奖	**National S&T Advancement Award**	**250**	**236**	**273**	**212**	**188**	**202**	**187**	**171**	**170**	**173**	**185**	**157**
特 等	Special Grade			3	3	3	3	3	2	3	2	3	2
一 等	1st Class	22	18	31	22	24	26	17	20	21	23	22	18
二 等	2nd Class	228	218	239	187	161	173	167	149	146	148	160	137
二、国家技术发明奖	**National Invention Award**	**23**	**40**	**46**	**77**	**71**	**70**	**66**	**66**	**66**	**67**	**65**	**61**
一 等	1st Class		1	2	3	2	3	1	3	4	4	3	3
二 等	2nd Class	23	39	44	74	69	67	65	63	62	63	62	58
三、国家自然科学奖	**National Natural Science Award**	**15**	**38**	**30**	**41**	**54**	**46**	**42**	**42**	**35**	**38**	**46**	**46**
一 等	1st Class					1	1	1	1	2	1	1	2
二 等	2nd Class	15	38	30	41	53	45	41	41	33	37	45	44
四、国家最高科学技术奖	**National Supreme Award of Science and Technology**	**2**	**2**	**2**	**2**	**2**	**1**		**2**	**2**	**2**	**2**	**2**
五、国际科学技术合作奖	**International Science and Technology Co-operation Award**	**2**	**5**	**5**	**5**	**8**	**8**	**7**	**6**	**7**	**5**	**10**	**9**

8-26 国家级科技奖励分布
Distribution of National Science and Technology Awards

单位：项　　　　(item)

项　　目	Item	2000	2005	2010	2012	2013	2014	2015	2016	2017	2018	2019	2020
一、国家科技进步奖	**National S&T Advancement Award**	**250**	**236**	**273**	**212**	**188**	**202**	**187**	**171**	**170**	**173**	**185**	**157**
按行业分组	**by Industries**												
工业交通	Manufacturing and Transportation	79	113	91	69	67	71	64	65	58	60	75	55
农林牧渔	Agriculture, Forestry, Animal Husbandry and Fishery	24	27	41	56	24	52	26	19	19	22	26	20
文教卫生	Education, Culture and Health Care	35	35	38	27	25	28	32	28	22	21	25	23
国防公安	National Defense and Public Security	71	61	59	50	51	48	46	39	38	36	39	36
其　他	Others	41		44	10	21	3	19	20	33	34	20	23
按隶属分组	**by Subordination**												
部　委	Ministries and Commissions	123	62	82	68	44	45	35	43	42	35	28	27
省市自治区	Province	51	79	98	54	56	68	69	49	45	45	48	49
其他单位	Others		31	58	40	37	41	37	40	45	57	70	38
专家提名	Expertise												7
军　口	Military System	76	64	35	50	51	48	46	39	38	36	39	36
二、国家技术发明奖	**National Invention Award**	**23**	**40**	**46**	**77**	**71**	**70**	**66**	**66**	**66**	**67**	**65**	**61**
按行业分组	**by Industries**												
工业交通	Manufacturing and Transportation	16	28	21	45	37	39	36	40	37	37	37	33
农林牧渔	Agriculture, Forestry, Animal Husbandry and Fishery	1	5	4	11	8	12	6	5	3	5	4	4
文教卫生	Education, Culture and Health Care	3	1	3	7	3	3	2	2	2	2	3	1
国防公安	National Defense and Public Security	2	6	13	14	16	16	16	19	17	18	18	17
其　他	Others	1		5		7		6		7	5	3	6
按隶属分组	**by Subordination**												
部　委	Ministries and Commissions	12	12	17	21	22	17	17	14	12	9	7	9
省市自治区	Province	9	15	15	24	17	21	18	19	14	18	19	14
其他单位	Others		6	9	18	16	16	15	14	23	22	21	17
专家提名	Expertise												4
军　口	Military System	2	7	5	14	16	16	16	19	17	18	18	17
三、国家自然科学奖	**National Natural Sciences Award**	**15**	**38**	**30**	**41**	**54**	**46**	**42**	**42**	**35**	**38**	**46**	**46**
按学科分组	**by Disciplines**												
数　理	Maths & Physics	3	7	8	10	12	8	8	7	2	5	7	7
化　学	Chemistry	3	6	6	7	7	6	5	7	5	6	6	7
生物医学	Biol-medical	3	10	6	9	10	10	6	5	7	7	9	8
地　球	Earth Sciences	5	6	4	4	5	7	5	6	6	4	5	5
材料工程	Material Engineering	1	7	4	6	13	8	10	6	4	4	7	9
信　息	Information		2	2	5	7	7	8	6	5	7	7	8
其　他	Others								5	6	5	5	2
按隶属分组	**by Subordination**												
部　委	Ministries and Commissions	11	17	10	27	27	21	12	18	10	10	12	14
省市自治区	Province	4	20	14	12	20	19	20	13	5	5	10	14
其他单位	Others				1	2	2	7	1	1	9	7	
专家提名	Expertise		1	6	1	5	4	3	10	19	14	17	18

8-27 商标注册申请及核准注册商标
Registration Application and Approved of Trademark

单位：件 (piece)

年 份 Year	注册申请 Registration Application				核准注册 Registration Approved			
	国内 Domestic	国际 International	马德里 Madrid	合计 Total	国内 Domestic	国际 International	马德里 Madrid	合计 Total
1988	41683	5866		47549	25448	3604		29052
1989	43202	5209		48411	31810	4625		36435
1990	50853	4371	2048	57272	25966	4036	1269	31271
1991	59124	5885	2595	67604	34501	3523	2306	40330
1992	79837	8367	2591	90795	42710	4198	1180	48088
1993	107758	21014	3551	132323	42668	3999	2059	48726
1994	117186	20238	5193	142617	47482	7803	3016	58301
1995	144610	21442	6094	172146	59895	12591	19380	91866
1996	122057	22615	7132	151804	101178	15843	11407	128428
1997	118577	21676	8502	148755	188047	24958	10033	223038
1998	129394	18252	10037	157683	80095	14137	13478	107710
1999	140620	18883	11212	170715	96139	13896	12366	122401
2000	181717	24623	16837	223177	129441	16327	12807	158575
2001	229775	23234	17408	270417	167563	19017	16259	202839
2002	321034	37221	13681	371936	169904	23364	19265	212533
2003	405620	33912	12563	452095	206070	21188	15253	242511
2004	527591	44938	15396	587925	225394	25069	16156	266619
2005	593382	52166	18469	664017	218731	23792	16009	258532
2006	669276	56840	40203	766319	228814	25254	21573	275641
2007	604952	59714	43282	707948	215161	19159	29158	263478
2008	590525	60704	46890	698119	342498	31870	29101	403469
2009	741763	51966	36748	830477	737228	68471	31944	837643
2010	973460	67838	30889	1072187	1211428	108510	29299	1349237
2011	1273827	95831	47127	1416785	926330	66074	30294	1022698
2012	1502540	97190	48586	1648316	919951	58656	26290	1004897
2013	1733361	95177	53008	1881546	909541	59496	27687	996724
2014	2139973	93284	52101	2285358	1242840	86394	45870	1375104
2015	2658674	116687	60205	2835566	2077037	99852	49552	2226441
2016	3526827	112347	52191	3691365	2119032	97497	38416	2254945
2017	5538980	141951	67244	5748175	2656039	94147	41886	2792072
2018	7127032	174959	68718	7370709	4796851	129336	81208	5007395
2019	7582356	188489	66596	7837441	6177791	155894	72155	6405840
2020	9116454	173128	57986	9347568	5576545	140242	43865	5760652

8-28 各地区商标注册申请与注册(2020年)
Registration Application and Approved of Trademark by Region (2020)

单位：件 (piece)

地　区	Region	申请数 Applications	核准注册 Registrations Approved	1991-2019年核准注册商标 1991-2019 Registrations Approved	截至2019年底有效注册量 Registrations Effected by the end of 2019
全　国	**National Total**	**9116454**	**5576545**	**31946904**	**28393188**
北　京	Beijing	564510	362738	2499034	2223056
天　津	Tianjin	85096	51092	339794	288949
河　北	Hebei	283859	175632	943407	837897
山　西	Shanxi	85379	48021	255283	223410
内蒙古	Inner Mongolia	71501	45125	270894	240565
辽　宁	Liaoning	130597	81384	559947	462852
吉　林	Jilin	75384	45193	293042	253691
黑龙江	Heilongjiang	93939	58824	376733	321190
上　海	Shanghai	505260	307405	1932466	1737353
江　苏	Jiangsu	603118	367645	2128609	1862454
浙　江	Zhejiang	874293	566301	3419848	2975001
安　徽	Anhui	303305	174516	830648	768729
福　建	Fujian	540649	331738	1761775	1571895
江　西	Jiangxi	199735	120294	558218	512617
山　东	Shandong	565318	349751	1799867	1610086
河　南	Henan	435379	267953	1219713	1121088
湖　北	Hubei	210889	133448	742026	665143
湖　南	Hunan	244048	149261	790090	710913
广　东	Guangdong	1755995	1079852	6047970	5430003
广　西	Guangxi	121558	65922	328659	295756
海　南	Hainan	44326	23493	136621	120720
重　庆	Chongqing	160862	104748	592284	576973
四　川	Sichuan	351668	202200	1020495	1014106
贵　州	Guizhou	125649	58618	453438	266864
云　南	Yunnan	140461	83847	441581	435055
西　藏	Tibet	13360	7572	102629	37178
陕　西	Shaanxi	172599	96266	466819	490260
甘　肃	Gansu	44459	27215	194287	123823
青　海	Qinghai	16828	9331	67331	48516
宁　夏	Ningxia	23252	13139	71361	67201
新　疆	Xinjiang	84648	42967	214794	221995
香　港	Hong Kong	172615	110947	831446	691065
澳　门	Macao	1474	977	8851	7816
台　湾	Taiwan	14441	13130	246944	178968

8-29 集成电路布图设计登记申请和登记发证(2020年)

Registration Application and Registration Certification of Integrated Circuit Layout-design (2020)

单位：件 (piece)

地　区	Region	申请数 Application	发证数 Certification
总　计	**Total**	**14375**	**11727**
国　内	**Domestic**	**14297**	**11647**
北　京	Beijing	492	429
天　津	Tianjin	191	156
河　北	Hebei	86	65
山　西	Shanxi	50	27
内蒙古	Inner Mongolia	9	6
辽　宁	Liaoning	43	34
吉　林	Jilin	51	42
黑龙江	Heilongjiang	87	63
上　海	Shanghai	1839	1650
江　苏	Jiangsu	3113	2469
浙　江	Zhejiang	730	601
安　徽	Anhui	655	569
福　建	Fujian	254	193
江　西	Jiangxi	70	47
山　东	Shandong	403	319
河　南	Henan	470	336
湖　北	Hubei	254	196
湖　南	Hunan	102	89
广　东	Guangdong	4293	3498
广　西	Guangxi	53	40
海　南	Hainan	68	68
重　庆	Chongqing	170	146
四　川	Sichuan	453	307
贵　州	Guizhou	42	39
云　南	Yunnan	10	6
西　藏	Tibet	4	1
陕　西	Shanxi	175	150
甘　肃	Gansu	5	5
青　海	Qinghai	2	1
宁　夏	Ningxia	21	21
新　疆	Xinjiang	4	3
香　港	Hong Kong	94	66
澳　门	Macao		
台　湾	Taiwan	4	5
国　外	**Foreign**	**78**	**80**
美　国	USA	78	79

8-30 农业植物新品种权申请和授权(2020年)
Application and Granted of New Variety Rights of Agriculture Plants(2020)

单位：件 (piece)

项　目	Item	申　请 Application	授　权 Granted
合　计	**Total**	**7913**	**2549**
一、按单位性质分	**by Units**		
国内科研	Domestic Research	3863	1200
国内企业	Domestic Enterprises	2805	996
国内教学	Domestic Education	507	159
国内个人	Domestic Individuals	444	140
国外企业	Foreign Enterprises	271	54
国外个人	Foreign Individuals	13	
国外教学	Foreign Education	9	
国外科研	Foreign Research	1	
二、按植物种类划分	**by Plant Species**		
大田作物	Field Crops	5918	1897
蔬　菜	Vegetables	984	333
观赏植物	Ornamental plant	594	188
果　树	Fruit Tree	303	113
菌　类	Fungi	65	7
药　用	Medicinal use	43	10
牧　草	Pasture	6	1

8-31 农业植物新品种权申请和授权(2020年)
Application and Granted of New Variety Rights of Agriculture Plants (2020)

单位：件 (piece)

项目	Item	申请 Application	授权 Granted
总计	**Total**	**7913**	**2549**
国内	**Domestic**	**7446**	**2409**
北京	Beijing	613	295
天津	Tianjin	113	27
河北	Hebei	443	130
山西	Shanxi	106	48
内蒙古	Inner Mongolia	125	34
辽宁	Liaoning	146	26
吉林	Jilin	239	51
黑龙江	Heilongjiang	758	167
上海	Shanghai	148	45
江苏	Jiangsu	394	182
浙江	Zhejiang	267	76
安徽	Anhui	296	132
福建	Fujian	293	66
江西	Jiangxi	54	14
山东	Shandong	552	228
河南	Henan	748	222
湖北	Hubei	240	82
湖南	Hunan	335	192
广东	Guangdong	373	84
广西	Guangxi	226	53
海南	Hainan	96	16
重庆	Chongqing	32	13
四川	Sichuan	238	41
贵州	Guizhou	69	38
云南	Yunnan	255	57
西藏	Tibet	6	
陕西	Shaanxi	71	24
甘肃	Gansu	82	30
青海	Qinghai	5	
宁夏	Ningxia	63	2
新疆	Xinjiang	46	26
台湾	Taiwan	14	8
国外	**Abroad**	**467**	**140**
美国	USA	140	50
荷兰	Netherlands	124	54
德国	Germany	65	4
瑞士	Switzerland	57	9
日本	Japan	44	4
法国	France	19	12
以色列	Israel	6	5
意大利	Italy	4	1
新西兰	New Zealand	3	1
澳大利亚	Australia	1	
比利时	Belgium	1	
南非	South Africa	1	
新加坡	Singapore	1	
英国	England	1	

8-32 按技术合同构成分全国技术市场成交合同数
Contract Deals in Domestic Technical Markets by Type of Contracts

单位：项 (item)

项目	Item	2013	2014	2015	2016	2017	2018	2019	2020
合　计	**Total**	**294929**	**297037**	**307132**	**320437**	**367586**	**411985**	**484077**	**549353**
一、按合同类别分	**by Type of Technical Income**								
技术开发	Technology Development	153959	148946	153433	148582	169466	180431	198105	217580
委托开发	Commissioned Development	146121	140662	144228	137532	153603	168573	186441	201940
合作开发	Cooperated Development	7838	8284	9205	11050	15863	11858	11664	15640
技术转让	Technology Transfer	11797	12499	12787	12556	16698	15381	16953	23243
技术秘密转让	Technical Secrets Transfer	7416	7277	6928	6094	6361	6048	5595	7022
专利实施许可转让	Patent License Transfer	2301	1961	1999	1862	4176	2615	3222	4654
专利权转让	Patent Right Transfer	1143	1454	1799	2522	4013	4542	5688	8546
专利申请权转让	Patent Application Right Transfer	160	162	204	238	329	398	431	569
计算机软件著作权转让	Computer Software Copyright Transfer	381	1258	1216	740	819	837	915	1152
集成电路布图设计专有权转让	Integrated Circuit Layout Design Exclusive Right Transfer	21	21	51	25	27	18	31	72
设计著作权转让	Design copyright Transfer				11	25	32	17	100
植物新品种权转让	New Species of Plants	160	185	292	385	491	630	726	753
生物、医药新品种权转让	New Species of Biology and Medicine Patent Right Transfer	215	181	298	375	252	183	256	260
技术咨询	Technology Consultation	32564	27911	33559	24447	26735	29828	31215	36151
技术服务	Technology Service	96609	107681	107353	134852	154687	186345	237804	272379
一般性技术服务	Normal Technology Service	95480	106312	105481	132172	152463	183910	235136	269158
技术中介	Technology Intermediary	124	154	349	1485	586	803	589	856
技术培训	Technology Training	1005	1215	1523	1195	1638	1632	2079	2365
二、按知识产权构成分	**by Intellectual Right**								
技术秘密	Technology Secrets	88649	87700	86266	78319	80258	82230	87763	93654
专利	Patent	6951	7111	7805	9839	15229	16993	21804	30872
发明专利	Invention	4330	4662	4649	5914	9705	11053	14374	20027
实用新型专利	Utility Model	2384	2264	2962	3642	5141	5597	7036	10432
外观设计专利	Design	237	185	194	283	383	343	394	413
计算机软件	Computer Software	49107	48593	46931	46264	51026	48533	49602	51930
植物新品种	New Species of Plants	590	514	793	796	891	1099	1622	1438
集成电路布图设计	IC Layout Design	1828	447	685	1079	762	683	693	841
生物、医药新品种	New Species of Biology and Medicine	8747	1967	2401	2368	2653	2372	2807	3704
未涉及知识产权	Others	139057	150705	160547	179361	214546	257323	316614	363360
设计著作权	Design copyright				2411	2221	2752	3172	3554

8-32 续表 continued

单位：项 (item)

项 目	Item	2013	2014	2015	2016	2017	2018	2019	2020
三、按技术领域分	**by Technical Field**								
电子信息技术	IT Technology	118496	119066	122538	136246	143633	163812	187716	191574
航空航天技术	Aviation and Aerospace Technology	6340	7440	10079	9680	10396	11178	11956	12578
先进制造技术	Advanced Manufacture Technology	25559	31534	32071	30490	36636	42283	51626	61165
生物、医药和医疗器械技术	Biology,Medicine and Medical Machine Technology	21094	21255	23549	26177	29796	30493	39468	45972
新材料及其应用	Advanced Material and Application	12859	10609	12442	12793	15060	17693	21207	27395
新能源与高效节能	New Energy and Power Saving	22246	19234	20894	18432	23608	26159	30733	60250
环境保护与资源综合利用技术	Environment and Source Application Technology	21707	18436	20887	19205	27603	27389	33170	33702
核应用技术	Nuclear Application Technology	1059	806	404	491	648	679	621	523
农业技术	Agriculture Technology	11766	12380	13126	13996	19590	21677	22413	30347
现代交通	Modern Traffic	10950	16160	11526	10895	10923	13256	15880	16110
城市建设与社会发展	Urban Construction and Social Development	42853	40117	39616	42032	49693	57366	69287	69737
四、按社会经济目标分	**by Social and Economic Objectives**								
农林牧渔业发展	Farming,Forestry and Fishery	13204	12820	13981	14995	20059	21932	22627	29899
工商业发展	Industry Promotion	24452	20188	28135	28019	36822	44019	51476	59452
能源生产、分配和合理利用	Energy Production,Distribution and Application	24438	25249	19133	16598	21903	23738	27895	55149
基础设施以及城市和农村规划	Infrastructure,Urban and Rural Planning	24289	23358	20477	23050	22706	23562	27189	29374
环境保护、生态建设及污染防治	Environmental Protection,Ecological Building and Pollution Prevention	19554	17964	18575	18070	26494	22902	27400	30059
卫生事业发展	Sanitation Development	14666	13076	16306	17859	18728	19830	26109	30637
社会发展和社会服务	Social Development and Social Service	96913	106158	111019	116742	127466	143094	165535	171363
地球和大气层的探索与利用	Earth and Atmosphere Exploration and Utility	2516	4080	421	676	548	837	1087	877
教育事业发展	Education Development	6500	7237	7191	10593	10852	11330	13458	12652
民用空间探测及开发	Civil Aerospace Exploration	3674	1585	1844	1415	1725	1898	1841	2172
国防	Defense	7347	7715	11757	11991	12026	12992	14101	15251
其他民用目标	Other Civil Purpose	57376	51049	49233	48157	56757	66401	79404	89745
非定向研究	Nondirective Research			9060	12272	11500	19450	25955	22723

8-33 按技术合同构成分全国技术市场成交合同金额
Value of Contract Deals in Domestic Technical Markets by Type of Contracts

单位：万元 (10 000 yuan)

项　目	Item	2014	2015	2016	2017	2018	2019	2020
合　计	**Total**	**85771790**	**98357896**	**114069816**	**134242245**	**176974213**	**223983882**	**282515092**
一、按技术性收入的类型分	**by Type of Technical Income**							
技术开发	Technology Development	29490054	30471820	34796413	47485447	58885455	71773214	88740760
委托开发	Commissioned Development	26490243	27339210	31390386	40029867	49362634	60129654	73465753
合作开发	Cooperated Development	2999811	3132610	3406027	7455580	9522821	11643559	15275007
技术转让	Technology Transfer	11371714	14665294	16078867	14002811	16096954	21888778	23976580
技术秘密转让	Technical Secrets Transfer	8533933	11511716	6274102	6792785	6868054	7165852	8497844
专利实施许可转让	Patent License Transfer	1672625	1172986	3861730	2922040	4550718	3810624	8157296
专利权转让	Patent Right Transfer	577016	925292	850615	1383493	1692490	8188387	4571110
专利申请权转让	Patent Application Right Transfer	46003	44672	73770	90058	130087	162206	162062
计算机软件著作权转让	Computer Software Copyright Transfer	238957	617961	408110	366011	603217	1829127	765616
集成电路布图设计专有权转让	Integrated Circuit Layout Design Exclusive Right Transfer	17027	44080	238412	141781	6722	7404	34050
设计著作权转让	Design copyright Transfer			1399	17987	23490	2722	38599
植物新品种权转让	New Species of Plants Patent Right Transfer	38307	182452	194424	121273	70916	122216	97456
生物、医药新品种权转让	New Species of Biology and Medicine Patent Right Transfer	247847	166135	265216	155789	245353	554764	750359
技术咨询	Technology Consultation	2442863	2631180	4683265	4492289	5646121	6141064	11045590
技术服务	Technology Service	42467158	50589603	58511271	68261698	96345683	124180826	158752162
一般性技术服务	Normal Technology Service	42304505	49963295	58011939	66742900	95686432	122954691	158070665
技术中介	Technology Intermediary	74441	197355	241380	179426	320246	173636	67533
技术培训	Technology Training	88213	428953	257952	1339371	339005	1052500	613964
二、按知识产权构成分	**by Intellectural Right**							
技术秘密	Technology Secrets	26257535	25344591	26575542	29912687	34926639	46731818	53812813
专利	Patent	6614237	6753434	12973196	14204704	20945087	30857642	37903761
发明专利	Invention	4332886	3572037	7307373	8706940	14363204	17414736	23261556
实用新型专利	Utility Model	2171791	3067496	5570794	5313921	6215502	13239858	14274242
外观设计专利	Design	109560	113902	95028	183844	366381	203048	367963
计算机软件	Computer Software	7079207	6866398	8354526	8526746	8793395	12028361	14818532
植物新品种	New Species of Plants	236727	265589	353516	328249	229036	260925	243499
集成电路布图设计	IC Layout Design	360165	358039	429826	533307	378028	497789	1340403
生物、医药新品种	New Species of Biology and Medicine	730706	831678	734589	1197028	1432862	1454721	2839086
未涉及知识产权	Others	44493212	57276956	63508536	78735493	108840079	131114916	169977388
设计著作权	Design copyright			1140085	804031	1429088	1037710	1579609

8-33 续表 continued

单位：万元 (10 000 yuan)

项　目	Item	2014	2015	2016	2017	2018	2019	2020
三、按技术领域分	**by Technical Field**							
电子信息技术	IT Technology	21826327	24973350	33129453	38607227	45051745	56366799	63239892
航空航天技术	Aviation and Aerospace Technology	2560390	2771133	2676018	4254075	4082361	5403232	4583747
先进制造技术	Advanced Manufacture Technology	12425453	13507167	14410471	15843314	24908842	29517064	41949439
生物、医药和医疗器械技术	Biology,Medicine and Medical Machine Technology	4114555	5106516	6127297	7502520	8391509	10579333	17690387
新材料及其应用	Advanced Material and Application	4422276	4452197	5127952	5010016	6724306	8711065	12200630
新能源与高效节能	New Energy and Power Saving	9269144	10642935	11388154	12021350	15400556	28135523	28543702
环境保护与资源综合利用技术	Environment and Source Application Technology	6937698	8004181	9264109	10698894	13269314	16234919	18458047
核应用技术	Nuclear Application Technology	3296828	3901318	763865	292010	2660383	1192283	779457
农业技术	Agriculture Technology	3093548	3080496	3178260	4074813	4208292	5002269	7476774
现代交通	Modern Traffic	9683502	9818918	13687734	16653203	25427249	20775555	32559757
城市建设与社会发展	Urban Construction and Social Development	8142067	12099686	14316503	19284823	26849657	42065841	55033260
四、按社会经济目标分	**by Social and Economic Objectives Objectives**							
农林牧渔业发展	Farming,Forestry and Fishery	3108331	2649378	3084815	4204404	4689757	5529437	7178247
工商业发展	Industry Promotion	7592289	11832327	12454604	19246645	24484176	31211072	42238960
能源生产、分配和合理利用	Energy Production,Distribution and Application	13515100	9822174	10731280	11150576	16276268	22550167	25813656
基础设施以及城市和农村规划	Infrastructure,Urban and Rural Planning	11784955	11503248	15056385	19033606	30297060	34186555	45092915
环境保护、生态建设及污染防治	Environmental Protection,Ecological Building and Pollution Prevention	5926020	7714736	9094087	10517303	13219134	16520526	16462018
卫生事业发展	Sanitation Development	2278378	3234914	4071510	4378747	4990593	6486663	12029398
社会发展和社会服务	Social Development and Social Service	21931927	30174080	35296542	38821539	41718264	52897407	68363721
地球和大气层的探索与利用	Earth and Atmosphere Exploration and Utility	1404086	87243	234723	119448	105352	186924	126319
教育事业发展	Education Development	755301	691946	746660	717617	1079244	1853943	1922472
民用空间探测及开发	Civil Aerospace Exploration	232608	405674	624798	505418	519280	629062	650756
国防	Defense	1606585	2549196	2702260	2975035	3906405	4209612	4266412
其他民用目标	Other Civil Purpose	13445881	14542349	15911988	20063635	29048652	38765858	43662157
非定向研究	Nondirective Research		3150633	4060166	2508271	6640029	8956657	14708059

8-34 按买卖方构成类别分全国技术市场成交合同数
Contract Deals in Domestic Technical Markets by Category of Technology Seller and Buyer

单位：项 (item)

项　目	Item	2014	2015	2016	2017	2018	2019	2020
总　计	**Total**	**297037**	**307132**	**320437**	**367586**	**411985**	**484077**	**549353**
一、按卖方构成类别分	**Category of Technology Seller**							
机关法人	Governments	3022	1904	1546	1457	1839	1603	2160
事业法人	Public Organizations	98184	104626	97196	112032	123259	156798	157319
科研机构	Research Institutes	29328	40663	30804	35054	41120	45140	53091
高等院校	Higher Education	54364	57081	59769	69782	76027	102352	90823
医疗、卫生	Medical and Sanitation	3196	2965	2843	2916	2431	4345	6169
其他	Others	11296	3917	3780	4280	3681	4961	7236
社团法人	Social Organization	1116	1258	968	1402	930	847	1261
企业法人	Enterprises	191654	196517	218387	250126	283049	321777	385402
内资企业	Domestic Funded Enterprises	176003	182410	202784	232329	265437	301134	364242
港澳台商投资企业	Enterprises with Funds from Hong Kong, Macao and Taiwan	3048	2780	2977	3267	3792	4467	4196
外商投资企业	Foreign Funded Enterprises	9718	8462	9792	10441	9705	11440	10945
个体经营	Private Enterprises	740	1002	1361	2250	2067	2339	3326
国外企业	Oversea Enterprises	2145	1863	1473	1839	2048	2397	2693
自然人	Natural Person	1171	751	1004	1070	936	1164	1476
其他组织	Other Organizations	1890	2076	1336	1499	1972	1888	1735
二、按买方构成类别分	**Category of Technology Buyer**							
机关法人	Governments	35770	40280	42626	50434	50554	56899	62128
事业法人	Public Organizations	46290	50908	57945	58324	63465	72070	73062
科研机构	Research Institutes	18472	21038	21272	21968	25736	27991	27071
高等院校	Higher Education	9435	9647	11895	11921	12880	15564	14206
医疗、卫生	Medical and Sanitation	4207	4387	4294	4954	4765	6922	6428
其他	Others	14176	15836	20484	19481	20084	21593	25357
社团法人	Social Organization	918	1188	1755	1756	1906	2191	2044
企业法人	Enterprises	209049	209342	211078	250016	287778	343533	402020
内资企业	Domestic Funded Enterprises	190183	189879	191302	228059	255992	306466	361101
港澳台商投资企业	Enterprises with Funds from Hong Kong, Macao and Taiwan	2061	1888	1947	2618	3280	3931	5187
外商投资企业	Foreign Funded Enterprises	10522	9587	9064	9695	10674	11480	11845
个体经营	Private Enterprises	2593	4040	5053	6400	9362	7627	8653
国外企业	Oversea Enterprises	3690	3948	3712	3244	8470	14029	15234
自然人	Natural Person	2201	2132	3496	3343	3868	4516	4052
其他组织	Other Organizations	2809	3282	3537	3713	4414	4868	6047

8-35 按买卖方构成类别分全国技术市场成交合同金额
Value of Contract Deals in Domestic Technical Markets by Category of Technology Seller and Buyer

单位：万元 (10 000 yuan)

项　目	Item	2014	2015	2016	2017	2018	2019	2020
总　计	**Total**	**85771790**	**98357896**	**114069816**	**134242245**	**176974213**	**223983882**	**282515092**
一、按卖方构成类别分	**Category of Technology Seller**							
机关法人	Governments	1109436	1140758	1710637	716844	1653589	1347406	2292910
事业法人	Public Organizations	8789667	9581703	11495867	13390516	13931972	16252688	18989717
科研机构	Research Institutes	4588179	5604063	7052147	8667574	8283244	8205709	11117873
高等院校	Higher Education	3151393	3142568	3600238	3558316	4531826	5929423	5609785
医疗、卫生	Medical and Sanitation	85284	81060	173344	111225	183588	495230	444939
其他	Others	964811	754011	670137	1053401	933314	1622325	1817120
社团法人	Social Organization	44653	131479	598008	493553	624787	110338	378524
企业法人	Enterprises	75162885	84769194	98814103	118752821	159779948	204940377	258288103
内资企业	Domestic Funded Enterprises	61170094	68531378	83839927	102259774	140173773	179779858	225558334
港澳台商投资企业	Enterprises with Funds from Hong Kong, Macao and Taiwan	1795457	1463283	1906472	2683061	3414617	3825194	5704830
外商投资企业	Foreign Funded Enterprises	7933445	10112896	8383170	9209708	10762919	15174417	17303779
个体经营	Private Enterprises	178012	192679	247684	539314	671886	671700	943066
国外企业	Oversea Enterprises	4085877	4468960	4436849	4060965	4756752	5489208	8778093
自然人	Natural Person	139362	86970	134922	217213	331102	418526	568198
其他组织	Other Organizations	525787	2647792	1316280	671296	652816	914547	1997640
二、按买方构成类别分	**Category of Technology Buyer**							
机关法人	Governments	11175851	16172797	15788418	20884225	23145112	33711303	35549432
事业法人	Public Organizations	5094104	5831305	8958660	7736797	11282692	12553100	15540356
科研机构	Research Institutes	2306205	2544706	3140612	3545515	4509365	5032515	4116232
高等院校	Higher Education	829144	627764	839743	802588	836874	1011267	1458784
医疗、卫生	Medical and Sanitation	194557	201363	264075	349366	228282	372597	688623
其他	Others	1764200	2457472	4714229	3039329	5708171	6136720	9276717
社团法人	Social Organization	57913	67367	117816	218231	485165	648343	427501
企业法人	Enterprises	66095575	74639004	87731832	103126956	138930005	174190568	227674210
内资企业	Domestic Funded Enterprises	52167494	53056429	68422897	84190424	112164549	140145175	176775515
港澳台商投资企业	Enterprises with Funds from Hong Kong, Macao and Taiwan	927322	1158264	1512068	2249569	3130719	4336994	6460109
外商投资企业	Foreign Funded Enterprises	4537178	6852069	4828717	5130969	8063621	7732779	13646808
个体经营	Private Enterprises	319534	325072	486244	734122	699480	749333	1433813
国外企业	Oversea Enterprises	8144046	13247170	12481906	10821873	14871636	21226286	29357964
自然人	Natural Person	260264	186024	221159	436732	581612	1110622	684112
其他组织	Other Organizations	3088083	1461399	1251932	1839304	2549628	1769947	2639481

8-36 技术市场技术输出地域(合同数)

Contract Exportation from Domestic Technical Markets by Region

单位：项 (item)

地　　区	Region	2000	2005	2010	2015	2016	2017	2018	2019	2020
全　　国	**National Total**	**241008**	**265010**	**229601**	**307132**	**320437**	**367586**	**411985**	**484077**	**549353**
东部地区	Eastern Region	153858	182325	154181	196087	201660	219178	245586	285980	335007
中部地区	Middle Region	40957	43328	24302	44041	47969	57533	66153	80754	84688
西部地区	Western Region	19469	19611	29024	48748	48607	63739	72696	89446	98221
东北地区	Northeast Region	26724	19746	20996	16155	20415	24972	25015	24919	27788
北　　京	Beijing	21270	37625	50847	72306	74983	81311	82486	83171	84451
天　　津	Tianjin	6415	11295	9540	12456	12934	12168	11214	13885	9685
河　　北	Hebei	3340	3338	4517	3298	3846	4397	6240	7262	7468
山　　西	Shanxi	290	556	835	698	804	870	1046	965	1059
内 蒙 古	Inner Mongolia	3075	1160	1231	498	605	678	814	1201	1494
辽　　宁	Liaoning	11455	13826	15589	11878	13004	14799	17362	16578	17301
吉　　林	Jilin	5386	3879	3424	2420	5673	7337	4254	4548	5361
黑 龙 江	Heilongjiang	9883	2041	1983	1857	1738	2836	3399	3793	5126
上　　海	Shanghai	20974	30290	25945	22119	20843	21223	21311	35928	26356
江　　苏	Jiangsu	28618	26178	19815	32508	29430	37263	42227	49210	56916
浙　　江	Zhejiang	31218	20628	12826	11273	14808	13704	16142	18996	25725
安　　徽	Anhui	3184	5113	4831	12488	12966	18211	20347	19538	16667
福　　建	Fujian	5597	6510	5120	4132	5115	5893	7638	8642	10753
江　　西	Jiangxi	5068	3321	2250	1137	1985	2405	3025	2799	4084
山　　东	Shandong	30962	31908	7865	20422	22068	25720	34255	35167	73639
河　　南	Henan	4097	3770	4611	3482	4270	5878	7289	9293	11717
湖　　北	Hubei	7203	11131	6638	22532	23964	24444	28399	39136	39420
湖　　南	Hunan	21115	19437	5137	3704	3980	5725	6047	9023	11741
广　　东	Guangdong	5464	14432	17493	17316	17322	17178	23700	33321	39485
广　　西	Guangxi	912	558	258	1577	1832	2039	2149	2647	3404
海　　南	Hainan		121	213	257	311	321	373	398	529
重　　庆	Chongqing	1610	2730	2201	2638	2053	2070	2911	3760	3515
四　　川	Sichuan	3441	4933	9003	11228	11563	12826	15156	13203	20415
贵　　州	Guizhou	43	466	650	650	974	2950	2813	2906	3437
云　　南	Yunnan	2054	1853	1047	2666	2607	3500	3684	3324	3325
西　　藏	Tibet						3	3	40	67
陕　　西	Shaanxi	4023	3392	9470	22508	21037	31357	37954	52999	52035
甘　　肃	Gansu	2960	1877	2503	4712	5255	5852	5072	5921	7403
青　　海	Qinghai		318	460	952	986	1016	1071	836	1073
宁　　夏	Ningxia	233	323	501	661	990	980	617	1922	1864
新　　疆	Xinjiang	1118	2001	1700	658	705	468	452	687	189
港 澳 台	Hong Kong,Macao & Taiwan			123	100	91	122	216	292	867
其　　他	Others			975	2001	1695	2042	2319	2686	2782

8-37 技术市场技术输出地域(合同金额)

Value of Contract Exportation from Domestic Technical Markets by Region

单位：万元 (10 000 yuan)

地区	Region	2000	2005	2010	2015	2016	2017	2018	2019	2020
全国	**National Total**	**6507519**	**15513694**	**39065753**	**98357896**	**114069816**	**134242245**	**176974213**	**223983882**	**282515092**
东部地区	Eastern Region	4167230	11509739	28347883	63561272	73683809	85693153	110035282	142494087	183899127
中部地区	Middle Region	910023	1484714	2457020	12459587	14071180	17530480	22228831	28601608	37194981
西部地区	Western Region	858677	1389229	3464842	13450103	15899259	18458078	29284776	33750657	47547457
东北地区	Northeast Region	571589	1130012	2024024	4212261	5654468	7524637	9823571	12646054	13601683
北京	Beijing	1402871	4895922	15795367	34538855	39409752	44868872	49578246	56952843	63161622
天津	Tianjin	262581	507093	1193390	5034369	5526361	5514411	6855875	9092549	10895598
河北	Hebei	94143	103827	192931	395438	589959	889245	2759840	3811904	5549646
山西	Shanxi	5258	47980	184911	512007	425622	941471	1507567	1095227	449791
内蒙古	Inner Mongolia	60287	109939	271464	153872	120492	196087	198398	224793	359540
辽宁	Liaoning	347817	865167	1306811	2674927	3232180	3858317	4744910	5575904	6328126
吉林	Jilin	71390	122261	188090	264697	1164198	2199199	3419460	4741327	4621541
黑龙江	Heilongjiang	152382	142585	529123	1272637	1258091	1467121	1659200	2328823	2652015
上海	Shanghai	738952	2317328	4314374	6637838	7809858	8106177	12251857	14223539	15832248
江苏	Jiangsu	449568	1008296	2493406	5729178	6356425	7784223	9914475	14715193	20878468
浙江	Zhejiang	276275	386954	603478	980966	1983716	3247310	5906641	8880078	14033228
安徽	Anhui	61012	142553	461470	1904669	2173748	2495697	3213131	4496068	6595728
福建	Fujian	172601	171959	356569	521448	432204	754634	845235	1395883	1635367
江西	Jiangxi	69299	111227	230479	648484	790077	962096	1158231	1486137	2334099
山东	Shandong	288135	983614	1006769	3075545	3959453	5116448	8199520	11100178	19038906
河南	Henan	211621	263737	272002	450442	587075	768528	1492840	2318885	3797786
湖北	Hubei	276000	501823	907218	7893407	9038371	10330773	12040937	14298358	16658080
湖南	Hunan	286833	417394	400940	1050578	1056287	2031915	2816126	4906932	7359497
广东	Guangdong	482104	1124740	2358949	6625775	7581650	9370755	13654186	22230844	32672142
广西	Guangxi	17741	94059	41362	73132	339922	394228	614077	775572	916691
海南	Hainan		10007	32651	21861	34431	41079	69407	91077	201902
重庆	Chongqing	296594	357059	794410	572366	1471870	513581	1883529	566518	1177865
四川	Sichuan	104150	190823	547393	2823202	2993006	4058307	9967010	12119539	12445928
贵州	Guizhou	620	10488	77191	259626	204437	807409	1710975	2271758	2491150
云南	Yunnan	187742	159175	108827	518364	582559	847625	894879	827040	499498
西藏	Tibet						440	394	9577	7783
陕西	Shaanxi	92560	188977	1024140	7218211	8027887	9209395	11252908	14673473	17587198
甘肃	Gansu	26413	172736	430845	1296958	1506615	1629587	1808778	1964171	2331559
青海	Qinghai		11812	114051	468849	569190	677186	793553	90969	105626
宁夏	Ningxia	6402	14131	9972	35202	40526	66679	121058	149033	168054
新疆	Xinjiang	66168	80029	45188	30322	42755	57554	39215	78214	151123
港澳台	Hong Kong, Macao & Taiwan			126750	158797	678396	604530	174241	864897	271843
其他	Others			2645234	4515877	4082703	4431367	5427512	5626577	9305442

8-38 技术市场技术流向地域(合同数)
Contract Inflows to Domestic Technical Markets by Region

单位：项 (item)

地区	Region	2000	2005	2010	2015	2016	2017	2018	2019	2020
全国	**National Total**	**241008**	**265010**	**229601**	**307132**	**320437**	**367586**	**411985**	**484077**	**549353**
东部地区	Eastern Region	151815	173205	141227	191166	195744	218125	245960	290335	337644
中部地区	Middle Region	41206	42698	27844	42246	44624	54086	61395	74889	78799
西部地区	Western Region	23905	26203	34011	51096	55827	67240	74844	88225	102105
东北地区	Northeast Region	23279	19647	19044	17490	19533	23690	24400	24941	26684
北京	Beijing	16998	24206	33370	50140	55480	55944	61213	65137	65548
天津	Tianjin	6297	8719	7291	9439	9612	10208	9309	11277	8466
河北	Hebei	5230	5719	5664	5989	6956	8109	10572	11324	12070
山西	Shanxi	1693	2112	2627	2999	3104	3495	4015	4661	5171
内蒙古	Inner Mongolia	3907	2426	2901	2609	2656	3579	5983	5851	7346
辽宁	Liaoning	9631	12677	12691	10883	10884	12685	14546	14351	14984
吉林	Jilin	5257	3655	3529	3446	4916	6817	5066	5821	5565
黑龙江	Heilongjiang	8391	3315	2824	3161	3733	4188	4788	4769	6135
上海	Shanghai	21036	28606	24162	22689	22589	22661	24538	34252	28913
江苏	Jiangsu	25957	22675	19463	36607	27370	38911	39192	45941	53679
浙江	Zhejiang	29197	23639	15313	14999	18120	18444	21272	25302	31592
安徽	Anhui	3276	5299	5318	12687	13011	17953	20131	20297	18308
福建	Fujian	6532	7729	5305	5629	6334	7826	8723	9719	11886
江西	Jiangxi	5772	4014	2774	2356	3112	3613	4503	4388	5651
山东	Shandong	30909	34362	9993	21874	23121	27003	32698	32920	67270
河南	Henan	5312	5382	5410	5082	5762	7473	9084	11681	13660
湖北	Hubei	6166	8419	6591	14831	15038	15736	17206	24402	25232
湖南	Hunan	18987	17472	5124	4291	4597	5816	6456	9460	10777
广东	Guangdong	9277	16930	19910	22396	24833	27507	36845	52503	56009
广西	Guangxi	1566	1382	1351	3299	3466	3914	4106	5256	6337
海南	Hainan	382	620	756	1404	1329	1512	1598	1960	2211
重庆	Chongqing	1639	2416	2310	3340	3525	3564	5047	6243	5673
四川	Sichuan	4330	5483	8331	11195	11564	12147	14750	14614	20050
贵州	Guizhou	806	1294	1849	2346	2777	5615	5408	5770	6062
云南	Yunnan	2754	3493	2824	4278	4564	5514	6196	5701	6277
西藏	Tibet	41	87	211	382	511	506	760	703	1073
陕西	Shaanxi	2582	3427	6775	12657	14626	19498	19353	27706	28879
甘肃	Gansu	3590	2106	2462	4869	5772	5973	5788	7255	8525
青海	Qinghai	280	606	882	1997	1958	2335	2134	2189	2291
宁夏	Ningxia	488	603	1012	1451	1717	2026	1852	3140	3315
新疆	Xinjiang	1922	2880	3103	2673	2691	2569	3467	3797	4973
港澳台	Hong Kong,Macao & Taiwan	203	383	1106	1017	819	967	1229	1169	1304
其他	Others	600	2874	6369	4117	3890	3478	4157	4518	4121

8-39 技术市场技术流向地域(合同金额)
Value of Contract Inflows to Domestic Technical Markets by Region

单位：万元 (10 000 yuan)

地区	Region	2000	2005	2010	2015	2016	2017	2018	2019	2020
全国	**National Total**	**6507519**	**15513694**	**39065753**	**98357896**	**114069816**	**134242245**	**176974213**	**223983882**	**282515092**
东部地区	Eastern Region	4000110	9042086	19282530	47863593	55688863	71013023	92428802	127599696	163490136
中部地区	Middle Region	790834	1661532	3534114	11487804	15220043	17765275	22434422	30575162	38785531
西部地区	Western Region	898411	1912047	4799891	17041209	21739108	23210751	35370222	35529734	68978499
东北地区	Northeast Region	560979	1144779	2816954	3934676	4686548	6053796	8658207	9379092	11260926
北京	Beijing	1031906	2468704	4979527	11475286	17532414	18875180	22471517	32237824	31285506
天津	Tianjin	231158	381307	1038486	3307079	3891987	4212348	3475942	4615189	6169710
河北	Hebei	163950	301803	1291728	1453071	1842886	3032426	4956253	5835794	7066817
山西	Shanxi	49350	215430	509161	972417	2340760	2493192	2510500	4446689	3323323
内蒙古	Inner Mongolia	79600	301516	862605	1885989	1427117	1574598	2268741	1794584	2511331
辽宁	Liaoning	326885	855864	1840608	2312705	2000312	2909887	2732168	3558536	4065807
吉林	Jilin	78926	134995	413970	545214	931123	1993711	4319205	4659198	5295924
黑龙江	Heilongjiang	155168	153920	562376	1076757	1755113	1150198	1606834	1161358	1899195
上海	Shanghai	633736	1746358	3291200	5101282	4319878	7121410	8281684	8806901	11628440
江苏	Jiangsu	411821	849194	3277882	10163396	9055931	9195511	14386430	17673663	22170336
浙江	Zhejiang	303584	589430	1064031	2019061	2883154	4698659	7176735	11151567	15686093
安徽	Anhui	66604	204344	516323	1696694	2016750	2706809	3539869	6100149	7379081
福建	Fujian	193767	250239	442214	3675993	2786969	1791234	3029988	4201391	5137208
江西	Jiangxi	66104	132315	315103	1077100	1880987	1990802	2427626	2988143	3445638
山东	Shandong	345610	1143692	1269040	3865607	5052401	6759784	9386978	11109983	20485016
河南	Henan	190434	358430	440535	1276013	1540513	2019391	3725205	4155088	5366545
湖北	Hubei	190942	393847	1370448	4949463	6420258	6777445	8284674	9447836	14034603
湖南	Hunan	227400	357167	382544	1516117	1020776	1777636	1946548	3437257	5236341
广东	Guangdong	669783	1217999	2435401	6521066	7925607	14514041	18471137	31256930	43062702
广西	Guangxi	38736	116309	148141	576560	687700	782951	1922079	3167212	4739774
海南	Hainan	14795	93360	193023	281751	397636	812430	792136	710454	798306
重庆	Chongqing	164500	322759	884903	1843373	5248893	2341008	5179206	2523163	2255033
四川	Sichuan	128590	231663	723340	2932644	3317871	5366053	5886135	8147275	8755819
贵州	Guizhou	16522	53871	218775	1761018	1673802	1932987	5133302	3989215	5561195
云南	Yunnan	228497	294254	377203	1735786	1714434	1770997	3278498	2150069	3323528
西藏	Tibet	2994	7989	32390	169821	195055	219609	724998	1122275	811615
陕西	Shaanxi	84188	189469	597518	2985237	3590984	5218569	5913691	6926313	9410951
甘肃	Gansu	54557	173761	307727	1181036	1727321	1473137	1834255	2395555	2355782
青海	Qinghai	7628	29174	245232	471049	792632	775210	762852	1048158	842288
宁夏	Ningxia	9752	35262	126095	286118	427187	770094	964199	507719	1134742
新疆	Xinjiang	82847	156021	275961	1212578	936111	985539	1502264	1758196	2734948
港澳台	Hong Kong, Macao & Taiwan	47241	142287	319517	1038655	1252447	2039375	3560696	1920134	2619699
其他	Others	209944	1610964	8312746	16991958	15482807	14160026	14521864	18980064	21921794

8-40 按合同类别分技术市场技术流向地域(合同数)(2020年)
Contract Inflows to Domestic Technical Markets by Region (2020)

单位：项 (item)

地区	Region	合计 Total	技术开发 Technology Development	技术转让 Technology Transfer	技术咨询 Technology Consultation	技术服务 Technology Service
全国	**National Total**	**549353**	**217580**	**23243**	**36151**	**272379**
东部地区	Eastern Region	337644	142234	14418	19456	161536
中部地区	Middle Region	78799	24894	3863	6809	43233
西部地区	Western Region	106226	37545	3623	8355	56703
东北地区	Northeast Region	26684	12907	1339	1531	10907
北京	Beijing	65548	30905	1271	2906	30466
天津	Tianjin	8466	3166	403	392	4505
河北	Hebei	12070	4302	662	702	6404
山西	Shanxi	5171	1950	259	379	2583
内蒙古	Inner Mongolia	7346	1758	182	473	4933
辽宁	Liaoning	14984	8175	739	889	5181
吉林	Jilin	5565	2542	188	223	2612
黑龙江	Heilongjiang	6135	2190	412	419	3114
上海	Shanghai	28913	12834	1017	1419	13643
江苏	Jiangsu	53679	24839	3501	3366	21973
浙江	Zhejiang	31592	15457	1447	1523	13165
安徽	Anhui	18308	6814	1019	2158	8317
福建	Fujian	11886	4992	500	728	5666
江西	Jiangxi	5651	1791	393	568	2899
山东	Shandong	67270	19074	3581	4054	40561
河南	Henan	13660	4403	914	1505	6838
湖北	Hubei	25232	7065	930	1345	15892
湖南	Hunan	10777	2871	348	854	6704
广东	Guangdong	56009	25706	1977	4236	24090
广西	Guangxi	6337	2744	686	432	2475
海南	Hainan	2211	959	59	130	1063
重庆	Chongqing	5673	2022	263	615	2773
四川	Sichuan	20050	10379	868	863	7940
贵州	Guizhou	6062	1720	118	848	3376
云南	Yunnan	6277	2717	106	500	2954
西藏	Tibet	1073	220	5	178	670
陕西	Shaanxi	28879	8071	506	2297	18005
甘肃	Gansu	8525	1643	143	1114	5625
青海	Qinghai	2291	448	135	278	1430
宁夏	Ningxia	3315	1568	106	156	1485
新疆	Xinjiang	4973	1272	116	320	3265
港澳台	Hong Kong,Macao & Taiwan	1304	756	101	25	422
其他	Others	4121	2227	288	256	1350

8-41 按合同类别分技术市场技术流向地域(合同金额)(2020年)
Value of Contract Inflows to Domestic Technical Markets by Region (2020)

单位：万元 (10 000 yuan)

地 区	Region	合 计 Total	技术开发 Technology Development	技术转让 Technology Transfer	技术咨询 Technology Consultation	技术服务 Technology Service
全 国	**National Total**	**282515092**	**88740760**	**23976580**	**11045590**	**158752162**
东部地区	Eastern Region	163490136	61764449	16548402	4307823	80869461
中部地区	Middle Region	38785531	8131696	2783561	1554437	26315838
西部地区	Western Region	68978499	16165682	4153960	2950810	45708048
东北地区	Northeast Region	11260926	2678934	490658	2232519	5858815
北 京	Beijing	31285506	12809588	490090	412595	17573234
天 津	Tianjin	6169710	736203	297065	92142	5044300
河 北	Hebei	7066817	1773772	181760	506412	4604873
山 西	Shanxi	3323323	736885	37587	288643	2260207
内蒙古	Inner Mongolia	2511331	436459	283010	59731	1732131
辽 宁	Liaoning	4065807	1282236	243340	264656	2275575
吉 林	Jilin	5295924	875515	103643	1946398	2370368
黑龙江	Heilongjiang	1899195	521182	143675	21465	1212873
上 海	Shanghai	11628440	4845111	3767612	115630	2900088
江 苏	Jiangsu	22170336	9793003	2850777	339603	9186952
浙 江	Zhejiang	15686093	7067371	1127940	803854	6686929
安 徽	Anhui	7379081	2584088	944115	269323	3581555
福 建	Fujian	5137208	1177814	431686	54019	3473689
江 西	Jiangxi	3445638	673193	276168	174449	2321828
山 东	Shandong	20485016	6838139	1771593	1390976	10484307
河 南	Henan	5366545	766950	338269	180445	4080882
湖 北	Hubei	14034603	2571649	1066656	543074	9853223
湖 南	Hunan	5236341	798931	120765	98503	4218142
广 东	Guangdong	43062702	16452498	5603212	582256	20424736
广 西	Guangxi	4739774	883121	100337	60020	3696296
海 南	Hainan	798306	270949	26668	10337	490353
重 庆	Chongqing	2255033	706909	253817	98367	1195941
四 川	Sichuan	8755819	1737056	819146	313143	5886475
贵 州	Guizhou	5561195	1043181	43855	263906	4210253
云 南	Yunnan	3323528	474088	27375	102602	2719463
西 藏	Tibet	811615	92976	1574	11453	705611
陕 西	Shaanxi	9410951	1547902	118340	459126	7285584
甘 肃	Gansu	2355782	185548	185125	278455	1706655
青 海	Qinghai	842288	115353	11717	21201	694017
宁 夏	Ningxia	1134742	169130	113324	9740	842548
新 疆	Xinjiang	2734948	433587	24701	29410	2247251
港澳台	Hong Kong,Macao & Taiwan	2619699	566288	191314	26954	1835143
其 他	Others	21921794	7774085	1980326	1216703	10950680

8-42 按地区分的国外技术引进合同(2020年)
Technology Contracts Imported by Region (2020)

地区	Region	合同数(项) Number of Contracts (item)	合同金额(亿美元) Value of Contracts (USD 100 million)	技术费 for Technology
全国	**National Total**	**6172**	**318.38**	**315.14**
东部地区	Eastern Region	4746	257.06	254.42
中部地区	Middle Region	720	18.06	17.49
西部地区	Western Region	471	30.47	30.46
东北地区	Northeast Region	235	12.78	12.76
北京	Beijing	520	37.43	35.93
天津	Tianjin	107	8.55	8.55
河北	Hebei	90	1.85	1.45
山西	Shanxi	4	0.18	0.18
内蒙古	Inner Mongolia	7	1.81	1.81
辽宁	Liaoning	143	6.45	6.43
吉林	Jilin	81	2.92	2.91
黑龙江	Heilongjiang	11	3.42	3.42
上海	Shanghai	1553	48.64	48.05
江苏	Jiangsu	774	34.01	33.98
浙江	Zhejiang	688	19.96	19.93
安徽	Anhui	277	5.59	5.56
福建	Fujian	118	4.59	4.56
江西	Jiangxi	143	1.84	1.28
山东	Shandong	417	11.56	11.55
河南	Henan	49	0.94	0.94
湖北	Hubei	191	8.58	8.57
湖南	Hunan	56	0.93	0.96
广东	Guangdong	476	90.41	90.37
广西	Guangxi	26	0.17	0.34
海南	Hainan	3	0.05	0.05
重庆	Chongqing	125	18.59	18.55
四川	Sichuan	177	8.23	8.22
贵州	Guizhou	6	0.07	0.07
云南	Yunnan	50	0.13	0.13
西藏	Tibet			
陕西	Shaanxi	20	0.52	0.50
甘肃	Gansu	1		
青海	Qinghai			
宁夏	Ningxia	10	0.75	0.75
新疆	Xinjiang	49	0.20	0.08
新疆建设兵团	The Xinjiang Production and Construction Corps			

8-43 按行业分的国外技术引进合同(2020年)
Technology Contracts Imported by Industry (2020)

行业	Industry	合同数(项) Number of Contracts (item)	合同金额(亿美元) Value of Contracts (USD 100 million)	#技术费 for Technology
总计	**Total**	**6172**	**318.38**	**315.14**
农、林、牧、渔业	Farming, Forestry, Animal Husbandry and Fishery	56	0.32	0.31
采矿业	Mining	11	0.84	0.26
制造业	Manufacturing	3894	264.91	262.57
电力、煤气及水的生产和供应业	Production and Distribution of Electricity, Gas and Water	65	0.27	0.27
建筑业	Construction	57	0.68	0.68
交通运输、仓储和邮政业	Traffic,Transport, Storage and Post	17	1.79	1.79
信息传输、软件和信息技术服务业	Information Transfer, Software and Information Technology Services	484	25.74	25.73
批发和零售业	Wholesale and Retail Trade	75	2.07	2.07
住宿和餐饮业	Accommodation and Restaurants	10	0.09	0.09
金融业	Finance	8	0.08	0.08
房地产业	Real Estate	510	2.95	2.94
租赁和商务服务业	Tenancy and Business Services	179	1.98	1.98
科学研究和技术服务业	Scientific Research, Technical Service	408	10.37	10.35
水利、环境和公共设施管理业	Management of Water Conservancy, Environment and Public Establishment	61	0.20	0.20
居民服务、修理和其他服务业和其他服务业	Resident Services and Other Services	114	0.79	0.79
教育	Education	7	0.04	0.04
卫生和社会工作	Resident Services and Other Services	4	0.10	0.10
文化、体育和娱乐业	Culture, Sports and Entertainment	11	0.14	0.14
公共管理、社会保障和社会组织	Public Management and Social Organization			

注：国外技术引进合同有一部分无法按行业分类，所以分行业之和不等于总计。
Note: Some of the contracts can not be classified by industry. So the sum of different industries does not equal the total.

8-44 国外技术引进合同按引进方式分(2020年)
Technology Contracts Imported by Type of Import (2020)

项目	Item	合同数(项) Number of Contracts (item)	合同金额(亿美元) Value of Contracts (USD 100 million)	#技术费 for Technology
总计	**Total**	**6172**	**318.38**	**315.14**
专利技术的许可或转让(包括专利申请权的转让)	Patent Technology License and Transfer	448	49.30	49.29
专有技术的许可或转让	Technology License and Transfer	1665	188.10	188.05
技术咨询、技术服务	Technology Consultation and Service	3368	54.90	53.57
计算机软件的进口	Import of Computer Software	282	10.86	10.86
商标许可	Trade Mark License	65	2.59	2.59
合资生产、合作生产等	Joint-venture Production and Cooperative Production	48	2.27	2.30
为实施以上内容而进口的成套设备、关键设备、生产线等	Complete Set of Equipment, Key Equipment and Production Line	40	2.02	0.48
其他方式的技术进口	Others	256	8.33	8.00

8-45 按引进国别或地区分的国外技术引进合同(2020年)
Technology Contracts Imported by Country or Area (2020)

国别或地区	Country or Area	合同数(项) Number of Contracts (item)	合同金额(亿美元) Value of Contracts (USD 100 million)	#技术费 for Technology
总　计	**Total**	**6172**	**318.38**	**315.14**
#阿拉伯酋长国	UAE	9	0.02	0.02
中国澳门	Macao, China	5	0.02	0.02
韩国	Korea Rep.	389	11.58	11.54
泰国	Thailand	32	0.31	0.31
印度尼西亚	Indonesia	1		
中国台湾	Taiwan,China	452	5.93	5.74
马来西亚	Malaysia	17	0.28	0.28
越南	Vietnam	8	0.03	0.03
以色列	Israel	28	0.93	0.93
日本	Japan	1370	55.17	53.83
新加坡	Singapore	244	1.62	1.61
土耳其	Turkey	7	0.05	0.05
菲律宾	Philippines	1	0.02	0.02
中国香港	Hong Kong, China	413	5.19	5.03
印度	India	31	0.24	0.24
南非	South Africa	3	0.01	0.01
塞舌尔	Seychelles	15	0.33	0.33
匈牙利	Hungary	2	0.01	0.01
英国	United Kingdom	190	5.67	5.65
捷克共和国	Czech Republic	13	0.09	0.09
俄罗斯	Russia	15	0.02	0.02
卢森堡	Luxemburg	22	1.21	1.21
荷兰	Netherlands	126	3.76	3.76
瑞士	Switzerland	80	6.90	6.86
法国	France	136	4.38	4.37
德国	Germany	654	30.46	29.50
意大利	Italy	117	2.04	2.01
斯洛文尼亚共和国	The Republic of Slovenia	4	0.02	0.02
瑞典	Sweden	88	17.90	17.90
丹麦	Danmark	34	2.61	2.61
比利时	Belgium	44	3.18	2.74
葡萄牙	Portugal	1	0.05	0.05
希腊	Greece	1		
波兰	Poland	1	0.02	0.02
西班牙	Spain	37	0.50	0.48

8-45 续表 continued

国别或地区	Country or Area	合同数(项) Number of Contracts (item)	合同金额(亿美元) Value of Contracts (USD 100 million)	#技术费 for Technology
白俄罗斯	Belarus	4	0.01	0.01
斯洛伐克共和国	The Republic of Slovakia	2	0.01	0.01
罗马尼亚	Romania	1	0.02	0.02
乌克兰	Ukraine	4		
爱尔兰	Ireland	55	3.16	3.16
奥地利	Austria	130	1.81	1.79
芬兰	Finland	27	4.30	4.21
挪威	Norway	18	8.13	8.13
列支敦士登	Liechtenstein	16	0.06	0.06
英属维尔京	British Virgin	27	3.74	3.64
开曼群岛	Cayman Islands	12	6.44	6.44
波多黎各	Puerto Rico		0.15	0.15
阿根廷	Argentina	1	0.11	0.11
墨西哥	Mexico	1	0.01	0.01
巴西	Brazil	1	0.01	0.01
加拿大	Canada	97	1.19	1.19
美国	United States	1088	130.66	130.81
澳大利亚	Australia	84	1.13	1.13
马绍尔群岛共和国	The Republic of the Marshall Islands	1	0.01	0.01
新西兰	New Zealand	10	0.07	0.07
萨摩亚	Samoa	5	0.20	0.20

九、科技服务

Scientific and Technologic Services

9-1 全国非油气地质勘查分地区情况(2020年)
Basic Statistics on Geological Work by Region (2020)

地区	Region	年末从业人员(人) Year-end Employed Persons (person)	#技术人员 Technical Personnel	地质勘查工作费用(万元) Expenditure on Geological Work (10 000 yuan)
全国	**National Total**	**405593**	**139722**	**8718585**
北京	Beijing	21010	7235	34183
天津	Tianjin	3216	1582	520424
河北	Hebei	31803	12027	1134786
山西	Shanxi	14207	4815	218294
内蒙古	Inner Mongolia	13453	4822	263896
辽宁	Liaoning	12879	3590	154683
吉林	Jilin	7821	2684	165945
黑龙江	Heilongjiang	9271	3180	266207
上海	Shanghai	2558	853	95478
江苏	Jiangsu	7375	3400	118814
浙江	Zhejiang	30779	5152	32447
安徽	Anhui	14408	5479	48444
福建	Fujian	5773	2024	31938
江西	Jiangxi	31671	8199	76659
山东	Shandong	15404	6337	633020
河南	Henan	16081	7991	196710
湖北	Hubei	14303	5320	133979
湖南	Hunan	15072	4393	41192
广东	Guangdong	9020	4306	67445
广西	Guangxi	10723	3554	54765
海南	Hainan	1211	557	172888
重庆	Chongqing	5076	2649	265591
四川	Sichuan	21067	9111	882876
贵州	Guizhou	7931	3639	89946
云南	Yunnan	11860	4345	74822
西藏	Tibet	989	492	30228
陕西	Shaanxi	44218	10068	452081
甘肃	Gansu	10979	4741	297425
青海	Qinghai	5170	2549	205267
宁夏	Ningxia	2366	865	122519
新疆	Xinjiang	7899	3763	1753996
其他	Others			81634

注：1.统计范围为具有地质勘查资质的中央管理的地勘单位、属地化管理的地勘单位(包含各局级地勘单位局机关)和其他地勘单位(含拥有地质勘查资质的矿业公司、科研院所、高等院校、勘查公司和勘查技术服务公司)。
2.其他包括中国地质调查局海域油气调查等。

Note: a) The statistical range is central geological prospecting units with geological survey qualifications, geological prospecting units of territorial management and other geological prospecting units.
b) Others include China Geological Survey offshore oil and gas survey.

9-2 全国气象部门基本情况
Basic Statistics on Meteorological Units

项　　目	Item	2000	2005	2010	2016	2017	2018	2019	2020
一、气象观测业务台站(个)	**Operating Station (Unit)**								
1. 地面观测	Surface Observation Stations	2819	2405	2418	2423	2425	10602	10701	10648
2. 高空探测	Upper-air Observation Stations	156	120	120	120	120	120	123	124
3. 自动气象站	Automatic Weather Stations	550	7813	30693	57435	57435	53395	54534	53064
4. 天气雷达观测	Weather Radar Observation Stations	238	253	342	242	242	275	294	296
5. 大气成分观测	Atmospheric Composition Observation Stations		21	28	28	28	166	261	270
6. 太阳辐射观测	Solar Radiation Observation Stations	99	105	100	100	100	103	137	138
7. 农业气象观测	Agro-Meteorological Observation Stations	1125	769	653	653	653	653	653	653
8. 生态与农业气象观测试验	Ecological & Agro-Meteorological Observation Stations	68	67	68	70	70	69	69	72
9. 卫星云图接收	Satellite Cloud Images Receiving Stations	319	435	361	380	380	329	330	309
10.大气本底站	Atmospheric Background Stations	4	6	7	7	7	7	7	7
11.闪电定位监测	Lightning Location Monitoring Stations		234	425	490	490	476	489	499
12.沙尘暴监测	Sand and Dust Storm Monitoring		85	29	29	29	29	29	28
13.紫外线观测	UV Observation		178	164	164	155	111	108	108
14.风廓线雷达观测	The Wind Profile Radar Observations				31	69	123	145	156
15.空间天气观测	Space Weather Observation				84	87	56	56	55
16.酸雨观测	Acid Rain Observation	82	299	342	376	376	398	399	345
17.臭氧观测	Ozone Observation	3	14	22	53	68	53	60	60
二、气象科学数据共享服务数据量(GB)	**Quantity of Meteorological Data (GB)**		**2089**	**358319**	**274157**	**339876**	**1213193**	**545609**	**1893058**
三、装备	**Equipment**								
1. 拥有计算机数(台)	Number of Computers (unit)	27724	50683	90040	136952	143876	144715	148640	154234
#高性能计算机	High-powered Computers		62	106	341	274	251	276	331
服务器及工作站	Servers and Workstations		768	2428	15862	16945	18270	18816	19093
个人计算机(含个人服务器)	Personal Computers (PC Servers)		47950	82744	120749	126657	126194	129548	134810
2. 云图接收机数(台)	Number of Cloud Images Receiving Stations (unit)	354	506	421	747	840	1000	984	572
3. 电视会商系统设备(套)	TV Conference Facilities (set)		729	1895					
4. 人工影响天气作业	Facilities for Conducting Weather Modification Operations							20307	34316
设备高炮(门)	Cloud Seeding Guns (unit)		6393	6902	6320	6183	5909	5858	5562
火箭发射系统(部)	Cloud Seeding Rocket Launchers (unit)		4129	7034	7950	8311	7358	7411	7122
四、人员(人)	**Number of Personnel (Person)**								
全国气象部门职工总数	Total Staff and Workers	59113	53214	53606	53153	52495	65460	64657	64039

注：1.从2006年开始气象科学数据共享服务数据量是全国气象部门利用网络向社会提供气象资料的数据量，2005年及以前是国家气象信息中心气象科学数据共享服务网的数据量。

2.2018年地面观测站变动较大，系将部分省级气象观测站纳入国家级气象观测站统计范围所致。

Note: a) Data from the year 2006 are provided by national meteorological units using network and data before 2006 are provided by data sharing serrice network of national meteorological information center.

b) Surface observation stations changed greatly in 2018, which is due to the inclusion of some provincial meteorological observatories in the statistical scope of National Meteorological observatories.

9-3 地震台、网基本情况（2020年）
Statistics of Earthquake Monitoring Stations and Networks (2020)

单位：个　　(unit)

地区	Region	国家地震观测台(网) National Seismic Observation Stations(Networks)			国家地震监测台(网) National Seismic Monitoring Stations(Networks)		市、县地震台 Municipality/County-level Seismic Stations		
		国家级台 Number of National Stations	省级台 Number of Provincial Stations	强震观测点 Number of Strong Motion Observation Spots	地震台网 Number of Stations	测站数 Number of Observation Stations	市、县级台 Municipality/County-level Seismic Stations	企业台 Number of Enterprise Stations	宏观观测点 Macro-Observation Spots
全国	**National Total**	**222**	**286**	**2797**	**202**	**2813**	**1583**	**347**	**27472**
北京	Beijing	8	2	265	2	194	18		129
天津	Tianjin	4	5	39	3	55			122
河北	Hebei	7	30	204	5	122	72	4	1151
山西	Shanxi	5	6	56	5	89	108	10	1490
内蒙古	Inner Mongolia	13	22	40	3	48	44		941
辽宁	Liaoning	7	11	92	3	62	49	1	780
吉林	Jilin	5	6	20	2	110	28		1090
黑龙江	Heilongjiang	9			7	101	43	1	1378
上海	Shanghai	2	1	104	2	32			965
江苏	Jiangsu	8	7	99	14	77	129	1	463
浙江	Zhejiang	5	1	46	5	62	58	7	706
安徽	Anhui	3	9	22	17	97	91		301
福建	Fujian	4	10	166	8	165	28	12	1141
江西	Jiangxi	2	12		3	27			1757
山东	Shandong	6	20	157	19	282	190	5	1615
河南	Henan	3	10	22	13	36	89	17	949
湖北	Hubei	6	8	41	5	42	12	25	352
湖南	Hunan	6	3	6	3	25	29	10	122
广东	Guangdong	6	7	543	9	217	40	5	719
广西	Guangxi	6	4	10	10	59	42	44	348
海南	Hainan	2	3	13	1	24	21		2982
重庆	Chongqing	1	39	7	4	29	1	7	2897
四川	Sichuan	14	14	22	33	385	80	5	12
贵州	Guizhou	4	14	6	2	19	3		1706
云南	Yunnan	13	5	166	1	87	174	163	
西藏	Tibet	15	10	2	1	25			1277
陕西	Shaanxi	6	6	82	4	111	85		1051
甘肃	Gansu	9	12	251	7	66	67	7	101
青海	Qinghai	5	2	55	5	64	12	20	307
宁夏	Ningxia	4	3	59	1	14	13		620
新疆	Xinjiang	34	4	202	5	87	57	3	

注：由于地震台网改革，统计口径重新定义。
Note: Due to the reform of seismic network, statistical caliber is redefinded.

9-4 国家标准、
Basic Statistics on National

项　目	Item	2001	2002	2003	2004	2005	2006
本年度制、修订 标准合计(个)	**Number of Standards on Formulation and Redaction (unit)**	**1045**	**1049**	**1653**	**893**	**1320**	**1909**
制　定	Formulation	497	514	734	458	690	1080
修　订	Redaction	548	535	919	435	630	829
国标标准采用程度合计(个)	**Number of International Standards used on Diffirent Levels (unit)**	**492**	**608**	**661**	**365**	**711**	**955**
等　同	Same	213	222	361	151	417	518
修　改	Modified	167	269	192	147	220	327
非等效	Non-equivalent	112	117	108	67	74	110
计量基准和社会公用计量标准建立情况	**Establsihed on Social Public Standards and Measurement**						
项　别	Items	133	133	130	130	130	130

注：2013及以前年份，计量基准和社会公用计量标准建立情况不包含社会公用计量标准。
Note: In 2013 and previous years, the establishment on Social Public Standards and Measurement does not include social public measurement standard.

9-5 地方标准、质量
Basic Statistics on Local

项　目	Item	2001	2002	2003	2004	2005	2006	2007
本年末标准累计(个)	Number of Standards (unit)	11914	12269	12877	13166	16005	18128	20263
本年度制、修订标准合　计(个)	Number of Standards for Formulation or Redaction (unit)	722	1388	2109	2134	2679	2377	2805
制　定	Formulation	689	1255	1976	1992	2532	2198	2639
修　订	Redaction	33	133	133	142	147	179	166
产品质量监督检验企业数(家)	Number of Enterprises Supervised and Checked for Product Quality (unit)	355119	351882	319492	181820	218612	188093	337613
检验批次数(批次)	Inspection Batch-time (batch-time)	445044	448718	392712	226334	295663	246007	503758
批次合格率(%)	Rate of Batch-time Qualified (%)	81.07	83.59	86.07	83.62	84.59	81.74	86.20

计量基本情况
Standards and Measurements

2007	2008	2009	2010	2011	2012	2013	2014	2015	2016	2017	2018	2019	2020
1410	**6373**	**3158**	**2860**	**1993**	**1986**	**1870**	**1530**	**1931**	**1763**	**3811**	**2657**	**2021**	**2252**
745	2714	2102	2123	1559	1375	1161	1067	1330	1255	2684	1935	1448	1584
665	3659	1056	737	434	611	709	463	601	508	1127	722	573	668
651				**622**	**605**	**600**	**427**	**500**	**483**	**832**	**600**	**457**	**568**
360				265	301	324	204	283	249	423	351	231	245
200				263	242	223	182	171	207	337	221	226	323
91				94	62	53	41	46	27	72	28		
130	130	130	130	130	130	130	44157	45991	45612	55387	53083	57479	58870

监督基本情况
Standards and Measurements

2008	2009	2010	2011	2012	2013	2014	2015	2016	2017	2018	2019
22396	25054	28147	32642	36307	37206	37650	41551	42422	41200	37066	42881
2809	3110	3192	3718	3728	4204	4387	4174	4131	4683	3709	5556
2594	2988	2993	3490	3564	3971	3960	3783	3848	4335	3326	4930
215	122	199	228	164	233	427	391	283	348	383	626
175980	234724	202095	229912	205491	136478	124546	124251	118136	115320	151535	132660
212153	275688	294678	317559	297578	169007	173709	170875	163989	154201	206734	192171
86.91	87.64	88.32	91.42	92.46	91.69	91.97	92.5	93.4	92.50	93.50	90.42

9-6 各地区测绘地理信息部门生产完成和资料提供情况（2020年）

Statistics on Projects Completed by Geographic Information Department of Surveying and Mapping by Region (2020)

地 区	Region	大地测量 Geodesy GNSS测量(点) Global Navigation Satelite System Survey (point)	水准测量(公里) Leveling (kilometer)	地形图合计(张) Topographic Map (piece)	1:10000	1:50000	测绘基准成果(点) Surveying and Mapping Datum Product (point)	航摄成果(平方千米) Aerial Photograph (Square kilometers)
全 国	**National Total**	**11099**	**90168**	**267275**	**38402**	**12372**	**155687**	**1121435**
北 京	Beijing			1192	89		3618	
天 津	Tianjin						83	
河 北	Hebei	426	3684	1692	1548	144	2726	
山 西	Shanxi	206	380	84	1	83	706	1
内蒙古	Inner Mongolia	367	3022	1444	647	722	20003	30711
辽 宁	Liaoning		70	7758	7270		5969	
吉 林	Jilin	147	720	1054		1054	2794	4271
黑龙江	Heilongjiang	24	589	2777	2333	444	1982	
上 海	Shanghai			204174			10405	
江 苏	Jiangsu	612	9540	298	254	44	4136	108800
浙 江	Zhejiang	1783	4672	69	42	16	1352	112752
安 徽	Anhui	57	248	376	38	261	3060	1271
福 建	Fujian	863	228	16		16	906	17343
江 西	Jiangxi	154	210	10940	10610	278	2504	
山 东	Shandong	125	3052	655		655	547	
河 南	Henan	242	85	1218	901	308	576	
湖 北	Hubei	745	2510	14		14	1110	2100
湖 南	Hunan						4440	
广 东	Guangdong	2322	19511	4688	3790	751	3183	
广 西	Guangxi	398	498	629	96	345	21890	495752
海 南	Hainan	76					3221	
重 庆	Chongqing	257	1547	703	33	23	368	
四 川	Sichuan	431	1231	642	106	536	2053	9099
贵 州	Guizhou	404	299				6809	1669
云 南	Yunnan	607	24171	3972	2914	816	4583	
西 藏	Tibet			201		187	2854	
陕 西	Shaanxi	109	716	519	120	399	3465	67671
甘 肃	Gansu	123	28	7422	5875	1530	7324	22991
青 海	Qinghai			87		87	404	32055
宁 夏	Ningxia	1		1760	1627	133	389	5682
新 疆	Xinjiang	620	13158	2678	108	770	10655	30902
青 岛	Qingdao						89	11282
大 连	Dalian							
宁 波	Ningbo			641			249	
深 圳	Shenzhen			1972			544	
厦 门	Xiamen			4773			34	
国家基础地理信息中心	National Geomatics Center of China			2827		2756	20656	167083

9-7 国际科技合作项目
International Cooperation Exchange for Science and Technology

单位：项 (item)

项　目	Item	1995	2005	2010	2015	2016	2017	2018	2019	2020
按出国项目分	**by Type of Project Going Abroad**									
合　计	**Total**	**18845**	**19132**	**40572**	**72103**	**75311**	**73324**	**122776**	**92362**	**11850**
考察访问	Field Trip	6133	6218	8316	11136	11986	11258	19763	15396	1342
国际会议	International Conference	5170	6565	17549	34794	35061	32535	57747	42950	4963
合作研究	Cooperative Research	3052	2341	5575	12123	13679	14922	20507	16977	2239
培　训	Training	2687	1593	2635	2954	2929	2851	6537	7833	1018
展览会	Exhibition	496	577	487	472	558	387	1128	906	36
其　他	Others	1307	1838	6010	10624	11098	11371	17094	8300	2252
按来华项目分	**by Type of Project Coming to China**									
合　计	**Total**	**8940**	**15829**	**26065**	**28061**	**26078**	**30149**	**60103**	**32437**	**6173**
考察访问	Field Trip	5050	6081	10382	9595	8222	9667	25145	14656	2189
国际会议	International Conference	1212	3729	5342	3548	3030	3725	7384	4803	1280
合作研究	Cooperative Research	1522	3470	6655	9751	10921	11712	17653	8559	1602
培　训	Training	363	695	1425	1199	984	1278	2114	1963	221
展览会	Exhibition	149	447	116	99	106	116	152	354	30
其　他	Others	644	1407	2145	3869	2815	3651	7648	2102	851

9-8 国际科技合作项目参加人数
Personnel Participated in International Cooperation Exchange for Science and Technology

单位：人次 (person-time)

项　目	Item	1995	2005	2010	2015	2016	2017	2018	2019	2020
按出国项目分	**by Type of Project Going Abroad**									
合　计	**Total**	**58883**	**54347**	**103972**	**135550**	**136971**	**137463**	**250419**	**209567**	**29600**
考察访问	Field Trip	21578	23335	24891	21590	23090	22629	41523	39367	3234
国际会议	International Conference	10937	10476	36047	56407	56513	56611	94929	76373	13609
合作研究	Cooperative Research	6873	4884	10617	20117	24376	24620	35049	27601	3723
培　训	Training	12127	7520	10151	6273	6121	6191	16237	20579	2811
展览会	Exhibition	3729	3086	3080	5633	3143	3321	30433	26383	180
其　他	Others	3639	5046	19186	25530	23728	24091	32248	19264	6043
按来华项目分	**by Type of Project Coming to China**									
合　计	**Total**	**35098**	**70900**	**118747**	**110741**	**161228**	**116146**	**257937**	**182900**	**44058**
考察访问	Field Trip	15587	21192	52259	31124	29648	29965	68927	53084	6434
国际会议	International Conference	9101	28765	35798	35860	41585	40755	86217	69544	27032
合作研究	Cooperative Research	4029	8470	13139	16375	24288	24595	31758	17867	3546
培　训	Training	1376	2506	5857	5221	4778	5113	18191	16585	3762
展览会	Exhibition	3271	6822	3477	5506	52736	6955	36206	17227	207
其　他	Others	1734	3145	8217	16655	8193	8763	16638	8593	3077

9-9　中国科协系统
Basic Statistics on Scientific and Technological Activities

指　　标	Item
机构和人员	**Associations or Academic Societies and Personnel**
机构数(个)	Number of Associations or Academic Societies(unit)
从业人员(人)	Number of Persons Engaged(person)
学会数(个)	Number of Academic Societies(unit)
学会个人会员(万人)	Number of Individual Members of Academic Societies(10 000 persons)
学会从业人员(人)	Number of Persons Engaged of Academic Societies(person)
企业科协(个)	Number of Enterprises Association for Science and Technology(unit)
个人会员(万人)	Number of Individual Members(10 000 persons)
高等院校科协(个)	Number of Institutions of Higher Learning for Science and Technology(unit)
个人会员(万人)	Number of Individual Members(10 000 persons)
街道科普协会(个)	Number of Science Associations of Street Communities(unit)
个人会员(万人)	Number of Individual Members(10 000 persons)
乡镇科普协会(个)	Number of Science Associations of Towns(unit)
个人会员(万人)	Number of Individual Members(10 000 persons)
农技协(个)	Number of Rural Professional and Technical Associations(unit)
个人会员(万人)	Number of Individual Members(10 000 persons)
学术交流活动	**Academic Exchange**
学术交流活动(次)	Number of Academic Exchanges(time)
参加人数(万人次)	Number of Participants(10 000 person-time)
科学技术普及活动	**S&T Popularization Activities**
举办科普宣讲活动(次)	Number of S&T Popularization Propaganda Activity(time)
宣讲活动受众人数(万人次)	Number of Participants(10 000 person-time)
实用技术培训人数(万人次)	Number of Persons Trained for Practical Technologies(10 000 persons)
推广新技术、新品种(项)	Promotions of New Technology and New Varieties(item)
参加活动科技人员(万人次)	Number of Scientific and Technical Personnel Participating in Activities(10 000 person-time)
青少年科技教育	**Science and Technology Education for Youth**
举办青少年科普宣讲活动(次)	Science Preaches for Youth(time)
受众人数(万人次)	Number of Audiences(10 000 persons)
举办青少年科技竞赛(次)	Competitions of Science and Technology for Youth(time)
参加人数(万人次)	Number of Participants(10 000 persons)
举办青少年科学营(次)	Science Camp for Youth(time)
参加人数(万人次)	Number of Participants(10 000 persons)

科技活动情况（2020年）
of China Associations for Science and Technology (2020)

总计 Total	科协小计 Total Number of Associations	学会小计 Total Number of Academic Societies	全国学会 National Academic Societies	省级学会 Provincial Academic Societies
3097	3097			
37431	37431			
3808		3808	209	3599
1324		1324	558	766
63593		63593	4009	59584
21849	21849			
252	252			
1607	1607			
84	84			
29380	29380			
154	154			
39206	39206			
59	59			
24658	24658			
394	394			
16442	2251	14191	3597	10594
16759	185	16574	2966	13608
267396	170292	97104	42776	54328
248734	72225	176509	148116	28392
1874	1276	598	302	297
20757	14297	6460	900	5560
148	37	111	87	24
60288	47804	12484	5735	6749
42428	15686	26741	22829	3912
5785	4525	1260	112	1148
2626	2297	329	171	157
957	784	173	41	132
11	8	3	1	2

9-9 续表

指 标	Item
科技开放与交流	**Openness and Communication Technology**
参加国外科技活动人数(人次)	Number of Participating Foreign Scientific and Technological Activities (person-time)
接待国外专家学者(人次)	Number of Reception Foreign Experts and Scholars(person-time)
科技服务	**S&T Service**
提供决策咨询报告(篇)	Number of Provided Policy Decision Consultation Report(piece)
为科技工作者服务	**Services for the Scientific and Technological Workers**
反映科技工作者建议(条)	Number of S&T Workers Proposals(item)
表彰奖励科技工作者(人次)	Number of Recognition and Award S&T Workers (person-time)
#女性科技工作者	Number of Recognition and Award Female S&T Workers
科技期刊与科技传播	**Scientific Journals and Science and Technology Communication**
主办科技期刊(种)	Number of Scientific & Technological Journals(kind)
总印数(万册)	Printed Copies(10 000 copies)
主办科技报纸(种)	Number of Scientific & Technological Newspapers(kind)
总印数(万份)	Printed Copies(10 000 copies)
编著科技图书(种)	Number of Scientific & Technological Books(kind)
总印数(万册)	Printed Copies(10 000 copies)
主办科技网站(个)	Number of Science and Technology Sites(unit)
浏览人数(万人次)	Number of Visitors(10 000 person-time)
科普基础设施建设	**S&T Popularization Infrastructure Construction**
科技馆(个)	Number of Science and Technology Museum(unit)
#建筑面积8000平方米以上	Floorage of More Than 8000 Square Meters
全年参观人数(万人次)	Number of Participants(10 000 person-time)
科普画廊建筑面积(宣传栏、橱窗)(平方米)	Building Area of Popular Science Galleries(Boards, Showcase)(square meters)
科普画廊展示面积(平方米)	Display Area of Popular Science Galleries(square meters)
科普大篷车行驶里程(公里)	Mileage of Popular Science Caravan(kilometers)

continued

总计 Total	科协小计 Total Number of Associations	学会小计 Total Number of Academic Societies	全国学会 National Academic Societies	省级学会 Provincial Academic Societies
61950	3131	58819	53490	5329
8205	2146	6059	2734	3325
5099	2203	2896	1013	1883
10586	7738	2848	883	1965
147265	31279	115986	43448	72538
40131	11405	28726	7787	20939
1711	101	1610	973	637
4271	914	3357	2407	950
586	500	86	7	79
6760	5063	1696	55	1642
6525	4728	1797	384	1413
6225	5517	707	180	528
1584	607	977	435	542
2338746	2299014	39731	16931	22801
1000	1000			
193	193			
3664	3664			
1832803	1832803			
4251142	4251142			
7201687	7201687			

9-10 各地区科学普及
Main Indicators of Science and Technology

地 区	Region	科普专职人员 (人) Full Time S&T Popularization Personnel (person)	科普兼职人员 (人) Part Time S&T Popularization Personnel (person)	科技馆数量 (个) S&T Museums (unit)	科技馆 建筑面积 (万平方米) Construction Area (10 000 sq.m)	科技馆 展厅面积 (万平方米) Exhibition Area (10 000 sq.m)
全 国	**National Total**	**248670**	**1564281**	**573**	**458**	**232**
东部地区	Eastern Region	84142	630528	245	213	108
中部地区	Middle Region	65384	355693	120	91	42
西部地区	Western Region	81733	500131	162	111	61
东北地区	Northeast Region	17411	77929	46	43	22
北 京	Beijing	8208	48371	26	26	13
天 津	Tianjin	3689	28030	4	5	3
河 北	Hebei	15425	61508	16	13	7
山 西	Shanxi	5693	26266	8	6	3
内 蒙 古	Inner Mongolia	6668	32555	27	17	8
辽 宁	Liaoning	6886	42565	18	20	10
吉 林	Jilin	6561	16844	17	12	6
黑 龙 江	Heilongjiang	3964	18520	11	11	6
上 海	Shanghai	7261	49402	29	21	11
江 苏	Jiangsu	10413	94659	25	21	10
浙 江	Zhejiang	9773	146100	28	28	12
安 徽	Anhui	9510	51748	23	14	7
福 建	Fujian	4706	60800	29	22	10
江 西	Jiangxi	7109	47673	6	11	3
山 东	Shandong	12125	61793	32	32	18
河 南	Henan	13778	83052	21	17	9
湖 北	Hubei	16980	84273	49	33	14
湖 南	Hunan	12314	62681	13	10	6
广 东	Guangdong	10756	72308	36	35	18
广 西	Guangxi	5774	57906	7	9	4
海 南	Hainan	1786	7557	20	13	5
重 庆	Chongqing	5221	45730	13	9	5
四 川	Sichuan	14089	95661	26	16	10
贵 州	Guizhou	5268	40036	11	7	4
云 南	Yunnan	13321	75495	16	7	4
西 藏	Tibet	897	2290	2	0	0
陕 西	Shaanxi	9137	60423	19	12	6
甘 肃	Gansu	9954	37655	11	8	5
青 海	Qinghai	1127	10438	3	4	2
宁 夏	Ningxia	2122	10758	5	6	3
新 疆	Xinjiang	8155	31184	22	16	9

基本情况(2020年)
Popularization by Region (2020)

科技馆当年参观人数(万人次) Visitors (10 000 person-time)	年度科普经费筹集额(万元) Annual Funding for S&T Popularization (10 000 yuan)	科普图书 Popular Science Books		科技活动周 Science & Technology Week	
		出版种数(种) Types of Publications (kind)	出版总册数(万册) Total Copies (10 000 copies)	科普专题活动次数(次) Number of S&T Week Held (time)	参加人数(万人次) Number of Participants (10 000 person-time)
3934	**1717228**	**10756**	**9854**	**109011**	**48891**
1731	901015	6017	6859	43313	40805
778	336777	2183	1601	22460	3081
1087	422242	1660	830	38486	4466
339	57194	896	564	4752	539
108	204185	2474	2934	2888	32899
55	30312	286	257	5528	236
36	35753	197	34	4053	163
20	20463	63	16	2755	117
118	17338	78	13	1707	134
189	19623	187	89	2277	208
51	26654	610	428	987	60
99	10918	99	47	1488	271
251	163291	971	1541	6574	3256
233	90008	334	434	8261	739
256	102471	196	193	4658	1667
243	33519	53	31	2812	137
232	81570	869	704	3405	195
33	45077	868	812	3423	157
195	64950	90	66	2739	236
172	104017	219	204	4569	271
217	79497	239	279	4676	356
93	54205	741	259	4225	2043
275	110565	540	676	4663	1390
81	37934	114	43	3811	661
91	17910	60	20	544	24
188	48218	284	344	2610	838
282	79619	192	105	5854	805
76	38422	85	69	2910	144
67	72287	361	62	5754	1063
3	5290	25	16	180	5
64	39912	246	89	5295	321
102	25766	105	14	2934	151
28	17883	64	10	1080	65
30	14474	14	1	827	82
48	25100	92	63	5524	197

9-11 科技企业孵化器基本情况

Basic Statistics on Technology Business Incubators

指　标	Item	2017	2018	2019	2020
在统孵化器数量(个)	Number of TBIs with Data (unit)	4063	4849	5206	5971
国家级	State-level	976	967	1155	1285
非国家级	Non State-level	3087	3882	4051	4686
孵化器使用总面积(平方米)	Total Space Area of TBIs(sq.m)	119673944	131929354	129278646	133630302
#在孵企业用房	Space area for incubatees	80245624	88831774	88690536	93131454
孵化器内企业总数(个)	Number of Total Resident Companies(unit)	223046	260521	275910	307737
在孵企业(个)	Number of Incubatees (unit)	177542	206024	216828	233776
#留学人员企业	Created by Returned Overseas Scholars	10037	10390	10006	9675
大学生科技企业	Created by College Graduates	32249	34562	33721	33348
高新技术企业	High-tech Enterprises	11057	13672	15370	12054
当年新增在孵企业(个)	New Incubatees of the Year (unit)	56930	60309	58830	63556
在孵企业从业人员(人)	Employees of Incubatees (person)	2596132	2901597	2948824	2974754
#大专以上人员	with College and Higher Level Education Background	2014421	2253381	2313669	2320556
留学人员	Returned Overseas Scholars	25362	27724	27564	27400
累计毕业企业(个)	Accumulated Graduates from TBIs (unit)	110701	139396	160850	193935
当年毕业企业(个)	Graduates of the Year	20366	23457	26152	27480
在孵企业总收入(千元)	Total Income of Incuatees	633566769	834303896	821986091	1026765000
在孵企业累计获得财政资助额(千元)	Accumulated Amount of Fiscal Subsidies toTBIs (1000 yuan)	20618417	22013046	23814870	26728917
在孵企业累计获得风险投资额(千元)	Accumulated Amount of Venture Capital toTBIs (1000 yuan)	194023204	275588693	260601335	390299318
当年获得风险投资额(千元)	Amount of Venture Capital of the Year	47333624	62977820	54548533	78635423
累计获得投融资的企业数量(个)	Accumulated Number of Incubatees that Obtained Investments (unit)	39875	48060	53369	64313
当年获得投融资的企业数量(个)	Number of Incubatees that Obtained Investments of the Year (unit)	9576	11195	10771	13924
孵化器孵化基金总额(千元)	Total Amount of Incubation Fund (1000 yuan)	84059090	107123441	126429276	191629918
当年获得孵化基金投资的在孵企业数量(个)	Number of Incubatees Obtained Incubation Fund Investment of the Year (unit)	11827	11442	10117	11295
当年知识产权申请数(个)	Number of IPR Applications of Incubatees of the Year (piece)	191450	268242	270390	304102
拥有有效知识产权数(个)	Valid IPRs Held by Incubatees	308139	440881	563016	728241
#发明专利	Invention Patents	69769	85180	98182	114371

9-12 各地区科技企业孵化器主要指标(2020年)

Main Indicators of Technology Business Incubators by Region (2020)

地　区	Region	在统孵化器数量 (个) Number of TBIs with Data (unit)	孵化器内企业总数 (个) Number of Total Resident Companies (unit)	在孵企业 (个) Number of Incubatees (unit)	在孵企业从业人员 (人) Number of Employees of Incubatees (person)	当年获得风险投资额 (千元) Amount of Venture Capital for Incubatees (1000 yuan)
全　国	**National Total**	**5971**	**307737**	**233776**	**2974754**	**78635423**
北　京	Beijing	261	23446	13051	180965	15022598
天　津	Tianjin	107	5834	5040	61320	426251
河　北	Hebei	282	10630	8648	96139	454441
山　西	Shanxi	68	3150	2844	39149	148385
内蒙古	Inner Mongolia	51	2512	1955	28308	108425
辽　宁	Liaoning	93	5108	4419	56654	293026
吉　林	Jilin	96	4077	3408	47811	130277
黑龙江	Heilongjiang	209	8229	7055	54777	106154
上　海	Shanghai	166	10649	7428	74833	9299786
江　苏	Jiangsu	940	46118	36967	505149	16655991
浙　江	Zhejiang	438	23511	18524	193935	8012107
安　徽	Anhui	216	8196	6957	76528	1175259
福　建	Fujian	142	5277	3753	46806	1528265
江　西	Jiangxi	82	6362	3801	65755	440552
山　东	Shandong	320	17103	14619	180632	2001886
河　南	Henan	182	10782	9309	152698	797196
湖　北	Hubei	258	15702	12454	151082	1405717
湖　南	Hunan	108	7943	6438	123060	1228775
广　东	Guangdong	1104	48717	34553	425536	11457090
广　西	Guangxi	118	4831	4294	41691	509714
海　南	Hainan	8	1078	603	5606	69622
重　庆	Chongqing	119	4714	3669	48137	307547
四　川	Sichuan	192	11732	8977	115539	2359673
贵　州	Guizhou	49	1845	1302	19224	183190
云　南	Yunnan	44	3324	2397	24202	1544671
西　藏	Tibet	4	114	123	1408	2600
陕　西	Shaanxi	160	8710	5231	92603	2296963
甘　肃	Gansu	78	3367	2514	27617	278983
青　海	Qinghai	15	699	528	7406	220253
宁　夏	Ningxia	23	1088	767	10397	123050
新　疆	Xinjiang	38	2889	2148	19787	46974

9-13 众创空间运行综合情况
Statistics on Mass Maker Spaces

指　　表	Item	2018	2019	2020
众创空间(个)	Number of Mass Maker Spaces with Data (unit)	6959	8000	8507
国家级	National Mass Maker	1889	1819	2202
非国家级	Non-National Mass Maker	5070	6181	6305
众创空间总面积(平方米)	Space Area (sq.m)	33837046	35709111	36500443
#常驻团队和企业	For Tenant Groups and Startups	20686460	22177894	22945344
众创空间服务人员数量(人)	Number of Service Personnel (unit)	145412	94999	95020
当年服务的创业团队数量(个)	Number of Serviced Entrepreneurial Groups(unit)	238969	233767	221083
#常驻创业团队	For Tenant Groups and Startups	126498	132187	127184
当年服务的初创企业的数量(个)	Number of Serviced Startup Companies(unit)	169541	207082	218270
#常驻初创企业	For Tenant Startups	100575	131577	142168
享受财政资金支持额(万元)	Fiscal Fund Received (10 000 yuan)	335924	352836	322228
当年获得投融资的团队及企业的数量(个)	Number of Groups and Startups that Received Investment (unit)	19045	18739	17393
累计获得投融资的团队及企业的数量(个)	Accumulated Number of Groups and Startups that Received Investment(unit)	64406	71323	82915
团队及企业当年获得投资总额(万元)	Amount of Investment Received by Groups and Sartups (10 000 yuan)	7897703	8730550	5834074
服务的团队及企业累计获得投资总额(万元)	Accumulated Amount of Investment Received by Groups and Sartups (10 000 yuan)	38025939	48967220	76447400
创业团队和企业吸纳就业人数(人)	Number of Employment by Groups and Startups(person)	1601549	1909742	1846079
#吸纳应届毕业大学生	Number of Recruited College Graduates	287627	321186	275469
常驻团队及企业拥有的有效知识产权数量(个)	Valid IPRs Held by Tenants(unit)	227799	208318	263164
#发明专利	Invention Patents	41798	35292	39015

注：表9-17和9-18统计范围为纳入各地方科技管理部门管理范围的符合科技部印发《发展众创空间工作指引》条件的众创空间以及经科技部备案的众创空间。

Note: Statistics on table 9-17 and 9-18 cover all the Mass Maker Spaces identified by the Ministry of Science and Technology.

9-14 各地区众创空间主要指标(2020年)
Main Indicators of Mass Maker Spaces by Region(2020)

地区	Region	众创空间数量(个) Number of Mass Maker Spaces (unit)	当年服务的企业及团队数(个) Number of Serviced Entrepreneurial Groups (unit)	享受财政资金支持额(万元) Fiscal Subsidy (10 000 yuan)	当年获得投融资的团队及企业的数量(个) Number of Groups and Startups that Received Investment (unit)	团队及企业当年获得投资总额(万元) Amount of Investment Received by Groups and Sartups (10 000 yuan)	创业团队和企业吸纳就业人数(人) Number of Employment by Groups and Startups (person)
全　国	**National Total**	**8507**	**218270**	**322228**	**17393**	**5834074**	**1846079**
北　京	Beijing	232	20776	20561	888	2995169	230533
天　津	Tianjin	209	7391	7047	402	95294	42619
河　北	Hebei	645	10337	5234	655	21906	72526
山　西	Shanxi	343	10755	10019	561	16864	77264
内蒙古	Inner Mongolia	144	3226	2718	154	11551	39637
辽　宁	Liaoning	250	6293	13283	671	39497	64653
吉　林	Jilin	121	2127	831	142	15061	18574
黑龙江	Heilongjiang	47	1605	1118	41	843	11552
上　海	Shanghai	144	6510	43386	358	567221	45466
江　苏	Jiangsu	898	19359	46704	1616	411693	132277
浙　江	Zhejiang	735	16425	47282	1743	289507	128310
安　徽	Anhui	252	4552	6815	563	24077	40987
福　建	Fujian	336	5398	5426	514	92937	45670
江　西	Jiangxi	183	5231	6827	802	58811	96654
山　东	Shandong	525	11019	17831	716	71998	87592
河　南	Henan	286	8133	7837	1039	35326	73942
湖　北	Hubei	346	11063	14013	681	124096	80136
湖　南	Hunan	282	6503	14543	1042	179829	77208
广　东	Guangdong	993	23146	15003	2092	469456	156611
广　西	Guangxi	121	2134	834	227	7167	18458
海　南	Hainan	19	989	677	48	2965	5995
重　庆	Chongqing	258	8155	7459	436	53509	64420
四　川	Sichuan	255	6354	6954	429	67986	53583
贵　州	Guizhou	78	1286	1068	66	2816	15400
云　南	Yunnan	133	2557	1590	195	9159	31179
西　藏	Tibet	22	735	660	57	2132	5835
陕　西	Shaanxi	298	8604	12448	604	148648	70304
甘　肃	Gansu	217	3905	2455	407	11478	33798
青　海	Qinghai	36	800	603	65	4944	7223
宁　夏	Ningxia	6	178	266	17	176	1499
新　疆	Xinjiang	62	2174	444	139	1256	13419

9－1[illegible] 各地区众创空间主要指标(2020年)

Main Indicators of Mass Maker Spaces by Region(2020)

十、国际比较

International Comparison

10-1 研究与试验发展(R&D)经费及
R&D Expenditure and as

单位：10亿本国货币单位

国家(地区)	Country (Area)	R&D经费									
		1995	1996	1997	1998	1999	2000	2001	2002	2003	2004
中　国	China	34.9	40.4	50.9	55.1	67.9	89.6	104.2	128.8	154.0	196.6
美　国	USA	184.1	197.8	212.7	226.9	245.5	269.5	280.2	279.9	293.9	305.6
日　本	Japan	13369.1	14155.1	14794.0	15169.2	15032.7	15304.4	15542.8	15551.5	15683.4	15782.7
英　国	UK	14.0	14.3	14.7	15.5	16.9	17.7	18.3	19.2	19.9	20.2
法　国	France	27.3	27.8	27.8	28.3	29.5	31.0	32.9	34.5	34.6	35.7
德　国	Germany	40.5	41.2	42.9	44.6	48.4	50.8	52.2	53.6	54.7	55.1
澳大利亚	Australia		8.8		8.9		10.4		13.2		16.0
加拿大	Canada	13.8	13.8	14.6	16.1	17.6	20.6	23.1	23.5	24.7	26.7
意大利	Italy	9.2	9.9	10.8	11.4	11.5	12.5	13.6	14.6	14.8	15.3
瑞　典	Sweden	59.0		67.0		76.6		97.0		96.8	95.1
瑞　士	Switzerland		10.0				10.7				13.1
土耳其	Turkey	0.0	0.1	0.1	0.3	0.5	0.8	1.3	1.8	2.2	2.9
奥地利	Austria	2.7	2.9	3.1	3.4	3.8	4.0	4.4	4.7	5.0	5.2
比利时	Belgium	3.5	3.7	4.1	4.3	4.6	5.0	5.4	5.2	5.2	5.4
捷　克	Czech	14.0	16.3	19.5	22.9	23.6	26.5	28.3	29.6	32.2	35.1
丹　麦	Denmark	18.5	19.7	21.7	23.8	26.4		31.9	34.4	36.1	36.4
芬　兰	Finland	2.2	2.5	2.9	3.4	3.9	4.4	4.6	4.8	5.0	5.3
希　腊	Greece	0.4		0.5		0.8		0.9		1.0	1.0
冰　岛	Iceland	7.0		9.7	11.8	14.5	18.3	22.8	24.1	23.7	
爱尔兰	Ireland	0.7	0.8	0.9	1.0	1.1	1.2	1.3	1.4	1.6	1.8
墨西哥	Mexico	5.7	7.8	10.9	14.5	19.7	20.5	22.9	26.4	30.9	34.3
荷　兰	Netherlands	6.0	6.3	6.8	6.9	7.6	8.1	8.7	8.7	9.1	9.5
新西兰	New Zealand	0.9		1.1		1.1		1.4		1.7	
挪　威	Norway	15.9		18.2		20.3		24.4	25.4	27.2	27.5
葡萄牙	Portugal	0.5	0.5	0.6	0.7	0.8	0.9	1.0	1.0	1.0	1.1
西班牙	Spain	3.6	3.9	4.0	4.7	5.0	5.7	6.2	7.2	8.2	8.9
韩　国	Korea Rep.	9440.6	10878.1	12185.8	11336.6	11921.8	13848.5	16110.5	17325.1	19068.7	22185.3
新加坡	Singapore	125.0	138.0	156.3	176.5	190.5	197.6	205.0	224.4	242.9	263.3
匈牙利	Hungary	1.4	1.8	2.1	2.5	2.7	3.0	3.2	3.4	3.4	4.0
波　兰	Poland	41.2	44.9	61.7	68.6	78.2	105.4	140.6	171.5	175.8	181.5
俄罗斯	Russian Federation	2.1	2.8	3.4	4.0	4.6	4.8	4.9	4.5	4.6	5.2
联邦		12.1	19.4	24.4	25.1	48.1	76.7	105.3	135.0	169.9	196.0
巴　西	Brazil	5.6	6.0				12.6	14.0	15.0	17.2	18.9
印　度	India	74.8	89.1	106.1	124.7	144.0	162.0	170.4	180.9	200.9	241.2

占国内生产总值的比重
a Percentage of GDP

(billion of national currency)

R&D Expenditure														
2005	2006	2007	2008	2009	2010	2011	2012	2013	2014	2015	2016	2017	2018	2019
245.0	300.3	371.0	461.6	580.2	706.3	868.7	1029.8	1184.7	1301.6	1417.0	1567.7	1760.6	1967.8	2214.4
328.1	353.3	380.3	407.2	406.4	410.1	429.8	434.3	455.1	477.0	495.9	522.7	556.3	607.5	657.5
16672.6	17273.5	17756.2	17377.2	15817.7	15696.5	15945.1	15883.6	16680.1	17472.9	17436.1	16911.5	17512.3	17919.0	17954.9
21.7	23.2	25.0	25.6	25.9	26.4	27.4	27.0	28.9	30.6	31.6	33.1	34.8	37.1	38.9
36.2	37.9	39.3	41.1	42.8	43.5	45.1	46.5	47.4	48.9	49.8	49.7	50.6	51.8	53.5
55.9	59.0	61.5	66.6	67.1	70.0	75.6	79.1	79.7	84.2	88.8	92.2	99.6	104.7	110.0
	21.8		28.3		30.9	31.7		33.5		31.2		33.1		
28.0	29.1	30.0	30.8	30.1	30.4	31.7	32.4	32.4	34.2	33.7	35.0	36.1	37.5	36.8
15.6	16.8	18.2	19.0	19.2	19.6	19.8	20.5	21.0	21.8	22.2	23.2	23.8	25.2	26.3
98.5	108.5	107.4	118.4	113.4	113.2	118.8	120.9	124.6	123.8	137.1	143.4	155.5	160.4	171.1
			16.3				20.0			22.1		22.1		
3.8	4.4	6.1	6.9	8.1	9.3	11.2	13.1	14.8	17.6	20.6	24.6	29.9	38.5	46.0
6.0	6.3	6.9	7.5	7.5	8.1	8.3	9.3	9.6	10.3	10.5	11.1	11.3	11.9	12.4
5.6	5.9	6.4	6.8	6.9	7.5	8.2	8.8	9.2	9.6	10.1	10.9	11.9	13.2	15.1
38.1	43.3	50.0	49.9	50.9	53.0	62.8	72.4	77.9	85.1	88.7	80.1	90.4	102.8	111.6
38.0	40.4	43.7	50.0	52.6	52.8	54.4	56.5	57.3	57.7	62.2	65.2	64.3	66.8	68.0
5.5	5.8	6.2	6.9	6.8	7.0	7.2	6.8	6.7	6.5	6.1	5.9	6.2	6.4	6.7
1.2	1.2	1.3	1.6	1.5	1.4	1.4	1.3	1.5	1.5	1.7	1.8	2.0	2.2	2.3
28.4	35.0	35.1	39.2	42.2		42.4		33.3	40.4	50.4	53.0	55.1	56.9	70.8
2.0	2.2	2.4	2.6	2.7	2.7	2.7	2.7	2.8	3.0	3.1	3.2	3.7	3.8	4.4
38.1	39.3	45.8	54.8	58.3	66.1	69.1	66.6	69.2	76.1	79.8	78.1	72.0	72.2	69.4
9.8	10.2	10.3	10.5	10.4	10.9	12.2	12.5	14.2	14.6	14.8	15.2	16.1	16.6	17.8
1.8		2.2		2.4		2.6		2.7		3.1		3.9		4.5
29.5	32.3	36.8	40.5	41.9	42.8	45.4	48.0	50.7	53.9	60.2	63.3	69.2	72.8	76.8
1.2	1.6	2.0	2.6	2.8	2.8	2.6	2.3	2.3	2.2	2.2	2.4	2.6	2.8	3.0
10.2	11.8	13.3	14.7	14.6	14.6	14.2	13.4	13.0	12.8	13.2	13.3	14.1	14.9	15.6
24155.4	27345.7	31301.4	34498.1	37928.5	43854.8	49890.4	55450.1	59300.9	63734.1	65959.4	69405.5	78789.2	85728.7	89047.1
281.0	307.0	331.8	350.5	367.1	395.9	415.4	434.0	458.4	484.5	511.6	541.8	574.5	616.0	660.8
4.6	5.0	6.3	7.1	6.0	6.3	7.3	7.1	7.4	8.3	9.2	9.1	9.1	9.3	
207.8	238.0	245.7	266.4	299.2	310.2	336.5	363.7	420.1	441.1	468.4	427.2	517.3	654.2	702.2
5.6	5.9	6.7	7.7	9.1	10.4	11.7	14.4	14.4	16.2	18.1	17.9	20.6	25.6	30.3
230.8	288.8	371.1	431.1	485.8	523.4	610.4	699.9	749.8	847.5	914.7	943.8	1019.2	1028.2	1134.8
21.8	23.8	29.4	35.1	37.3	45.1	49.9	54.3	63.7	73.5	80.5	79.2	72.0	79.9	
299.3	342.4	394.4	473.5	530.4	602.0	659.6	739.8	793.6	874.7	954.5	1031.0	1138.3	1238.5	

10-1 续表

单位：10亿本国货币单位，%

国家(地区)	Country (Area)	R&D / GDP									
		1995	1996	1997	1998	1999	2000	2001	2002	2003	2004
中 国	China	0.57	0.56	0.64	0.65	0.75	0.89	0.94	1.06	1.12	1.21
美 国	USA	2.41	2.45	2.48	2.50	2.55	2.63	2.65	2.56	2.56	2.50
日 本	Japan	2.56	2.64	2.72	2.83	2.85	2.86	2.92	2.97	2.99	2.98
英 国	UK	1.65	1.58	1.54	1.55	1.63	1.62	1.61	1.62	1.58	1.54
法 国	France	2.24	2.22	2.15	2.09	2.11	2.09	2.14	2.17	2.12	2.09
德 国	Germany	2.14	2.14	2.19	2.22	2.35	2.41	2.40	2.44	2.47	2.44
澳大利亚	Australia	..	1.58	..	1.44	..	1.48	..	1.65	..	1.73
加拿大	Canada	1.65	1.61	1.61	1.71	1.75	1.86	2.02	1.97	1.97	2.00
意大利	Italy	0.93	0.95	0.99	1.00	0.98	1.00	1.04	1.08	1.06	1.05
瑞 典	Sweden	3.10	..	3.27	..	3.38	..	3.87	..	3.58	3.36
瑞 士	Switzerland	..	2.37	..	..	..	2.26	..	..	..	2.60
土耳其	Turkey	0.28	0.33	0.36	0.36	0.46	0.47	0.52	0.51	0.47	0.50
奥地利	Austria	1.53	1.58	1.65	1.73	1.85	1.89	1.99	2.07	2.17	2.17
比利时	Belgium	1.65	1.74	1.81	1.84	1.91	1.94	2.03	1.90	1.84	1.82
捷 克	Czech	0.88	0.89	0.99	1.06	1.05	1.11	1.10	1.10	1.14	1.14
丹 麦	Denmark	1.79	1.81	1.89	2.01	2.13	..	2.32	2.44	2.51	2.42
芬 兰	Finland	2.20	2.45	2.62	2.78	3.06	3.24	3.19	3.25	3.30	3.31
希 腊	Greece	0.42	..	0.43	..	0.57	..	0.56	..	0.55	0.53
冰 岛	Iceland	1.51	..	1.80	1.95	2.24	2.57	2.84	2.82	2.71	..
爱尔兰	Ireland	1.23	1.27	1.24	1.21	1.15	1.08	1.05	1.06	1.12	1.18
墨西哥	Mexico	0.25	0.25	0.28	0.30	0.34	0.31	0.32	0.35	0.39	0.39
荷 兰	Netherlands	1.82	1.84	1.84	1.74	1.82	1.79	1.80	1.75	1.78	1.79
新西兰	New Zealand	0.92	..	1.06	..	0.96	..	1.10	..	1.15	..
挪 威	Norway	1.65	..	1.59	..	1.61	..	1.56	1.63	1.68	1.54
葡萄牙	Portugal	0.52	0.55	0.56	0.62	0.68	0.72	0.76	0.72	0.70	0.73
西班牙	Spain	0.77	0.79	0.78	0.85	0.84	0.88	0.89	0.96	1.02	1.04
韩 国	Korea Rep.	2.16	2.22	2.25	2.11	2.02	2.13	2.28	2.21	2.28	2.44
新加坡	Singapore	1.69	1.72	1.80	1.88	1.94	1.91	2.03	2.11	2.22	2.27
匈牙利	Hungary	1.10	1.32	1.42	1.74	1.82	1.82	2.01	2.03	2.00	2.08
波 兰	Poland	0.71	0.63	0.70	0.66	0.67	0.79	0.91	0.98	0.92	0.86
俄罗斯	Russian	0.62	0.64	0.64	0.66	0.68	0.64	0.62	0.56	0.54	0.55
联邦	Federation	0.79	0.90	0.97	0.89	0.93	0.98	1.10	1.16	1.20	1.07
巴 西	Brazil	0.87	0.77				1.05	1.06	1.01	1.00	0.96
印 度	India	0.61	0.64	0.69	0.70	0.72	0.76	0.74	0.73	0.72	0.76

continued

(billion of national currency,%)

2005	2006	2007	2008	2009	2010	2011	2012	2013	2014	2015	2016	2017	2018	2019
1.31	1.37	1.37	1.45	1.66	1.71	1.78	1.91	2.00	2.02	2.06	2.10	2.12	2.14	2.24
2.52	2.56	2.63	2.77	2.81	2.74	2.77	2.68	2.71	2.72	2.72	2.79	2.85	2.95	3.07
3.13	3.23	3.29	3.29	3.20	3.10	3.21	3.17	3.28	3.37	3.24	3.11	3.17	3.22	3.20
1.56	1.58	1.62	1.61	1.67	1.64	1.65	1.58	1.62	1.64	1.65	1.66	1.68	1.73	1.76
2.05	2.05	2.02	2.06	2.21	2.18	2.19	2.23	2.24	2.28	2.27	2.22	2.20	2.19	2.20
2.44	2.47	2.46	2.62	2.74	2.73	2.81	2.88	2.84	2.88	2.93	2.94	3.05	3.12	3.19
..	2.00	..	2.25	..	2.18	2.11	..	2.09	..	1.88	..	1.79	..	..
1.97	1.94	1.90	1.86	1.92	1.83	1.79	1.77	1.71	1.71	1.69	1.73	1.69	1.68	1.59
1.04	1.08	1.13	1.16	1.22	1.22	1.20	1.26	1.30	1.34	1.34	1.37	1.37	1.42	1.47
3.36	3.47	3.23	3.47	3.40	3.17	3.19	3.23	3.26	3.10	3.22	3.25	3.36	3.32	3.39
..	..	..	2.64	..	..	..	3.08	..	..	3.26	..	3.18	..	..
0.56	0.55	0.69	0.69	0.80	0.79	0.79	0.83	0.81	0.86	0.88	0.94	0.95	1.03	1.06
2.37	2.36	2.42	2.57	2.60	2.73	2.67	2.91	2.95	3.08	3.05	3.12	3.06	3.09	3.13
1.79	1.82	1.85	1.94	2.00	2.06	2.17	2.28	2.33	2.37	2.43	2.52	2.67	2.86	3.17
1.16	1.23	1.30	1.23	1.29	1.33	1.54	1.77	1.88	1.96	1.92	1.67	1.77	1.90	1.94
2.39	2.40	2.52	2.77	3.06	2.92	2.94	2.98	2.97	2.91	3.05	3.09	2.93	2.97	2.91
3.32	3.33	3.34	3.54	3.73	3.71	3.62	3.40	3.27	3.15	2.87	2.72	2.73	2.75	2.79
0.58	0.56	0.58	0.66	0.63	0.60	0.68	0.71	0.82	0.84	0.97	1.01	1.15	1.21	1.27
2.68	2.85	2.53	2.46	2.60	..	2.40	..	1.69	1.94	2.18	2.11	2.08	2.00	2.33
1.19	1.20	1.23	1.39	1.61	1.59	1.56	1.56	1.57	1.52	1.18	1.17	1.22	1.17	1.23
0.40	0.37	0.40	0.44	0.48	0.49	0.47	0.42	0.43	0.44	0.43	0.39	0.33	0.31	0.28
1.77	1.74	1.67	1.62	1.67	1.70	1.88	1.92	2.16	2.17	2.15	2.15	2.18	2.14	2.18
1.12	..	1.16	..	1.25	..	1.23	..	1.15	..	1.23	..	1.35	..	1.41
1.48	1.46	1.56	1.55	1.72	1.65	1.63	1.62	1.65	1.72	1.94	2.04	2.10	2.05	2.15
0.76	0.95	1.12	1.44	1.58	1.54	1.46	1.38	1.32	1.29	1.24	1.28	1.32	1.35	1.40
1.10	1.18	1.24	1.32	1.36	1.36	1.33	1.30	1.28	1.24	1.22	1.19	1.21	1.24	1.25
2.52	2.72	2.87	2.99	3.15	3.32	3.59	3.85	3.95	4.08	3.98	3.99	4.29	4.52	4.64
2.33	2.44	2.48	2.67	2.84	2.82	2.91	2.96	3.00	2.98	3.00	3.09	3.19	3.35	3.49
2.15	2.12	2.32	2.60	2.13	1.93	2.07	1.92	1.92	2.08	2.18	2.08	1.92	1.84	..
0.92	0.98	0.96	0.98	1.13	1.13	1.18	1.26	1.39	1.35	1.34	1.18	1.32	1.51	1.48
0.56	0.55	0.56	0.60	0.66	0.72	0.75	0.88	0.88	0.94	1.00	0.96	1.03	1.21	1.32
0.99	1.00	1.04	0.97	1.17	1.05	1.02	1.03	1.03	1.07	1.10	1.10	1.11	0.99	1.04
1.00	0.99	1.08	1.13	1.12	1.16	1.14	1.13	1.20	1.27	1.34	1.26	1.09	1.16	
0.82	0.80	0.81	0.86	0.83	0.79	0.76	0.74	0.71	0.70	0.69	0.67	0.67	0.65	

10-2 研究与试验发展
International Comparison

项　目	Item	中国 China	奥地利 Austria	比利时 Belgium	加拿大 Canada	捷克 Czech Republic
一、R&D人员	**R&D personnel**					
1.人力资源	**Human Resources**	**2020**	**2019**	**2019**	**2018**	**2019**
从事R&D活动人员(千人年)	R&D Personnel(1 000 person-years)	5234.5	83.7	93.5	238.1	79.2
#研究人员	Researchers	2281.1	52.8	60.6	167.4	42.5
每万人就业人员中从事	R&D Personnel in 10 000	70	184	191	125	146
R&D活动人员(人年)	Labor Forces (person-year)					
#研究人员	Researchers	30	116	124	88	78
2.从事R&D活动人员按	**R&D Personnel by**					
执行部门分(%)	**Performing Sectors (%)**					
企业部门	Business Enterprise Sector	77.6	70.0	61.7	61.0	56.5
政府部门	Government Sector	8.7	6.5	8.3	6.6	18.3
高等教育部门	Higher Education Sector	11.7	22.7	27.7	31.9	24.8
其他部门	Other Sectors	2.0	0.7	2.3	0.5	0.4
二、R&D经费	**R&D Funds**					
1.按经费来源分(%)	**By sources of Funds (%)**	**2020**	**2019**	**2019**	**2020**	**2019**
来源于企业资金	Financed by Enterprise	77.5	54.8	64.3	41.9	38.2
来源于政府资金	Financed by Government	19.8	27.0	17.8	32.9	33.7
来源于其他资金	Financed by Other Sources	2.8	18.2	17.9	25.2	28.2
2.按执行部门分(%)	**By Performing Sector (%)**	**2020**	**2019**	**2018**	**2020**	**2019**
企业部门	Business Enterprise Sector	76.6	70.3	73.7	51.0	61.9
政府部门	Government Sector	14.0	7.3	8.8	7.5	16.4
高等教育部门	Higher Education Sector	7.7	21.8	16.7	41.2	21.5
其他部门	Other Sectors	1.8	0.5	0.8	0.4	0.2
3.按研究类型分(%)	**By types of Research (%)**	**2020**	**2019**	**2019**		**2019**
基础研究	Basic Research	6.0	11.3	82.7		26.2
应用研究	Applied Research	11.3	33.9	50.7		41.4
试验发展	Experimental Development	82.7	48.3	36.5		32.3

(R&D)活动的国际比较
of R&D Activities

丹麦 Denmark	法国 France	德国 Germany	意大利 Italy	日本 Japan	韩国 Korea Rep.	瑞典 Sweden	瑞士 Switzerland	土耳其 Turkey	英国 United Kingdom	美国 United States	俄罗斯联邦 Russian Federation
2019	**2019**	**2019**	**2019**	**2019**	**2019**	**2019**	**2017**	**2019**	**2019**	**2018**	**2019**
62.2	463.7	735.6	355.9	903.4	525.7	91.2	81.8	182.8	486.1		753.8
44.7	314.1	450.7	160.8	681.8	430.7	77.6	46.1	135.5	317.5	155.5	400.7
207	163	163	140	130	194	178	163	66	148		105
149	110	100	63	98	159	151	92	49	97	98	56
60.4	61.9	64.7	63.2	68.3	77.1	70.9	60.4	62.9	54.0		51.8
3.5	10.6	15.3	11.2	6.8	7.7	5.9	1.1	4.9	3.0		32.4
35.7	25.9	20.0	23.5	23.4	13.6	23.1	38.6	32.3	39.5		15.5
0.4	1.6		2.1	1.5	1.6	0.1			3.5		0.3
2019	**2019**	**2019**	**2019**	**2019**	**2019**	**2017**	**2017**	**2019**	**2018**	**2019**	**2019**
59.6	56.7	64.5	55.9	78.9	76.9	60.8	68.6	56.3	54.8	63.3	30.2
28.7	32.5	27.8	32.3	14.7	20.7	25.0	26.5	29.4	25.9	25.9	22.1
11.7	10.8	7.7	11.7	6.4	2.4	14.2	5.0	14.3	19.3	10.7	47.7
2019	**2019**	**2019**	**2019**	**2019**	**2019**	**2019**	**2017**	**2019**	**2019**	**2019**	**2019**
61.6	65.8	63.2	63.3	79.2	80.3	71.7	71.0	64.2	66.6	73.9	60.7
16.3	12.4	12.6	12.4	7.8	10.0	4.5	0.8	6.6	6.6	9.9	28.3
21.8	20.1	22.5	22.8	11.7	8.3	23.7	28.2	29.2	23.1	12.0	10.6
0.3	1.7	1.7	1.5	1.4	1.4	0.1			3.7	4.2	0.4
2019	**2018**		**2019**	**2019**	**2019**		**2017**		**2018**	**2019**	**2016**
18.3	22.7		21.3	13.0	14.7		41.7		18.3	16.4	15.2
32.5	41.3		39.9	19.4	22.5		32.2		42.1	19.0	20.7
49.2	36.1		38.8	67.6	62.8		26.1		39.7	64.5	64.1

10-3 按ESI论文数量排序的前20个国家和地区*
The Top 20 Most-cited Countries and Area Sorted by Papers in ESI

国家(地区)	Country (Area)	位 次 Rank	论文数量(篇) Papers (piece)	被引用次数(次) Citations (time)	论文引用率(次/篇) Citations Per Paper (time/piece)
美国	USA	1	4379730	87553897	19.99
中国	China	2	3465661	45591820	13.16
英国	UK	3	1396742	29822342	21.35
德国	Germany	4	1186919	22824920	19.23
日本	Japan	5	875069	12290608	14.05
法国	France	6	802799	15205668	18.94
意大利	Italy	7	758293	13434758	17.72
加拿大	Canada	8	751647	14517245	19.31
印度	India	9	725360	8132863	11.21
澳大利亚	Australia	10	690031	13270891	19.23
西班牙	Spain	11	652443	11229911	17.21
韩国	Korea Rep.	12	628139	8434778	13.43
巴西	Brazil	13	502647	5453146	10.85
荷兰	Netherlands	14	444028	10393486	23.41
俄罗斯	Russia	15	378296	3223790	8.52
伊朗	Iran	16	364717	3925991	10.76
瑞士	Switzerland	17	334901	8209522	24.51
土耳其	Turkey	18	322857	2886922	8.94
波兰	Poland	19	304531	3458178	11.36
瑞典	Sweden	20	302024	6303610	20.87

注：1.数据来源于 Essential Science Indicators（基本科学指标数据库),年限跨度从2011年1月至2021年9月9日。
2.本表中国数据包含香港、澳门特别行政区，不包含台湾省。

Note: a) Essential Science Indicators covering a ten-year plus four-month period, January 2011-September 9, 2021.
b) Data in China in this table include Hong Kong and Macao Special Administrative Regions, excluding Taiwan Province.

10-4　按ESI论文被引用次数排序的前20个国家和地区*
The Top 20 Most-cited Countries and Area Sorted by Citations in ESI

国家（地区）	Country (Area)	位次 Rank	被引用次数(次) Citations (time)	论文数量(篇) Papers (piece)	论文引用率(次/篇) Citations Per Paper (time/piele)
美国	USA	1	87553897	4379730	19.99
中国	China	2	45591820	3465661	13.16
英国	UK	3	29822342	1396742	21.35
德国	Germany	4	22824920	1186919	19.23
法国	France	5	15205668	802799	18.94
加拿大	Canada	6	14517245	751647	19.31
意大利	Italy	7	13434758	758293	17.72
澳大利亚	Australia	8	13270891	690031	19.23
日本	Japan	9	12290608	875069	14.05
西班牙	Spain	10	11229911	652443	17.21
荷兰	Netherlands	11	10393486	444028	23.41
韩国	Korea Rep.	12	8434778	628139	13.43
瑞士	Switzerland	13	8209522	334901	24.51
印度	India	14	8132863	725360	11.21
瑞典	Sweden	15	6303610	302024	20.87
巴西	Brazil	16	5453146	502647	10.85
比利时	Belgium	17	5270430	244370	21.57
丹麦	Denmark	18	4620560	203133	22.75
伊朗	Iran	19	3925991	364717	10.76
中国台湾	Taiwan, China	20	3856792	291557	13.23

注：1.数据来源于 Essential Science Indicators（基本科学指标数据库），年限跨度从2011年1月至2021年9月9日。
2.本表中国数据包含香港、澳门特别行政区，不包含台湾省。

Note: a) Essential Science Indicators covering a ten-year plus four-month period, January 2011-September 9, 2021.
b) Data in China in this table include Hong Kong and Macao Special Administrative Regions, excluding Taiwan Province.

10-5 PCT专利申请量按
International Comparison of Number of Patent Applications

单位：件

国家（地区）	Country (Area)	2001	2002	2003	2004	2005	2006	2007	2008
中　国	China	1730	1015	1297	1707	2503	3930	5455	6119
澳大利亚	Australia	1664	1762	1680	1835	2004	2000	2051	1937
奥地利	Austria	620	552	644	709	851	913	1008	951
比利时	Belgium	689	694	775	831	1075	1030	1123	1135
加拿大	Canada	2113	2259	2270	2107	2318	2573	2844	2907
丹　麦	Denmark	919	979	1036	1049	1122	1158	1153	1357
芬　兰	Finland	1696	1761	1557	1672	1893	1845	1994	2212
法　国	France	4706	5091	5169	5183	5747	6262	6566	7076
德　国	Germany	14029	14323	14653	15216	15986	16734	17825	18856
以色列	Israel	1314	1175	1128	1227	1454	1593	1742	1902
意大利	Italy	1623	1980	2163	2190	2349	2701	2949	2884
日　本	Japan	11905	14061	17415	20268	24870	27024	27743	28763
韩　国	Korea Rep.	2324	2520	2945	3555	4689	5946	7064	7902
荷　兰	Netherlands	3411	3977	4479	4284	4499	4552	4421	4361
挪　威	Norway	592	550	535	476	584	609	601	644
波　兰	Poland	99	116	154	107	97	101	107	128
西班牙	Spain	616	719	785	822	1124	1202	1295	1391
瑞　典	Sweden	3421	2990	2608	2851	2884	3333	3654	4135
瑞　士	Switzerland	2354	2755	2862	2897	3290	3614	3816	3778
土耳其	Turkey	76	85	111	115	174	269	359	392
英　国	United Kingdom	5499	5389	5210	5035	5093	5095	5542	5480
美　国	United States	43059	41316	41046	43395	46879	51301	54062	51667
俄罗斯联邦	Russia Federation	557	540	587	522	658	695	735	802
新加坡	Singapore	289	330	282	432	448	473	523	580

注：1.数据来源于世界知识产权组织统计数据库。
　　2.本表中国数据包含港澳台地区。

Source: a) WIPO Statistics Database.
　　b) Data in China in this table inclde Hong Kong, Macao and Taiwan.

来源国统计的国际比较
Filed Under the PCT System by Origin

(piece)

2009	2010	2011	2012	2013	2014	2015	2016	2017	2018	2019	2020
7900	12300	16396	18616	21506	25542	29837	43092	48904	53352	59050	68764
1736	1770	1748	1710	1603	1722	1741	1835	1852	1826	1771	1717
1029	1144	1343	1319	1262	1387	1399	1422	1397	1475	1436	1517
1005	1066	1188	1212	1103	1196	1180	1219	1354	1296	1354	1312
2509	2689	2914	2738	2847	3071	2822	2336	2400	2422	2724	2616
1339	1156	1288	1409	1264	1299	1327	1356	1430	1443	1449	1570
2123	2136	2075	2312	2095	1811	1584	1525	1602	1834	1653	1676
7217	7230	7406	7801	7905	8260	8420	8210	8014	7919	7938	7765
16793	17560	18846	18749	17922	17983	18004	18308	18951	19748	19327	18538
1555	1476	1449	1374	1607	1581	1685	1838	1816	1898	2003	1934
2653	2658	2684	2845	2869	3059	3072	3362	3225	3329	3386	3404
29810	32216	38864	43523	43772	42381	44053	45210	48205	49708	52686	50559
8040	9604	10357	11787	12381	13119	14564	15555	15751	17013	19075	20054
4421	4010	3511	4080	4190	4206	4335	4675	4430	4135	4047	4007
633	707	705	664	708	687	679	653	820	767	782	701
179	206	237	251	332	348	439	344	330	334	365	344
1563	1770	1732	1705	1705	1703	1530	1507	1418	1396	1512	1460
3567	3303	3476	3600	3947	3913	3843	3719	3975	4168	4193	4347
3677	3762	4046	4225	4377	4100	4257	4368	4486	4571	4617	4989
388	479	539	536	805	853	1010	1065	1251	1343	1692	1616
5039	4892	4874	4918	4849	5267	5291	5504	5568	5634	5770	5900
45655	45088	49206	51857	57451	61488	57132	56592	56685	56156	57692	58730
736	814	1009	1111	1187	952	877	893	1058	1037	1185	1084
583	643	668	714	838	940	907	864	871	935	1101	1304

主要统计指标解释

Explanatory Notes on Main Statistical Indicators

主要统计指标解释

研究与试验发展（R&D）：指为增加知识存量（也包括有关人类、文化和社会的知识）以及设计已有知识的新应用而进行的创造性、系统性工作，包括基础研究、应用研究和试验发展三种类型。基础研究和应用研究统称为科学研究。R&D 活动应当满足五个条件：新颖性、创造性、不确定性、系统性、可转移性（可复制性）。

基础研究：指一种不预设任何特定应用或使用目的的实验性或理论性工作，其主要目的是为获得（已发生）现象和可观察事实的基本原理、规律和新知识。其成果通常表现为提出一般原理、理论或规律，并以论文、著作、研究报告等形式为主。包括纯基础研究和定向基础研究。纯基础研究是不追求经济或社会效益，也不谋求成果应用，只是为增加新知识而开展的基础研究。定向基础研究是为当前已知的或未来可预料问题的识别和解决而提供某方面基础知识的基础研究。

应用研究：指为获取新知识，达到某一特定的实际目的或目标而开展的初始性研究。应用研究是为了确定基础研究成果的可能用途，或确定实现特定和预定目标的新方法。其研究成果以论文、著作、研究报告、原理性模型或发明专利等形式为主。

试验发展：指利用从科学研究、实际经验中获取的知识和研究过程中产生的其他知识，开发新的产品、工艺或改进现有产品、工艺而进行的系统性研究。其研究成果以专利、专有技术，以及具有新颖性的产品原型、原始样机及装置等形式为主。

R&D 人员：指参与研究与试验发展项目研究、管理和辅助工作的人员，包括项目(课题)组人员，企业科技行政管理人员和直接为项目(课题)活动提供服务的辅助人员。反映投入从事拥有自主知识产权的研究开发活动的人力规模。

R&D 人员中全时人员：在报告年度实际从事 R&D 活动的时间占制度工作时间 90%及以上的人员。

R&D 人员全时当量：指全时人员数加非全时人员按工作量折算为全时人员数的总和。例如：有两个全时人员和三个非全时人员(工作时间分别为 20%、30%和 70%)，则全时当量为 2+0.2+0.3+0.7=3.2 人年。为国际上比较科技人力投入而制定的可比指标。

研究人员：指 R&D 人员中具备中级以上职称或博士学历（学位）的人员。

R&D 经费内部支出：指调查单位用于内部开展 R&D 活动（基础研究、应用研究和试验发展）的实际支出。包括用于 R&D 项目（课题）活动的直接支出，以及间接用于 R&D 活动的管理费、服务费、与 R&D 有关的基本建设支出以及外协加工费等。不包括生产性活动支出、归还贷款支出以及与外单位合作或委托外单位进行 R&D 活动而转拨给对方的经费支出。

日常性支出：指调查单位在报告年度为开展 R&D 活动而发生的人员劳务费，及其各项管理费用和购买非资产性的材料、物资费用等他日常支出。

资产性支出：指调查单位在报告年度为开展 R&D 活动而进行建造、购置、安装、改建、扩建固定资产，以及进行设备技术改造和大修理等实际支出的费用。

政府资金：指 R&D 经费内部支出中来自各级政府部门的各类资金，包括财政科学技术拨款、科学基金、教育等部门事业费以及政府部门预算外资金的实际支出。

企业资金：指 R&D 经费内部支出中来自本企业的自有资金和接受其他企业委托而获得的经费，以及科研院所、高校等事业单位从企业获得的资金的实际支出。

R&D 经费外部支出合计：指报告年度调查单位委托外单位或与外单位合作进行 R&D 活动而拨给对方的经费。

R&D 项目（课题）：指在当年立项并开展研究工作、以前年份立项仍继续进行研究的研发项目（课题）数，包括当年完成和年内研究工作已告失败的研发项目（课题），但不包括委托外单位进行的研发项目（课题）数。

科技进步贡献率：指广义技术进步对经济增长的贡献份额，它反映在经济增长中投资、劳动和科技三大要素作用的相对关系。其基本含义是扣除了资本和劳动后科技等因素对经济增长的贡献份额。

新产品：指采用新技术原理、新设计构思研制、生产的全新产品，或在结构、材质、工艺等某一方面比原有产品有明显改进，从而显著提高了产品性能或扩大了使用功能的产品。既包括经政府有关部门认定并在有效期内的新产品，也包括企业自行研制开发，未经政府有关部门认定，从投产之日起一年之内的新产品。

专利：是专利权的简称，是对发明人的发明创造经审查合格后，由专利局依据专利法授予发明人和设计人对该项发明创造享有的专有权。包括发明、实用新型和外观设计。反映拥有自主知识产权的科技和设计成果情况。

发明专利：指对产品、方法或者其改进所提出的新的技术方案。是国际通行的反映拥有自主知识产权技术的核心指标。

实用新型专利：指对产品的形状、构造或者其结合所提出的适于实用的新的技术方案。反映具有一定技术含量的技术成果情况。

外观设计专利：指对产品的形状、图案、色彩或者其结合所作出的富有美感并适于工业上应用的新设计。反映拥有自主知识产权的外观设计成果情况。

职务发明：指执行本单位的任务或者主要是利用本单位的物质条件所完成的发明创造，申请专利的权利属于本单位。

有效发明专利数：指调查单位作为专利权人在报告年度拥有的、经国内外知识产权行政部门授权且在有效期内的发明专利件数。

专利所有权转让及许可数：指报告年度调查单位向外单位转让专利所有权或允许专利技术由被许可单位使用的件数。

专利所有权转让与许可收入：指报告年度调查单位向外单位转让专利所有权或允许专利技术由被许可单位使用而得到的收入。包括当年从被转让方或被许可方得到的一次性付款和分期付款收入，以及利润分成、股息收入等。

集成电路布图设计登记数：指报告年度调查单位向知识产权行政部门提出登记申请并被受理登记的集成电路布图设计的件数。

形成国家或行业标准数：指报告年度调查单位在自主研发或自主知识产权基础上形成的国家或行业标准。形成国家或行业标准须经有关部门批准。

发表科技论文：指在学术刊物上以书面形式发表的最初的科学研究成果。应具备以下三个条件：（1）首次发表的研究成果；（2）作者的结论和试验能被同行重复并验证；（3）发表后科技界能引用。

出版科技著作：指经过正式出版部门编印出版的论述科学技术问题的理论性论文集或专著以及大专院校教科书、科普著作。但不包括翻译国外的著作。由多人合著的科技著作，由第一作者所在单位统计。

《SCI》：美国《科学引文索引》（Science Citation

Index），是由美国科学情报研究所于 1961 年创立，报道生命科学、医学、生物、物理、化学、农业、工程技术领域内的科技文献。是目前国际上最具权威性的用于基础研究和应用研究科研成果的评价体系。

《EI》：美国《工程索引》（The Engineering Index），创刊于 1884 年，由美国工程信息公司编辑出版。作为世界著名的工程技术领域的文献检索系统，其收录文献的内容包括以下工程技术领域：生物工程、土木、地质、环境、矿业、石油、冶金、机械、燃料工程、核能、汽车、宇航工程、电气、电子、控制工程、化工、食品、农业、工业管理、数学、物理、仪表等。

《CPCI-S》：（Conference Proceedings Citation Index - Science），原名 ISTP。ISTP 是美国科学情报研究所出版的科学技术会议录索引。该索引收录生命科学、物理与化学科学、农业、生物和环境科学、工程技术和应用科学等学科的会议文献，包括一般性会议、座谈会、研究会、讨论会、发表会等。

东部地区：包括北京，天津，河北，上海，江苏，浙江，福建，山东，广东和海南 10 个省市。

中部地区：包括山西，安徽，江西，河南，湖北和湖南 6 个省市。

西部地区：包括内蒙古，广西，重庆，四川，贵州，云南，西藏，陕西，甘肃，青海，宁夏和新疆 12 个省区市。

东北地区：包括辽宁，吉林和黑龙江 3 个省。